ARIBERT ROTHENBERGER ■ KLAUS-JÜRGEN NEUMÄRKER

Wissenschaftsgeschichte der ADHS
Kramer-Pollnow im Spiegel der Zeit

A. ROTHENBERGER ■ K.-J. Neumärker

Wissenschaftsgeschichte der ADHS

Kramer-Pollnow im Spiegel der Zeit

MIT 33 ZUM TEIL FARBIGEN ABBILDUNGEN

Prof. Dr. Aribert Rothenberger
Kinder- und Jugendpsychiatrie/Psychotherapie
Georg-August-Universität Göttingen
Von-Siebold-Straße 5, 37075 Göttingen

Prof. Dr. Klaus-Jürgen Neumärker
Kinder- und Jugendpsychiatrie/Psychotherapie
DRK Kliniken Berlin Westend
Spandauer Damm 130, 14050 Berlin

Anmerkung zum Titelbild: Das Foto zeigt die Skulptur, die die Preisträger
des Kramer-Pollnow-Preises zusammen mit der Urkunde erhalten.

ISBN 3-7985-1552-2 Steinkopff Verlag Darmstadt

Bibliografische Information Der Deutschen Bibliothek
Die Deutsche Bibliothek verzeichnet diese Publikation in der
Deutschen Nationalbibliografie; detaillierte bibliografische Daten
sind im Internet über <http://dnb.ddb.de> abrufbar.

Steinkopff Verlag Darmstadt
ein Unternehmen von Springer Science+Business Media

www.steinkopff.springer.de

© Steinkopff Verlag Darmstadt 2005
    Printed in Germany

Umschlaggestaltung: Erich Kirchner, Heidelberg
Redaktion: Dr. Maria Magdalene Nabbe   Herstellung: Klemens Schwind
Satz: K + V Fotosatz GmbH, Beerfelden
SPIN 11429593   80/7231-5 4 3 2 1 0 – Gedruckt auf säurefreiem Papier

Vorwort

Das vorliegende Buch steht im Zeichen der wissenschaftlichen Arbeit von F. Kramer und H. Pollnow aus dem Jahre 1932. Die Autoren berichten dort „Über eine hyperkinetische Erkrankung im Kindesalter". Damit schufen sie, neben dem „Fallbericht" vom Zappelphilipp durch Heinrich Hoffmann (1845), im deutschsprachigen Raum den frühen empirischen, neuropsychiatrischen Bezugspunkt für das wissenschaftliche Konzept der heutzutage als Aufmerksamkeitsdefizit-Hyperaktivitätsstörung (ADHS) bezeichneten Verhaltensauffälligkeit im Kindesalter.

Es lag daher nahe, mit Blick auf diese Vergangenheit und gleichzeitig als Anregung für derzeitige und zukünftige Forscher auf dem Gebiet der Neurobiologie der ADHS, einen Preis mit dem Namen von Kramer und Pollnow ins Leben zu rufen. Die wissenschaftliche Weiterentwicklung der ersten Preisträger ist eine Ermutigung, auf diesem Weg fortzufahren.

Es wäre aber zu kurz gegriffen, sich lediglich auf die Arbeit von F. Kramer und H. Pollnow und den Preis zu beziehen, denn die Wissenschaft zur ADHS steht – vielleicht noch mehr als die Wissenschaft zu anderen Themen – immer in ihrem Zeitbezug. Sie wird sich über die Jahre ändern, sei es hinsichtlich der Auswahl des Forschungsfokus, der Methodik oder der Sichtweisen der Interpretation.

So war es uns ein Anliegen, nicht nur die Arbeit, sondern auch das Leben von F. Kramer und H. Pollnow im Spiegel der Zeit zu sehen, dabei die Wissenschaftsgeschichte der ADHS einzubringen sowie die ADHS in Gegenwart und Zukunft, zumindest in Teilaspekten, zu beleuchten.

Wir hoffen, dass das Buch zur tieferen und breiteren sachlichen Betrachtung des Themas ADHS beiträgt. Es sollte uns aber auch zum Nachdenken darüber anregen, wie wir mit Forschung und Forschern umgehen und welche Bedeutung wir den wissenschaftlichen Erkenntnissen zuschreiben sollten, wenn es darum geht, Standpunkte zu diskutieren und Perspektiven zu entwickeln, die (speziell bei der ADHS) medizinisch, psychologisch, pädagogisch, soziologisch und politisch eingefärbt sein können.

Bedanken möchten wir uns in erster Linie bei der Firma MEDICE (Iserlohn), die nicht nur den Kramer-Pollnow-Preis als Sponsor begleitet, sondern auch für Idee und Umsetzung dieses Buches spontan aufgeschlossen war und für die nötige finanzielle Unterstützung sorgte.

Die Künstler H.-J. Dickmann und Dr. R. Frenzel stellten freundlicherweise ihre Werke kostenfrei zum Abdruck zur Verfügung. Frau U. Boldt (Göttingen) übersetzte gekonnt englischsprachige Texte und übernahm gemeinsam mit Frau I. Schramm (Berlin) in bewährter Weise die Sekretariatsarbeiten. Frau Dr. M.M. Nabbe (Steinkopff Verlag) lenkte wohlwollend den zeitgerechten Ablauf von Planung und Produktion, gemeinsam mit dem allseits und langjährig geschätzten Herrn Dr. T. Thiekötter.

Unseren Familien danken wir für ihre Geduld, den zeitlichen Freiraum sowie die gemeinsame Freude an diesem Buchprojekt.

Göttingen/Berlin im Sommer 2005 A. Rothenberger
K.-J. Neumärker

Inhaltsverzeichnis

1 ADHS im wissenschaftlichen und politischen Kontext*

A. Rothenberger, K.-J. Neumärker

Zielpunkte

ADHS ist nicht nur Thema wissenschaftlicher Debatten (z.B. [16]), sondern hat auch die politische Bühne[1] betreten, auf der wissenschaftliche Tatsachen oft entweder ignoriert oder mit Meinungen und Gefühlen vermischt werden. Politiker, Journalisten und Bürger in ihrer Rolle als Eltern haben in den letzten Jahren immer wieder Fragen zur ADHS gestellt. Die politische Diskussion zentriert sich dabei hauptsächlich auf Kritik gegenüber der Validität der ADHS als psychiatrischem Syndrom, auf die Sorge vor möglicher Überdiagnose/Fehldiagnose und Überbehandlung/Fehlbehandlung der ADHS und auch auf mögliche Gefahren einer Behandlung mit Psychostimulanzien.

Nachdem mittlerweile klar sein dürfte, dass der diagnostische Status der ADHS nicht schlechter als der anderer psychiatrischer Störungen ist, kann die ADHS als eine valide psychiatrische Störung gelten (z.B. [11]). Die ADHS zeigt diesbezüglich auch Analogien zu Störungsbildern anderer medizinischer Fachrichtungen. Damit bleiben im Wesentlichen die beiden anderen Punkte weiter in der wissenschaftlich-politischen Diskussion.

Überdiagnose oder Überbehandlung der ADHS?

Es wird oft angenommen, dass die „tatsächliche" Prävalenz der ADHS über die Jahre gestiegen ist. Es wird gesagt, die Gesellschaft werde immer komplexer und schnelllebiger. Kinder mit einer geringen Informationsverarbeitungsfähigkeit würden deswegen dekompensieren und mehr ADHS-Symptome zeigen als früher. Befunde aus epidemiologischen Studien unterstützen einen Prävalenzanstieg der ADHS jedoch nicht [6, 8, 19].

---

* Dieses Kapitel entstand in Anlehnung an: Buitelaar J, Rothenberger A (2004) Foreword – ADHD in the scientific and political context. Eur Child Adolesc Psychiatry 13 (Suppl. 1):1–6

[1] Der ökonomische Aspekt wird hier nicht diskutiert werden, obwohl eine in amerikanischen Studien festgestellte Tatsache lautet, dass die Behandlungskosten bei Patienten mit ADHS wesentlich höher sind als bei Patienten ohne ADHS [4].

Die „administrative" Prävalenz der ADHS hat jedoch spektakulär zugenommen. Die ADHS wird wesentlich häufiger diagnostiziert als in der Vergangenheit, ein größerer Kenntnisstand über das Syndrom bei Mitarbeitern der Jugendfürsorge, Lehrern und Eltern erscheint die Haupterklärung dafür zu sein. Vor allem sind die Menschen aufmerksamer geworden für eine ADHS bei Mädchen, bei denen weniger freches und aggressives Verhalten im Vordergrund steht, sondern eher Lernprobleme, Unsicherheit und deprimierte Stimmung auftreten. Lebhaftes, chaotisches und impulsives Verhalten wird eher als Grund dafür angesehen, professionelle Hilfe aufzusuchen und möglicherweise eine medikamentöse Behandlung einzuleiten. Aber heißt das, dass die Kritik berechtigt ist und eine ADHS-Diagnose zu schnell gestellt wird? Wird ein normaler Wunsch nach Leben, Spontaneität und Abenteuer unnötigerweise medikalisiert [14]?

Berichte von Eltern und Lehrer über das kindliche Verhalten sind wesentlich für die Diagnosestellung. Die von ihnen gelieferte Information ist per Definition subjektiv und gestattet sowohl Über- als auch Untertreibung. Die Tatsache, dass die Symptomdarstellung vom Kontext abhängt, zeigt sich in den häufigen Berichten von Eltern über unruhige Kinder, die andererseits stundenlang Videos anschauen oder Computerspielen folgen können. Man bedenke aber, dass Fieber oder Schmerzen bei somatischen Erkrankungen ebenfalls über den Tag in schwankender Intensität vorhanden sein können, ohne dass dadurch Zweifel am Vorhandensein der Krankheit als solcher entstünden. Genauso sind die Situationseinflüsse auf die Manifestation der ADHS oder anderer psychiatrischer Störungen kein Grund, die Diagnose abzulehnen.

Liegt wirklich eine Überdosierung und Überbehandlung der ADHS vor und wenn ja, in welchem Ausmaß? Es gibt Hinweise darauf, dass nur eine Minderheit von Kindern, die eine ADHS haben, diagnostiziert und behandelt werden [12, 17, 21], es gibt aber auch Zahlen, die besagen, dass Kinder ohne eine eindeutige ADHS-Symptomatik trotzdem mit Stimulanzien behandelt werden [1]. So sind wissenschaftliche und politische Diskussionen verständlich über die Frage, ob die „richtigen" Kinder die „richtige" Diagnose und die „richtige" Behandlung erhalten.

Es besteht kein Zweifel, dass der Einsatz von Psychostimulanzien, vor allem von Methylphenidat, in vielen westlichen Ländern in den letzten 10 Jahren exponential angestiegen ist. Zusätzlich zu einer gestiegenen Wahrnehmung von ADHS, kann der Anstieg der Methylphenidatgabe dadurch erklärt werden, dass die Medikation wegen ihrer guten Wirksamkeit und Verträglichkeit heute über einen längeren Zeitraum fortgesetzt wird und dass heute viel mehr Jugendliche und Erwachsene mit einer ADHS behandelt werden als vor 10 Jahren.

Psychostimulanzien: gefährliche Drogen?

Die Behandlung von Kindern mit Psychostimulanzien, Medikamente die als potenziell suchterzeugend klassifiziert werden und unter das Betäubungsmittelgesetz fallen, macht die Debatte nur noch explosiver. Ist die Behandlung nicht schlimmer als die Krankheit? Werden die mit Psychostimulanzien verbundenen Gefahren und Risiken nicht stark unterschätzt? Amphetamine und verwandte Substanzen wie Methamphetamin und Ecstasy sind bei Tieren neurotoxisch. Solche Wirkungen wurden allerdings bei Ratten und Rhesusaffen nicht festgestellt, denen hohe Dosen Methylphenidat (MPH) verabreicht wurden [18, 20]. Auch lässt sich aus Tierversuchen mit MPH, die einen Einfluss auf die Hirnentwicklung der Ratte zeigten, keine negative Schlussfolgerung ziehen [16]. In der Praxis wurden in placebo-kontrollierten Erhebungen bei 10–15% behandelter Patienten Nebenwirkungen der Stimulanzienbehandlung festgestellt. Diese Nebenwirkungen treten vor allem zu Behandlungsbeginn auf, gehen in der Regel innerhalb weniger Wochen zurück und führen nur bei einer Minderheit zum Behandlungsabbruch.

Die amerikanische Drug Enforcement Administration hat eine politisch ausgelegte Kampagne gestartet um zu verdeutlichen, dass Methylphenidat, das am meisten verschriebene Psychostimulanz, in pharmakologischen Begriffen identisch sei mit Kokain und Amphetamin, was sein Suchtpotenzial anbelangt und dass es als Suchtmittel verkauft und missbraucht werde [10]. Es wird zudem behauptet, Methylphenidat würde starke subjektive euphorische Wohlgefühle hervorrufen. Ein Absetzen würde zu starken Entzugssymptomen, Schlafstörungen, Reizbarkeit, Verwirrtheit und starkem Verlangen führen.

Bei oraler Gabe, wie vorgeschrieben, wurde jedoch weder bei Kindern noch Erwachsenen mit ADHS von süchtig machenden Wirkungen von Methylphenidat berichtet. Ebenso steht die Behauptung über den Missbrauch und Verkauf von Stimulanzien auf tönernen Füßen, sie beruht auf Hörensagen und Anekdoten [13]. Zudem konnte gezeigt werden, dass mit Methylphenidat behandelte Kinder mit ADHS eher weniger Substanzmissbrauch aufweisen als unbehandelte Kinder [2, 3].

Als Reaktion auf diese Dikussion organisierte die Kooperationsgruppe für den Kampf gegen Drogenmissbrauch und illegalen Drogenhandel (Pompidou-Gruppe) in Zusammenarbeit mit der Weltgesundheitsorganisation (WHO) 1999 in Strassburg ein Treffen. Daran nahmen Experten aus 15 europäischen Ländern, den Vereinigten Staaten, des Internationalen Narcotics Control Board (INCB) und der WHO teil, den Vorsitz hatte Prof. Jan Buitelaar aus den Niederlanden. Der Tagungsband wurde unter dem Titel „Attention deficit/hyerkinetic disorders: their diagnosis and treatment with stimulants" [7] veröffentlicht. Die getroffenen Schlussfolgerungen und Empfehlungen beinhalten, dass die ADHS eine schwerwiegende Beeinträchtigung während der gesamten Lebensspanne ist, die der Bewertung aus multidisziplinärer Perspektive und eines multimodalen Behandlungsansatzes bedarf, dass es stichhaltige Befunde für eine zumindest zwei Jahre (Anmerkung: mittlerweile liegen solche positiven, kontrollierten Beobachtungen über einen Zeitraum von fünf Jahren vor [5]) währende Sicherheit und Wirksamkeit einiger Psychostimulanzien bei Kindern und Jugendlichen gibt und dass es trotz zunehmender Verschreibung von Stimulanzien immer noch eine dramatische Unterbehandlung in vielen europäischen Ländern gibt ([7], S. 13).

Die Regeln für eine Beschäftigung mit dem Thema in politischen Diskussionen unterscheiden sich jedoch stark von den in der Wissenschaft geltenden. *Politische Diskussionen* basieren eher auf pauschalen Aussagen, emotionalen Manipulationen, suggestiver Argumentation und repetitiver Rhetorik als auf aufmerksamer Verfolgung von Argumenten mit Offenheit für neue Befunde, die mittels einwandfreier Methodologie erhoben wurden.

So organisierten Mitglieder des Europarates, die von antipsychiatrischen Ratgebern mit antimedikamentösen Haltungen geleitet wurden, ein Hearing zum Thema „Die Diagnose und Behandlung hyperaktiver Kinder" (Paris, November 2001).

Leider waren Elternorganisationen von dem Treffen ausgeschlossen und die teilnehmenden Politiker versuchten, die vorliegenden evidenzbasierten Befunde und Argumente der führenden europäischen Kinder- und Jugendpsychiater, wie Prof. Eric Taylor aus London, zu ignorieren. Glücklicherweise führte der Protest von europäischen Kinder- und Jugendpsychiatern zu einem weniger verzerrten, aber immer noch unakzeptablen Bericht über das Hearing: „Kontrolle der Diagnose und Behandlung von hyperaktiven Kindern in Europa" (Doc. 9456, 7 May 2002). Dieser Bericht enthält einige Vorschläge, u. a. für die Weltgesundheitsorganisation (WHO). Er wurde vom Parlamentsausschuss Ende Mai 2002 und vom Ministerrat im Juni 2002 anerkannt [15].

Glücklicherweise hat der Ministerrat in einer Antwort vom 26. März 2003 (CM/AS(2003)Rec1562final) auf diese Empfehlungen Bezug genommen, in der es heißt: „einige der in der Empfehlung angeführten Punkte stehen im Widerspruch zu den Ansichten der großen Mehrheit der wissenschaftlichen Gemeinschaft und stehen bestimmten gut bekannten Theorien gefährlich nahe, für die die „Church of Scientology" einige Zeit geworben hat, die aber ernsthafter wissenschaftlicher Prüfung nicht standhalten...diesen Theorien mangelt nicht nur jegliche wissenschaftliche Basis, es würde auch zu schweren Gesundheitsrisiken für die betroffenen Kinder führen, weil ihnen eine angemessene Behandlung vorenthalten würde, wenn diesen Theorien entsprechend gehandelt würde.... Der Ministerrat nimmt mit Sorge zur Kenntnis, dass der Ausschuss den beim 1999 stattgefundenen Treffen ausgesprochenen Empfehlungen nicht Rechnung trägt, welche seitdem bei anderen Treffen und in wissenschaftlichen Artikeln Bestätigung erfahren haben. Er bedauert, dass die Übernahme und Publikation der Empfehlung 1562 (2002) und der begleitende Bericht es der „Church of Scientology" gestatten könnten, sich auf sie als autoritativ und auf der Stärke angeblichen Konsensus beruhend zu beziehen, was vor allem Laien wie Eltern und Lehrer, aber auch einige Ärzte und Apotheker in die Irre leiten würde, die mit den Problemen der Diagnose und Behandlung von Kindern, die unter ADHS/HKS leiden, nicht vertraut sind". Der Ministerrat bemerkte weiter, dass „der überwältigende medizinische Konsensus lautet, dass, auch wenn sie schwer zu diagnostizieren sind, diese Störungen nicht nur existieren, sondern ein schwerwiegendes lebenslanges Handikap darstellen, das multidisziplinärer Abklärung und Behandlung mit verschiedenen Methoden bedarf, einschließlich Medikamente."

Schlussfolgerung

Diejenigen, die besorgt sind über unsere „Schnellfeuerkultur" [9], die Schnelllebigkeit unserer heutigen Gesellschaft und darüber, ob sich Kinder unter diesen Gegebenheiten überhaupt optimal entwickeln können, werden beim Thema ADHS immer wieder Angriffspunkte suchen und man wird, wie auch in den vergangenen mehr als hundert Jahren Geschichte der ADHS, immer wieder mit solchen Kontroversen rechnen müssen (siehe Kapitel 2 dieses Buches), zumal wir es mit einem Thema zu tun haben, bei dem sich Medizin, Psychologie, Pädagogik, Soziologie und Politik sehr eng berühren. Die Kritiker betonen aber auch einige tatsächliche Probleme, die seit langem bekannt sind und weiterer *wissenschaftlicher Aufmerksamkeit* bedürfen, wie:

▮ Qualität von Diagnose und Behandlung in der Alltagspraxis
▮ Weiterentwicklung der Leitlinien für Diagnose und Behandlung von ADHS
▮ Erforschung der Langzeitwirkungen der Medikation und anderer Interventionen
▮ Entwicklung von weiteren wirksamen und sicheren Medikamenten sowie verhaltenstherapeutischer Maßnahmen zur Linderung von ADHS

Man kann sich daher gerne den gemeinsamen Aussagen des Ministerrats, des Parlamentsausschusses sowie der Pompidou-Gruppe anschließen:

▮ Es besteht die Notwendigkeit, „die Erforschung von Ursachen und möglichen Heilmitteln voranzutreiben, um die diagnostischen Methoden und Kriterien angemessener Behandlungen weiter zu verbessern".
▮ Es wird betont, „dass Diagnose und Behandlung von ADHS/HKS kontrolliert werden muss. Es hat den Anschein, dass die Gegebenheiten sich in dieser Hinsicht von Land zu Land unterscheiden und dass in einigen Ländern eine Behandlung von ADHS/HKS mit Methylphenidat nicht erlaubt ist. In anderen Ländern kann ein Bedarf an mehr Supervision nicht ausgeschlossen werden".
▮ Man sieht den „Bedarf an Ausbildung und klinischer Fortbildung für Ärzte, die mit der Diagnose und Behandlung von ADHS befasst sind. Er

stimmt auch zu, dass nur Ärzte mit ausreichender Ausbildung berechtigt sein sollten, die Diagnose zu stellen, die nötigen wirksamen Medikamente zu verschreiben oder sich um andere Aspekte der komplexen Behandlung dieser Störung zu kümmern".

▍ Man weiß „dass es wichtig ist, die Information für Lehrer und Eltern zu verbessern, um den Kindern den Zugang zu der Fürsorge, die sie benötigen und auf die sie ein Recht haben, zu erleichtern und so gefährlichen Missbrauch der betreffenden Medikamente abzuwenden".

Auch wenn es derzeit nur gedämpfte Hoffnung dafür gibt, dass wissenschaftlicher und politischer Kontext bei ADHS sich in Harmonie vereinigen und das Feld zielgerichtet stärken werden, so gibt es mittlerweile doch wissenschaftspolitische Signale, die eine deutliche Verbesserung der Situation in Deutschland und Europa – möglicherweise auch darüber hinaus – erwarten lassen.

Literatur

1. Angold A, Erkanli A, Egger HL, Costello EJ (2000) Stimulant treatment for children: a community perspective. J Am Acad Child Adolesc Psychiatry 39:975–984
2. Barkley RA, Fischer M, Smallish L, Fletcher K (2003) Does the treatment of attention-deficit/hyperactivity disorder with stimulants contribute to drug use/abuse? A 13-year prospective study. Pediatrics 111:97–109
3. Biederman J, Wilens T, Mick E, Spencer T, Faraone SV (1999) Pharmacotherapy of attention-deficit/hyperactivity disorder reduces risk for substance use disorder. Pediatrics 104:e20
4. Burd L, Klug MG, Coumbe MJ, Kerbeshian J (2003) Children and adolescents with attention deficit-hyperactivity disorder: 1. Prevalence and cost of care. J Child Neurol 18:555–561
5. Charach A, Ickowicz A, Schachar R (2004) Stimulant treatment over five years: adherence, effectiveness, and adverse effects. J Am Acad Child Adolesc Psychiatry 43:559–567
6. Collishaw S, Maughan B, Goodman R, Pickles A (2004) Time trends in adolescent mental health. J Child Psychol Psychiatry 45:1350–1362
7. Council of Europe (2000) Sociocultural Factors and the Treatment of ADHD. Council of Europe, Strasbourg
8. De Jong PE (1997) Short-term trends in Dutch children's attention problems. Eur Child Adolesc Psychiatry 6:73–80
9. DeGrandpre R (1999) Ritalin nation; rapid-fire culture and the transformation of human consciousness. Norton & Company, New York
10. Drug Enforcement Administration (1995) Methylphenidate Review. DEA, Washington DC
11. Faraone SV (2005) The scientific foundation for understanding attention-deficit/hyperactivity disorder as a valid psychiatric disorder. Eur Child Adolesc Psychiatry 14:1–10
12. Jensen PS, Kettle L, Roper MT, Sloan MT, Dulcan MK, Hoven C, Bird HR, Bauermeister JJ, Payne JD (1999) Are stimulants overprescribed? Treatment of ADHD in four U.S. communities. J Am Acad Child Adolesc Psychiatry 38:797–804

13. Llana ME, Crismon ML (1999) Methylphenidate: increased abuse or appropriate use? J Am Pharm Assoc (Wash) 39:526–530
14. Pollack W (1998) Real boys: rescuing our sons from the myths of boyhood. Random House, New York
15. Rothenberger A, Banaschewski T (2002) Towards a better drug treatment for patients in child and adolescent psychiatry – the European approach. Eur Child Adolesc Psychiatry 11:243–246
16. Rothenberger A, Resch F (2002) Aufmerksamkeitsdefizit-Hyperaktivitätsstörung (ADHS) und Stimulantien – nur evidenzbasierte Sachlichkeit ist hilfreich (Editorial). Z Kinder Jugendpsychiatr Psychother 30:159–161
17. Schubert I, Ferber L von, Lehmkuhl G (2004) Von der Unart zur Krankheit: Medikamentöse Therapie nicht „zwingend" (Diskussion zu Seidler E (2004) Zappelphilipp und ADHS, Dtsch Arztebl 101:A 239–243). Dtsch Arztebl 101:A–1080
18. Seiden LS, Ricaurte GA (1987) Neurotoxicity of methamphetamine and related drugs. In: Meltzer HY (ed) Psychopharmacology: The third generation of progress. Raven Press, New York, pp 359–366
19. Verhulst FC, Ende J van der, Rietbergen A (1997) Ten-year time trends of psychopathology in Dutch children and adolescents: no evidence for strong trends. Acta Psychiatr Scand 96:7–13
20. Wagner GC, Ricaurte GA, Johanson CE, Schuster CR, Seiden LS (1980) Amphetamine induces depletion of dopamine and loss of dopamine uptake sites in caudate. Neurology 30:547–550
21. Wolraich ML, Hannah JN, Pinnock TY, Baumgaertel A, Brown J (1996) Comparison of diagnostic criteria for attention-deficit hyperactivity disorder in a county-wide sample. J Am Acad Child Adolesc Psychiatry 35:319–324

2 ADHS – Allgemeine geschichtliche Entwicklung eines wissenschaftlichen Konzepts*

A. Rothenberger, K.-J. Neumärker

Kurzer Überblick

Schon immer konnten verstärkte allgemeine motorische Unruhe, mangelnde emotionale Impulskontrolle und Unaufmerksamkeit/Ablenkbarkeit bei Kindern gleichzeitig beobachtet werden. Manche Personen der Zeitgeschichte (z.B. Alexander der Große, Dschingis Khan und Thomas Alva Edison) werden ähnliche Verhaltensweisen zugeschrieben [137]. Die Zusammenschau o.g. Merkmale führte über die Jahre zu verschiedenen diagnostischen Bezeichnungen. Obgleich derzeit Aufmerksamkeitsdefizit-Hyperaktivitätsstörung (ADHS) und Hyperkinetische Störung (HKS) sehr populäre diagnostische Zuordnungen sind, tauchen sie im geschichtlichen Verlauf der Diagnostik und Klassifikation kinderpsychiatrischer Störungen erst sehr spät auf.

So enthält selbst die letzte Ausgabe des Lehrbuches für Kinderpsychiatrie von Leo Kanner [96] keinen Hinweis auf allgemeine motorische Unruhe als eine eigenständige diagnostische Einheit. Gleiches gilt für die Ausgabe von 1969 des in angloamerikanischen Ländern häufig benutzten Textes zur Kinderpsychologie von Johnson und Medinnus [93]. Dabei wird die Bezeichnung „Aufmerksamkeitsspanne" nur auf zwei der insgesamt 657 Seiten erwähnt. Ein wohl beachtetes Lehrbuch zur experimentellen Kinderpsychologie [136] weist zwar einen Abschnitt über Aufmerksamkeitsprozesse aus, aber ohne jeglichen Hinweis zu Aufmerksamkeitsdefizit-Hyperaktivitätsstörungen. Andererseits gibt es Aufmerksamkeitspsychologie schon bereits seit der 2. Hälfte des 19. Jahrhunderts [91, 177].

Auf dem europäischen Kontinent hingegen waren die Bedingungen der hyperkinetischen Störung schon früher erkannt worden, und es wurde z.B. im Lehrbuch zur allgemeinen Psychiatrie von Hoff [84] darauf Bezug genommen. So ist zwar in den letzten Jahren auf der einen Seite der Eindruck entstanden, dass die Hyperaktivitätsstörung insbesondere ein amerikanisches Phänomen sei, die Geschichte hinsichtlich der Bezeichnung erzählt uns aber etwas anderes. Nicht nur, dass Kramer und Pollnow bereits 1932 eine empirische Arbeit „Über eine hyperkinetische Erkrankung des

---

* Dieses Kapitel entstand in Anlehnung an Sandberg S, Barton J (2002) Historical developments. In: Sandberg S (ed) Hyperactivity and attention disorders of childhood. Cambridge University Press, Cambridge, pp 1–29

Kindesalters" [101] publizierten, auch hat Göllnitz bereits sehr früh in der DDR die Diagnose einer „Dextro-Amphetamin-Antwortstörung" häufig gebraucht und damit gemeint, dass es Verhaltensauffälligkeiten gibt, die sich nach der Gabe von Dextro-Amphetamin bessern [69, 70].

Die gegenwärtige Konzeptualisierung der Störung stellt wahrscheinlich auch nur eine bestimmte Phase im Rahmen der komplexen und von Variationen geprägten Entwicklungsgeschichte dieses Störungsbildes dar. Von daher erscheint es wichtig, den chronologischen Verlauf dieser Konzeptentwicklung zu verfolgen und daraus, sowie aus der gegenwärtigen Forschung eine Abschätzung der Zukunftsperspektiven zu entwickeln.

So soll in diesem Kapitel vor allem eine Übersicht zur geschichtlichen Entwicklung von Hyperaktivität und Aufmerksamkeitsstörungen gegeben werden, insbesondere wie sie in Forschungs- und Lehrtexten der westlichen Welt sich reflektieren. Die Veröffentlichungen bis zum Jahre 1960 sollen besonders beachtet werden, denn nach dieser Zeit kam es zu einer schlagartigen Zunahme von Studien, die sich auf die verschiedensten Aspekte der Störung beziehen und eine einheitliche Darstellung der geschichtlichen Entwicklung erschweren.

Hinweise auf Verhaltensauffälligkeiten im Kindesalter, die ähnlich denen sind, die bei einer ADHS/HKS vorliegen, sind in den Beschreibungen von Hoffmann [84], Maudsley [121], Bourneville [22], Clouston [41]; Ireland [88] und anderen aus der Mitte des 19. Jahrhunderts zu finden. Allerdings gibt es die ersten klaren und fachlichen Beschreibungen der Störung erst bei Still und Tredgold um 1900. Ihre Arbeit wird besprochen und gegengeprüft im Kontext des damals vorherrschenden sozialen und wissenschaftlichen Klimas. Beide Autoren präsentierten ihre Analyse der Verhaltensmerkmale bei einer relativ kleinen Stichprobe von Kindern, von denen einige in ihrem Verhaltensspektrum sehr den hyperaktiven Kindern unserer Zeit ähneln. Still [184] schrieb dieses Verhalten einem „Defekt moralischer Kontrolle" zu und glaubte, dieser sei biologisch begründet, d.h. angeboren oder auf irgendwelche prä- oder postnatale organische Beeinträchtigungen zurückzuführen. Seine Vorstellungen hinsichtlich der Ursachen lassen sich am besten im Zusammenhang mit dem damals weit verbreiteten sozialen Darwinismus verstehen. Eine ähnliche Terminologie („moralisches Irresein") benutzte Emminghaus für Kinder, die eher Symptome einer Störung des Sozialverhaltens zeigten, wobei Aggressivität und mangelnde Impulskontrolle im Vordergrund berichtet werden [56]! Kinder mit einer Lern- bzw. Aufmerksamkeitsstörung werden einer „cerebralen Neurasthenie" zugeordnet.

Die Theorie einer organischen Schädigung, welche in frühen Entwicklungsstadien eines Kindes vorgekommen sein sollte, wenn auch leichtgradig und unbemerkt, wurde von Tredgold [197] übernommen; und zu einem späteren Zeitpunkt auch von Autoren wie Pasamanick et al. [129]. Die epidemische Enzephalitis der Jahre 1917 bis 1918 spielte ebenfalls eine bedeutende Rolle in der Geschichte der Hyperaktivitätsstörung. Nach Ausbruch der Epidemie mussten sich die Kliniker mit der Situation auseinandersetzen, dass ihnen Kinder mit Verhaltensauffälligkeiten und kognitiven Problemen vorgestellt wurden, die gleichzeitig die heutzutage geltenden Kernmerkmale einer ADHS/HKS aufwiesen.

In der ersten Hälfte des 20. Jahrhunderts war also die vorherrschende Meinung hinsichtlich der Ursache einer Hyperaktivitätsstörung, dass diese mit einer Hirnschädigung verbunden sei. Man versuchte dies mit verschiedenen Bezeichnungen zu verdeutlichen (z.B. „organische Getriebenheit" oder „minimale Hirnschädigung"). Während dieser Zeit fiel auch auf, dass die Verhaltensweisen hyperaktiver Kinder denen von Primaten ähnelten, die einer Frontalhirnläsion unterzogen worden waren. Dieser Zusammenhang wurde von verschiedenen Untersuchern so verstanden, dass möglicherweise die hyperkinetische Störung auf einen Defekt von Frontalhirnstrukturen zurückzuführen sein könnte, obwohl bei den meisten betroffenen Kindern keine derartigen Läsionen zu sichern waren.

Um 1940/1950 erschien eine Reihe von wissenschaftlichen Beiträgen, die den Beginn der Psychopharmakologie im Kindesalter markierten und insbesondere die Pharmakotherapie von verhaltensgestörten Kindern ins Blickfeld rückten. Ende 1950 wurde das Konzept, dass eine Hirnschädigung der einzig wichtige Faktor bei der Entwicklung einer hyperkinetischen Störung sein könnte, in Frage gestellt. Man ersetzte das Wort „Minimale Hirnschädigung" durch die Bezeichnung „Minimale Cerebrale Dysfunktion – MCD" bzw. „Minimal Brain Dysfunction – MBD", d.h. man setzte nicht mehr den pathologischen anatomischen Befund voraus, sondern hielt es auch für möglich, dass subtilere (grob anatomisch nicht erfassbare) Auffälligkeiten des Gehirns bei der Pathophysiologie der hyperkinetischen Störung wesentlich sein könnten. Zu der Zeit wurde zudem eine Reihe anderer Hypothesen aufgebracht, die ebenfalls versuchten, die Ursache der Hyperaktivitätsstörung besser zu erklären. Dabei kam es u.a. zu Überlegungen im Sinne einer psychoanalytischen Theorie, dass mangelnde Erziehung eine wesentliche Ursache sein könne, ohne dass es dafür empirische Belege gab. Das Konzept der „MCD" konnte sich aber auch nur bedingt durchsetzen, da die methodischen Zugänge zu dessen Prüfung noch nicht vorhanden waren. Von daher ist es verständlich, dass man sich mehr auf die Verhaltensbeobachtung verlegte und das „Syndrom des hyperaktiven Kindes" nur beschrieb, wobei Stella Chess eine der wichtigsten Protagonisten war [37]. Chess unterschied sich von ihren konzeptionellen Vorgängern dadurch, dass sie die symptomatische und psychosoziale Prognose hyperaktiver Kinder als eher günstig ansah, allerdings unter der Bedingung, dass die Auffälligkeiten bis zur Pubertät zurückgegangen sein sollten. So war Ende 1960 die vorherrschende Sichtweise, dass die hyperkinetische Störung zwar eine Hirndysfunktion reflektiere, sich aber in einer gewissen Variationsbreite von Symptomen zu erkennen gäbe, wobei die allgemeine motorische Unruhe das vorherrschendste Merkmal sei.

Während der 1960er Jahre entwickelte sich die Betrachtungsweise der hyperkinetischen Störung in Europa bzw. Nordamerika in unterschiedliche Richtungen. Kliniker in Europa behielten eine engere Sichtweise der Störung aufrecht und sahen das ganze als ein eher selteneres Syndrom von exzessiver motorischer Aktivität, die üblicherweise in Verbindung mit einigen indirekten Zeichen einer Hirnschädigung stand. Andererseits wurde die Hyperaktivitätsstörung in Nordamerika als etwas Häufiges angesehen, und in den meisten Fällen musste dies nicht notwendigerweise mit sichtbaren Zeichen einer Hirnschädigung zu tun haben. Diese Unterschiede wurden schließlich in den diagnostischen Klassifikationssystemen ebenfalls sichtbar [3, 212].

In den 1970er Jahren bewegte sich die wissenschaftliche Betrachtungsweise weg von der motorischen Hyperaktivität und man begann, sich mehr und mehr mit den Aufmerksamkeitsaspekten der Störung zu befassen, wobei vor allem klinische Psychologen beteiligt waren. Eine Anzahl von Autoren zeigte, dass hyperaktive Kinder große Schwierigkeiten hatten, bei ihnen gestellten Aufgaben die Daueraufmerksamkeit aufrecht zu erhalten. Gleichzeitig entwickelte sich eine Anschauung, dass hyperkinetisches Verhalten in erster Linie auf Umgebungsfaktoren zurückzuführen sei. Dies traf sich mit einer gesellschaftlichen Bewegung hin zu gesunderem Lebensstil und einer gewissen Unzufriedenheit hinsichtlich einer vermeintlich ausgeprägten Medikamentierung von Schulkindern. Weiterhin wurde eine Bewegung aktiv, die verkündete, dass in den meisten Fällen die Hyperaktivitätsstörung auf allergische Reaktionen, Nahrungsmittelunverträglichkeiten, insbesondere aber auf Nahrungszusatzstoffe zurückgeführt werden könnte. Schließlich wurden auch der allgemeine technische Fortschritt und andere kulturelle Einflüsse als ursächliche Faktoren verantwortlich gemacht. Daneben gab es eine wissenschaftliche Entwicklung, bei der die Studien zunahmen, die die Hyperaktivitätsstörung mittels psychophysiologischer Methoden untersuchten, um den pathologischen hirnfunktionellen Hintergrund besser zu verstehen.

In den 1980ern nahm die Forschungsaktivität in dem Feld weiter zu. Damit ging die Entwicklung von Forschungskriterien und standardisierten Abklärungsprozeduren einher. Auch im Bereich der Behandlung konnten Fortschritte erzielt werden, und zwar mit Methoden, die an der kognitiv behavioralen Therapie orientiert waren. So wurde die Hyperaktivitätsstörung allmählich als eine Auffälligkeit gewertet, die eine starke erbliche Komponente aufweise, von chronischem Verlauf sei und eine deutliche Beeinträchtigung mit sich bringe, vor allem hinsichtlich der schulischen und sozialen Entwicklung; damit bedurfte eine Behandlung der sich gegenseitig ergänzenden Fähigkeiten von verschiedenen Fachleuten.

Im Verlauf der 1990er Jahre richtete man den Blick so intensiv auf die allgemeine motorische Unruhe und die Aufmerksamkeitsprobleme, dass mehr Forschungsliteratur entstand als zu jeder anderen kinderpsychiatrischen Störung. Die Variationsbreite und Intensität der Forschungsgebiete war sehr groß und führte die Forschung tiefer in die Genetik und neurobiologischen Grundlagen der Hyperaktivitätsstörung, zusammen mit Untersuchungen, die die Wirksamkeit und Sicherheit verschiedener Behandlungsmethoden prüften. In dieser Zeit entstanden auch die ersten Leitlinien zu dem Thema (z. B. European Society for Child and Adolescent Psychiatry, [193, 194]; American Academy of Child and Adolescent Psychiatry, Practice

Parameters, [52]). Letzteres war ein wichtiger Versuch, um die Vorgehensweisen in der Praxis abzugleichen, zu standardisieren und im Sinne des Qualitätsmanagements weiter zu entwickeln. Diese Leitlinien betonen die Bedeutung der individualisierten, multimodalen, multidisziplinären Abklärung und Behandlung der Aufmerksamkeitsdefizit-Hyperaktivitätsstörungen durch versierte klinische Praktiker in diesem Feld. Es wurde dabei auch immer deutlicher, dass diese Störung sich nicht bei allen Kindern „verwächst", sondern bei einem beträchtlichen Anteil der Betroffenen ins Jugendalter und sogar bis ins Erwachsenenalter hineinwirken und anhalten kann. So wurde man im vergangenen Jahrzehnt auch Zeuge davon, wie die Erwachsenenpsychiatrie von diesem Phänomen Kenntnis nahm, sich damit allmählich beschäftigte und mittlerweile die Bedeutung hinsichtlich Differenzialdiagnostik und Behandlung erkannt hat, wenngleich hier die Dinge noch sehr in den Anfängen stecken.

█ Zeitleiste der Konzeptentwicklung

1902   George Still beschrieb ADHS-ähnliche Symptome

1932   Kramer & Pollnow beschrieben eine Hyperkinetische Erkrankung

1937   Bradley setzte Benzedrin bei Hypekinetischen Störungen ein

1954   Panizzon entwickelte Methylphenidat

1962   Minimale Cerebrale Hirnschädigung und -dysfunktion (MCD/MBD)

1970   Douglas stellte Aufmerksamkeitsdefizit in den Mittelpunkt

1980   Aufmerksamkeitsdefizit ± Hyperaktivitätsstörung (DSM-III)

1987   Aufmerksamkeitsdefizit-Hyperaktivitätsstörung (DSM-IIIR)

1992   ICD-10 benannte Hyperkinetische Störungen

1994   DSM-IV aktualisierte ADHS/ADS-Kriterien

2004   Europäische Leitlinien – Neu

Frühe medizinische Erklärungen

Kinder mit Auffälligkeiten ähnlich der Symptomatik von ADHS/HKS (meist im Übergang zu Störungen des Sozialverhaltens) gab es schon zu allen Zeiten [142, 143]. Man begegnete ihnen in der Regel mit erzieherischen Maßnahmen, zumal sie meist durch soziale Probleme auffielen. Erst spät vermutete man auch medizinische Hintergründe [124]. Das Lehrbuch des englischen Arztes Alexander Crichton mit dem Titel „Untersuchung über die Natur und den Ursprung der Geisteszerrüttung" [46] enthielt bereits ein Kapitel über Aufmerksamkeit und ihre Störungen [137].

Die Art und Weise, wie das Thema von der frühen deutschen Medizin und Psychologie gesehen wurde, schildert Seidler [170] folgendermaßen:

Zu Hoffmanns Zeiten hatte die Medizin bereits den Schritt in die Organpathologie getan und damit begonnen, auch die psychischen und moralischen Phänomene des Kindes somatisch zu erklären. So bezeichnet der Berliner Psychiater Wilhelm Griesinger (1817–1869) 1845 das Gehirn als ein „psychisches Organ" und seine Funktionsstörungen als „psychische Krankheiten". Kinder, die „keinen Augenblick Ruhe halten ... und gar keine Aufmerksamkeit zeigen", haben eine „nervöse Konstitution" und leiden unter einer gestörten Reaktion des Zentralorgans auf die einwirkenden Reize.

Ein Gegner der Gehirnpathologie Griesingers, der Breslauer Heinrich Neumann (1814–1884), führt die gesteigerte Unruhe von Kindern auf eine vorschnelle Entwicklung zurück, die er auch als „Hypermetamorphose" bezeichnet. „Solche Kinder", schreibt er 1859 „haben etwas Ruheloses, sie sind in ewiger Bewegung, höchst flüchtig in ihren Neigungen, unstet in ihren Bewegungen, schwer zum Sitzen zu bringen, langsam in der Erlernung des Positiven, aber oft blendend durch rasche und dreiste Antworten." Eitle Mütter würden diesen Zustand als geistreich, besorgte Mütter als aufgeregt bezeichnen.

Zwei frühe Kinderpsychiater versuchen, die Phänomene in die zeitgenössische allgemeine Psychiatriediskussion einzuordnen. Der Engländer Henry Maudsley (1835–1918) rechnet 1867 die unruhigen Kinder zur Krankheitsgruppe des „affektiven oder moralischen Irreseins", der Deutsche Hermann Emminghaus (1845–1904) vermutet 1878 „Vererbung und Degeneration".

Angesichts einer zunehmenden allgemeinen Hast, Unruhe und Ungeduld brachte der amerikanische Neurologe George Miller Beard (1839–1883) im Jahr 1869 die Bezeichnung „Neurasthenie" für Zustände reizbarer Schwäche in die Diskussion. Beard wollte damit eine „predominantly American societal illness" beschreiben: sie sei häufiger als alle anderen Nervenkrankheiten in den USA und beruhe auf fünf bedrohlich gewordenen Außenfaktoren: Dampfkraft, Tagespresse, Telegraf, Wissenschaften und der „mental activity of women". Später sprach er von einer spezifischen „American nervousness": sein Begriff der Neurasthenie fand in der Folge weltweit Verbreitung.

Auch in der deutschen Diskussion wird eine zunehmende Nervosität konstatiert und auf die fortschreitende Industrialisierung, die schlechten Arbeitsbedingungen und die soziale und politische Unruhe zurückgeführt. Außerdem orientierten sich Familie und Schule immer deutlicher an den Idealen des aufkommenden Imperialismus: Jetzt waren soldatische Tugenden wie Ordnung, Pünktlichkeit, Mäßigkeit, Selbstbeherrschung und Subordination gefragt. Daher findet sich jetzt ein breites gemeinsames Interesse von Ärzten und Pädagogen an den unruhigen, das heißt „nervösen" Kindern, die diesen Anforderungen nicht entsprechen. Im System einer „Pädagogischen Pathologie oder die Lehre von den Fehlern der Kinder", das 1890 der Leipziger Philosoph und Psychologe Ludwig Strümpell (1812–1899) vorlegte, finden sich Unruhe und Unaufmerksamkeit als konstitutionelle Charakterfehler.

Berühmt wurden die jahrzehntelang immer wieder aufgelegten Vorlesungen des Berliner Pädiaters Adalbert Czerny (1863–1941) vom „Arzt als Erzieher des Kindes" aus dem Jahr 1908. Er orientiert sich an der Pawlowschen Physiologie und postuliert, dass der Charakter eines Kindes ausschließlich vom Gesundheitszustand und von der Erziehung bestimmt wird. Ein im strengsten Sinne normales Kind sei daher erstens richtig ernährt und verfüge zweitens über ein gut trainiertes Nervensystem. Als Zwischenstufe zwischen normalen und psychisch abnormen Kindern beschreibt Czerny eine Gruppe mit folgenden Merkmalen: „Großer Bewegungsdrang, mangelnde Ausdauer im Spiel und bei jeder Beschäftigung, Unfolgsamkcit und mangelhafte Konzentrationsfähigkeit der Aufmerksamkeit beim Unterricht." Unschwer ist hier der „Zappelphilipp" wieder zu erkennen; bei Czerny fällt er in die Gruppe der „schwer erziehbaren Kinder" und gehört zur „neuropathischen Konstitution".

Aus der Psychiatrie kommt zur gleichen Zeit der Begriff der „Psychopathie"; auch in diesem Konzept werden die unruhigen Kinder auf der Grenze zwischen dem Normalen und Krankhaften eingeordnet. Diskutiert wird eine ererbte oder intrauterin erworbene Veranlagung, die zu „angeborener Minderwertigkeit" führe.

In den ersten Jahrzehnten des 20. Jahrhunderts begannen sich viele Einzeldisziplinen am Kind voneinander abzugrenzen, die sich jeweils mit der physischen, psychischen und sozialen Problematik ihrer Patienten befassten. Bei allen finden wir Überlegungen über die unruhigen und unaufmerksamen Kinder, meist mit klar beobachteten Beschreibungen ihrer Symptomatik. August Homburger (1873–1930), einer der Wegbereiter der modernen Kinderpsychiatrie, beschrieb im Jahre 1926 bei diesen Kindern die erhöhte Erregbarkeit, starke Ablenkbarkeit, das ruhelose Abwechslungsbedürfnis und die deutlich verminderte Konzentrationsfähigkeit. Da in den konkreten Einzelfällen Reizüberflutung und falsche Erziehungsmethoden die Realität des Geschehens bestimmen, müsse der Arzt vor allem „ein erziehender Berater der Eltern sein". Ähnlich sehen dies zur gleichen Zeit auch Kinderärzte, wie der Karlsruher Pädiater Franz Lust (1880–1939). Der die Behandlung solcher Kinder in jedem Lebensalter auch für den Arzt zu einer eher pädagogischen Aufgabe macht.

In Deutschland und Österreich haben wenig später Diskriminierung, Emigration und Deportation führender Kliniker und Wissenschaftler eine differenzierte Diskussion auf Jahre unterbrochen. Hier nahmen nunmehr anders ausgerichtete Fachvertreter das Problem in die Hand. So zählte 1939 der Wiener Ordinarius für Kinderheilkunde Franz Hamburger (1874–1954) die Unruhe der Kinder schlicht zu den neurotischen Unarten, gegen die man „einschreiten" müsse; Therapieziel sei die Erlangung eines „freudigen Gehorsams" beim Kind. Hierzu könne man den Eltern nicht genug empfehlen, „ihre Kinder vom elften Jahre an in die Hitler-Jugend zu geben. Die meisten Kinder verlieren ihre Neurosen, wenn sie den Betrieb in der HJ mitmachen."

Die moderne Geschichte der Hyperaktivitätsstörungen wird üblicherweise mit dem Beginn der Schriften von Sir George Frederick Still [184] und Alfred F. Tredgold [197] in Verbindung gebracht. Eine Reihe von Autoren meinte sogar, dass unser gegenwärtiges Konzept der ADHS/HKS seine Grundlagen in den Arbeiten von Still und Tredgold habe [139]. Natürlich ging den Studien von Still und Tredgold eine Reihe von fachlichen Beschreibungen hyperkinetischer Kinder voraus, meistens in Form von Fallstudien, die schon in der psychiatrischen Literatur des 19. Jahrhunderts erschienen waren [22, 41, 84[1], 88, 121] und sich in Publikationen am Anfang des 20. Jahrhunderts fortsetzten [20, 81, 131, 168].

---

[1] Entsprechende Abbildungen sind dort wie auch im Artikel von Seidler [170] zu finden. In letzterem ist auch ein Druck des Gemäldes von Heinrich von Rustige (1810–1900) „unterbrochene Mahlzeit" zu sehen, wegen seiner ähnlichen Szene wohl eine „Vorlage" für den Zappelphilipp.

Übererregbarkeit und Jähzorn: Vorläufer der Hyperaktivität?

Clouston beschrieb eine Reihe sehr schwieriger, pathologischer Zustände, die „bei neurotischen Kindern auftreten, aber an der Grenze zur Psychiatrie liegen" [41]. Er stellte die Hypothese auf, dass diese Störungen alle auf irgendeine Dysfunktion im „Hirnkortex" zurückzuführen seien und pathogenetisch „Zustände einer gestörten Reaktionsfähigkeit der Neurone der höheren Hirnregionen" darstellten. Die Störung sei entstanden, weil die höheren Hirnregionen, die für die Hemmung von Aktivität verantwortlich sind, irgendwie geschwächt worden seien und daher die Fähigkeit verloren hätten, das Ausmaß der „Energiezufuhr, die sie zu kontrollieren haben" zu bewältigen.

Clouston betonte jedoch, dass diese Störungen nicht als „absolute mentale Störungen" klassifiziert werden sollten. Er meinte, dass die Zustände durch „erbliche und kongenitale Besonderheiten" verursacht würden, mit Defekten in den „subtilen und unbekannten Prozessen der zentralnervösen Entwicklung während der Kindheit", einhergingen und eine spezielle Anfälligkeit bewirkten. Des Weiteren vertrat er die Ansicht, dass dadurch, dass bestimmte Hirnbereiche manchen anderen in ihrer Entwicklung „vorauseilten", die ersteren in ihrer Funktionsstörung gestört würden. Dies wiederum führe zu „Explosionen, die sich in andere Bereiche ausweiteten".

Es wurde eine Reihe von pathologischen Störungen beschrieben, die nach Cloustons Einschätzung alle aus derselben Pathologie resultierten; eine davon ähnelt der heutigen ADHS. Er nannte sie „einfache Übererregbarkeit" und meinte, die Störung entstehe aus einer „übermäßigen Reaktion des Gehirns auf mentale und emotionale Reize". Sie betraf Kinder im Alter von drei Jahren bis zu Pubertät, wobei Überaktivität und Unruhe die Hauptsymptome darstellten. Die Störung träte in Schüben auf und währe von einigen Monaten bis zu Jahren. Während der Schübe nehme das Kind ab, schliefe nicht und seine schulischen Leistungen ließen nach. Solche klinischen Zeichen wurden einem „Lustdelirium als Reaktion auf schöne Dinge" des Kindes zugeschrieben und als eine Übertreibung der Reaktion, die man von einem Kind mit nervösem Temperament erwarten würde, interpretiert.

Nach Clouston war das gemeinsame Merkmal dieser Störungen der „explosive Zustand der Nervenzellen im höheren Kortex". Nach seiner Ansicht war dies vergleichbar mit der Überaktivität des motorischen Kortex, die man bei Menschen, die unter einer Epilepsie leiden, feststellte. Mit Bezug auf die damals gut etablierten Befunde, dass der Prozess der Hirnentwicklung während der Kindheit eine schnelle Zellmultiplikation umfasst, begleitet von einer graduellen Stabilisierung der Zellen, vertrat er die Meinung, dass bei Kindern, die unter „Hypererregbarkeit" leiden, dieser Prozess der Nervenstabilisierung nicht auftrete, was dazu führe, dass diese Kinder mit „irregulären explosiven Tendenzen" aufwüchsen.

Die empfohlene Behandlung für solche „Hirnentwicklungsstörungen" war der Einsatz von Bromiden „unbesorgt in hohen Dosen bis zu dem

Punkt, wenn die Symptome des Bromismus sich zu zeigen beginnen". Clouston betonte jedoch, dass die Substanzen nicht isoliert verabreicht werden sollten. Stattdessen sollten die Kinder gleichzeitig eine ausgewogene Ernährung erhalten, viel an die frische Luft kommen und „geeignete Unterhaltung, Begleitung und Beschäftigung" erhalten. Das Behandlungsziel bestand darin, „den Zellkatabolismus und die Reaktionsbereitschaft des cerebralen Kortex zu verringern, während der Hirnanabolismus nicht gestört werden sollte". Die Behandlung musste sorgfältig überwacht werden, um sicherzustellen, dass „man nicht über das Ziel hinausschoss".

Still und der Defekt der moralischen Kontrolle

Die erste eindeutige, systematische Beschäftigung mit Hyperaktivität wird Sir George Frederick Still (1868–1941) zugeschrieben, einem Kinderarzt und dem ersten Professor für Kinderkrankheiten am Kings College Hospital, London. Professor Still ist jedoch am meisten durch seine Beschreibung der chronischen rheumatischen Arthritis von Kindern hervorgetreten, allgemein als Stills Krankheit beschrieben. 1902 hielt Still die von Clouston ausgearbeiteten Vorlesungen im Royal College of Physicians und stellte die Fallgeschichten von 20 Kindern vor, die den Kindern ähneln, die wir heute als hyperaktiv bezeichnen würden. In seinen Beschreibungen tauchten Merkmale wie extreme motorische Unruhe und „nahezu choreiforme" Bewegungen häufig auf. Ein weiteres gemeinsames Merkmal war das einer „abnormen Unfähigkeit die Aufmerksamkeit aufrecht zu halten", was, trotz normaler Intelligenz, zu Leistungsversagen in der Schule führte. In ihrem Verhalten waren viele der Kinder boshaft, zerstörerisch und gewalttätig und schienen nicht auf Bestrafung zu reagieren.

Still zufolge trat dieses Muster häufiger bei Jungen als bei Mädchen auf, begann häufig in den ersten Schuljahren, wurde manchmal von Auffälligkeiten im körperlichen Erscheinungsbild begleitet (z. B. breite innere Augenfalte und hoher, spitzer Gaumen), schien häufig eine Temperamentsfunktion zu sein, stand im Allgemeinen in geringer Beziehung zu der Ausbildung und häuslichen Umgebung des Kindes und hatte meist eine schlechte Prognose. Still beschrieb also viele der Kernmerkmale und Begleitzeichen, die wir heute bei der ADHS feststellen. Still vertrat die Ansicht, dass die von ihm beschriebenen Kinder an einem „Defekt der moralischen Kontrolle" litten, wobei sie „die rücksichtslose Missachtung von Befehlen und Autorität zeigen, statt einer Ausbildung und der Disziplin, die ein gesundes Kind 'gesetzestreu' macht". Diese Kinder zeigten hingegen „eine sofortige Befriedigung der eigenen Bedürfnisse ohne Rücksicht auf das Wohl anderer oder das umfassendere und indirektere Wohl des Selbst". Still bemerkte auch, dass obwohl viele dieser Kinder aus chaotischen Familien kamen, ein beträchtlicher Anteil von ihnen einem Zuhause entstammten, in dem sie eine adäquate Erziehung erhielten. Als er seine Kriterien für Kinder mit dieser Erkrankung verfeinerte, beschloss Still sogar, diejenigen Kinder auszuschließen, die mangelnder Fürsorge ausgesetzt gewesen waren. Das führte ihn zu der Hypothese, dass „der Defekt der moralischen Kontrolle" auf einen „pathologischen physischen Zustand" zurückzuführen sei, der entweder erblich war oder aus einer peri- oder postnatalen Schädigung herrührte.

Das Ausmaß an Unsicherheit über die Verursachung der Erkrankung schuf die logische Basis dafür, die Kinder mit diesen Problemen in Untergruppen aufzuteilen. Still schlug eine Unterscheidung vor zwischen Kindern mit nachweisbaren schweren Hirnschädigungen, jenen mit einer Vielzahl akuter Erkrankungen, Pathologien und Verletzungen, die erwartungsgemäß zu einer Hirnschädigung führen würden, obwohl keine nachgewiesen werden konnte, und jenen mit hyperaktivem Verhalten, das keiner bekannten Ursache zugeschrieben werden konnte. Damit legte Still den Grundstein für die historischen Äquivalente der drei diagnostischen Hauptkategorien nämlich der Hirnschädigung, der minimalen Hirndysfunktion und der Hyperaktivität. Dadurch legte er auch die Saat für eine terminologische Verwirrung, die in den folgenden Jahrzehnten in der Literatur über Hyperaktivität so vorherrschend war, aber auch eine Verwirrung, die den Anstoß für viel exzellente Forschung über die Hyperaktivität und ihre Behandlung gab.

Stills Theorien über seine Patienten können am besten im Kontext des vorherrschenden sozioökonomischen und wissenschaftlichen Klimas verstanden werden. Während des 19. Jahrhunderts durchlief Großbritannien bedeutsame ökonomische, politische und soziale Veränderungen. Die Wirtschaft zentrierte sich zunehmend auf Fabriken in Kleinstädten und entfernte sich von der Landwirtschaft sowie dem Landleben. Die Arbeitslosigkeit war hoch und jene, die Arbeit hatten, arbeiteten häufig viele Stunden und wurden schlecht bezahlt. Eine ausgeprägte Klassenhierarchie beherrschte die Gesellschaft, wobei die niedrigeren Klassen als unmoralisch und unterlegen betrachtet wurden [152]. Die unteren Klassen litten aufgrund der sozioökonomischen Veränderungen beträchtliche Not, das zeigte sich in steigender Kindersterblichkeit, allgemeinem schlechtem Gesundheitszustand, Lernschwierigkeiten und Delinquenz von Kindern. Die intellektuellen und moralischen Defizite der unteren Klassen wurden aber eher als Ursache, denn als Ergebnis der Umstände angesehen.

Zeitgleich mit diesen Entwicklungen kam es zu einem zunehmenden Positivismus der zeitgenössischen Wissenschaft mit der Einschätzung, dass der gesellschaftliche Fortschritt durch die Entwicklung einer objektiven Wissenschaft erreicht werden könne. Vor allem die Theorien von Darwin lieferten eine wissenschaftliche Erklärung für verschiedene Arten sozialer Abweichungen, mit Hypothesen, dass die Umgebung einigen Arten der biologischen Variation einen selektiven Vorteil verleihe [49]. Abgeleitet von diesen Theorien wurde der Begriff des „Überlebens des Fittesten" im Versuch, soziale Phänomene zu erklären, in den Status eines „Gesetzes" erhoben. Auf ähnliche Weise konnte schlechte Gesundheit leicht als eine Form ererbter Schwäche oder Minderwertigkeit angesehen werden. Dieser soziale Darwinismus fand unter Intellektuellen und Sozialreformern großen Zuspruch.

Da er sich dem vorherrschenden Trend seiner Zeit anschloss, lag es in Stills Interesse, die Prinzipien des sozialen Darwinismus zu übernehmen und die „Defekte der moralischen Kontrolle" der Kinder, um deren Behandlung er gebeten wurde, ausführlich zu erklären. Er behauptete, dass moralisches Bewusstsein und moralische Kontrolle wesentliche angeborene Merkmale seien. Sie seien auch „das höchste und späteste Produkt der mentalen Evolution". Da sie jedoch einen relativ neuen evolutionären Fortschritt darstellten, seien sie auch fragil und zeigten „eine besondere Anfälligkeit für Verlust und Versagen während der Entwicklung".

Hyperaktivität aufgrund von neuropathischer Diathese

Um Stills Berichte über hyperaktive Verhaltensmuster zu untermauern, die auftraten, wenn eine Hirnschädigung vermutet wurde, aber nicht nachgewiesen werden konnte, legte Tredgold (1908) weitere Befunde über Kinder vor. Er vertrat die Ansicht, dass einige Formen von Hirnschädigungen, wie Geburtsschäden oder relativ leichte Anoxie, auch wenn sie zu diesem Zeitpunkt nicht festgestellt werden, sich als Verhaltensprobleme oder Lernschwierigkeiten äußern können, wenn das Kind mit den Anforderungen der ersten Schuljahre konfrontiert wird. Alfred F. Tredgold war Mitglied der English Royal Commission on Mental Deficiency. Sein Buch *Mental Deficiency (Amentia)* erschien 1908, wurde 1914 neu aufgelegt und blieb bis 1952 im Handel. In dem Buch beschreibt Tredgold viele Kinder, die Merkmale von Hyperaktivität aufweisen, und er wird von vielen Autoren [139] als der erste angesehen, welcher dem Konzept der „minimalen Hirnschädigung" Rechnung trug.

Tredgolds Beschreibungen von Hyperaktivität entstammen seinen Beobachtungen einer Gruppe von kleinen Patienten, die er „hochgradig schwachsinnig" benannte. Auch wenn diese Kinder keinen Nutzen aus der üblichen Schulausbildung ziehen könnten, würden sie seiner Meinung nach doch von individueller Zuwendung und Anleitung profitieren. Er stellte auch fest, dass eine Reihe der Kinder körperliche Anomalien aufwiesen, einschließlich Anomalien des Gaumens, leichte neurologische Zeichen, abnorme Kopfform und -größe und mangelnde motorische Koordinationsfähigkeiten.

Außer dass sie, was ihre Ausbildung anbelangte, unterlegen waren, neigten diese Kinder auch zu kriminellem Verhalten, obwohl sie in einer adäquaten Umgebung aufgewachsen waren. Tredgold teilte Stills Einschätzung, dass die moralischen Defizite aus der Auswirkung einer „organischen Abnormität in den höheren Ebenen des Gehirns" herrührten und meinte, dass die Bereiche des Hirns, in denen der „Moralsinn" seinen Platz habe, das Produkt einer jüngeren Entwicklung im Verlauf der menschlichen Evolution und daher anfälliger für Schädigungen seien. Tredgold glaubte, dass solche moralischen Defizite durch die Vererbung irgendeiner Hirnschädigung entstünden, die von einer Generation auf die nächste übertragen würde: weil diese verschiedene Formen annehmen könne, führe sie zu Hyperaktivität, Migräne, milden Formen der Epilepsie, Hysterie und Neurasthenie. Er gab dem Defekt verschiedene Namen wie „neuropathische Diathesis", „psychopathische Diathesis", „Blastophorie" oder „Keimverfälschung". Seiner Meinung nach spielten Umgebungsfaktoren keine wesentliche Rolle bei der Verursachung solcher mentaler oder moralischer Defizite.

Auch heutzutage kommt eine Vielzahl von psychiatrisch gestörten Kindern aus verarmten und psychosozial problematischen Gebieten, was den oberflächlichen Untersucher zu der Schlussfolgerung verleiten kann, dass die schädliche Umgebung die Ursache der Störungen ist. Untersuchungen haben aber ergeben, dass bei einer großen Mehrzahl dieser Fälle eine ausgeprägte pathologische Erblichkeit vorliegt und dass ihre Umgebung nicht die Ursache, sondern im Wesentlichen das Ergebnis dieser Erblichkeit ist – allerdings in Wechselwirkung mit ungünstigen Umgebungsfaktoren ([165], S. 23).

In den Jahrzehnten nach Still und Tredgold wurde von führenden medizinischen Autoritäten auf beiden Seiten des Atlantiks der Interaktion von Hirnstörung einerseits und konstitutioneller Prädisposition andererseits eine große Bandbreite von Verhaltensabweichungen zugeschrieben. Solche biologischen Variationen konnten wiederum zu vielen verschiedenen Ergebnissen führen, vom Schulversagen [45] bis zur Kriminalität [76]. Im Gegensatz dazu wurden psychologische und soziale Erklärungen für kognitive und Verhaltensabweichungen ausdrücklich zurückgewiesen. Die Kerndebatte kreiste um die relative Beteiligung von Erblichkeit und Geburtsschädigung als bedeutsamste Faktoren für die Entstehung einer gestörten Anpassung an die eigene Umgebung [78].

Folgeerscheinungen der Enzephalitisepidemie

Die Verbindung zwischen hyperaktivem Verhalten und nachweisbarer Hirnschädigung wurde durch die Enzephalitisepidemie gestärkt, die sich in den Jahren 1917 bis 1918 in Europa und den USA ausbreitete. In ihrer Folge sahen Kliniker viele Kinder, die, obwohl sie die Infektion scheinbar gut überlebt hatten, danach Verhaltensprobleme und kognitive Defizite aufwiesen. Hyperaktivität, katastrophale Persönlichkeitsveränderungen und Lernschwierigkeiten gehörten zu den vorhersagbaren Folgeerscheinungen der Krankheit [54, 85]. Der Begriff „postenzephalitische Verhaltensstörung" wurde benutzt, um die verschiedenen Auswirkungen zu umschließen. Beobachtungen von Kindern, die Opfer späterer Enzephalitisausbrüche wurden, bestätigten die gleichen Symptommuster [13, 64]. Cantwell [33] und viele andere datieren den Beginn des nordamerikanischen Interesses an Hyperaktivität auf die Enzephalitisepidemie.

Hohman [85], Ebaugh [54] sowie Strecker und Ebaugh [189] erörterten, dass diejenigen Kinder, welche nach der Epidemie fortwährende Verhaltensprobleme aufwiesen, am schwersten von der Erkrankung betroffen gewesen waren und in den meisten Fällen eine schwere Hirndysfunktion davon getragen hatten. Nur die Probleme einiger der beschriebenen Kinder würden jedoch den heutigen Kriterien für eine ADHS entsprechen. Es muss auch angemerkt werden, dass die verfügbaren Befunde für eine Verbindung zwischen schwerer Schädigung und schwerer Verhaltensstörung sprachen. Aus bestimmten Gründen wurde dies später extrapoliert, um zu behaupten, dass eine ähnliche Verbindung zwischen minimaler Hirnschädigung und leichter ausgeprägten Verhaltenstörungen vorliege.

Wie im Fall der Still-Krankheit wurde der Einfluss des Sozialdarwinismus auch auf die Folgeerscheinungen der Enzephalitis angewandt mit der Vermutung, dass es eine ererbte Prädisposition für die Entwicklung der Krankheit gäbe. Menschen, die sich Krankheiten, wie die Enzephalitis zuzogen, wurden als irgendwie konstitutionell unterlegen angesehen [12, 21].

Hyperkinetische Störung

In den frühen 1930er Jahren beschrieben Kramer und Pollnow (siehe Kapitel 6 und 7 dieses Buches) ein Syndrom, das durch extreme Unruhe, Ablenkbarkeit und Sprachentwicklungsstörung gekennzeichnet war. Sie nannten es „hyperkinetische Erkrankung", stellten die massive Bewegungsunruhe in den Vordergrund, sahen aber auch Mangel an planvollem, ausdauerndem Verhalten, Impulskontrolle, Abschätzen von Gefahren und Einhalten von Regeln. Sie klassifizierten die Erkrankung als eine frühkindliche Reaktionsweise auf organische Hirnprozesse verschiedener Art ([83], S. 537–553; [101]). Die extreme Unruhe, beginnend im dritten oder vierten Lebensjahr, trat oft plötzlich auf, „nach einer Phase der Ruhe" und wurde häufig von einem epileptischen Anfall gefolgt. Die Unruhe erreichte ihre schwerwiegendste Ausprägung im Alter von sechs Jahren und nahm dann graduell ab, in den meisten Fällen trat eine vollständige Heilung ein. Störungen der Sprache und allgemeinen geistigen Entwicklung wurden oft vor Beginn der Unruhe festgestellt.

Die Kinder wurden auch als leicht ablenkbar beschrieben. Ihre übermäßige motorische Aktivität, die chaotisch und ziellos war, schien als eine Folge von unkorrelierten Impulsen aufzutreten mit dem einzigen Ziel, auf Reize zu reagieren. Auch ihrem Spiel schien der Sinn zu fehlen, die Spielsachen wurden eher zerbrochen, als dass mit ihnen gespielt wurde. Der „Mangel an Unterscheidungsvermögen", wie von Kramer und Pollnow beobachtet, hat Ähnlichkeit mit der „Impulsivität", welche bei Kindern beschrieben wird, die an der heutigen hyperkinetischen Störung leiden. Die geringe Anzahl von zwischenmenschlichen Beziehungen dieser Kinder wurde ebenfalls erwähnt. Sie waren anderen Kindern gegenüber auch häufiger aggressiv. Jedem Versuch, dem Kind Einhalt zu gebieten, wurde von diesem mit Widerstand und Kampf begegnet.

Die beschriebenen Sprachstörungen bestanden z. B. aus undeutlicher Artikulation sowie verspätetem Sprachbeginn/verzögerter weiterer sprachlicher Entwicklung; man vertrat die Ansicht, dass das Vokabular der Kinder sich nicht vergrößern würde, bis sie von der Krankheit geheilt seien. Ihre Intelligenz, wenn zu Haus beobachtet, schien jedoch höher zu sein, als in formalen kognitiven Tests festgestellt. Es wurde auch behauptet, dass die Störung von anderen wie Schizophrenie, Dementia Infantilis, Enzephalitis und schizophrenie-ähnlichen Psychosen unterschieden werden könne.

Insgesamt wurden 45 Kinder mit „hyperkinetischer Erkrankung" beschrieben, davon 17 eingehend und 15 nachuntersucht. Eines davon starb, drei litten unter festgestellter geistiger Behinderung, drei erholten sich von der Unruhe, aber ihre Intelligenz war beeinträchtigt, vier erholten sich teilweise, während zwei weitere vollständig genasen. Die verbleibenden beiden Kinder waren jünger als sieben Jahre und wurden daher weiterhin der „hyperaktiven Phase" zugerechnet.

Eine kleine Zusammenstellung von Fällen mit ähnlichen Symptomen wurde einige Jahre vorher in Italien veröffentlicht [155]. Nachdem er die Befunde von Kramer und Pollnow sowie de Sanctis geprüft hatte, nahm Hoff das Thema „Hyperkinetische Erkrankung" in seine dreiteilige Vorlesung über Kinderpsychiatrie für Wiener Medizinstudenten auf und vertrat eine neue Ansicht. Er sagte klar, dass die hyperkinetische Erkrankung eher eine Art endogene Störung des Hirnmetabolismus sei als eine Form der Psychose und dass die Möglichkeit einer vererbten Grundlage bestehe ([83]; S. 544).

In der Sowjetunion hingegen scheint die Hyperaktivität fast von Beginn des neuen Föderalstaates eine anerkannte Erkrankung gewesen zu sein. Isaev und Kagan [90] zufolge haben schon zu Beginn der 1920er die sowjetischen Kinderpsychiater Gurevich, Kashchenko (1919), Simson (1929) und Jogikhes (1929) betont, dass Hyperaktivität eine Kombination von medizinischen und pädagogischen Problemen sei. Des Weiteren hat offenbar Gurevich (1925) detailliert die Arbeit in einer „psychoneurologischen Sanatoriums"-Schule beschrieben, die 1919 gegründet wurde. Die Schule war für „fast normale Kinder mit geringfügigen Abweichungen" gedacht, wie Nervosität und allgemeinem neurologischen Ungleichgewicht. Es hat auch den Anschein, dass die Einschätzung von Hyperaktivität als der „hypersthenischen Form der Neurasthenie" ähnlich in den folgenden Jahrzehnten die Herangehensweise sowjetischer Kinderpsychiater an Diagnose, ätiologische Erklärung und Behandlung der Störung leitete. Der medikamentöse Behandlungsaspekt bestand oft aus einer Mischung von Stimulanzien und Beruhigungsmitteln, wobei der jeweilige Anteil von den angenommenen Verteilungen exzitatorischer und hemmender Prozesse im Nervensystem des Kindes bestimmt wurde [89, 90]. Auf ähnliche Weise wurden in der ehemaligen DDR Begriffe wie „ein erethisches Kind" benutzt, um Hyperkinese zu beschreiben, die Art der medikamentösen Behandlung war abhängig davon, ob die Unruhe von schneller Ermüdung begleitet wurde oder nicht. In ersterem Fall wurden Stimulanzien gegeben, in letzterem Beruhigungsmittel [70].

Organische Getriebenheit

1934 beschrieben Kahn und Cohen drei Patienten, deren klinischer Zustand durch Hyperkinese, die Unfähigkeit ruhig zu bleiben, Abruptheit, Plumpheit und Ausbrüche willkürlicher Aktivität gekennzeichnet war. Die Autoren meinten, dass alle Symptome sekundär nach einer zentralen Verhaltensabnormität aufträten – Hyperaktivität. Diese sei wiederum das Ergebnis von „organischer Getriebenheit oder einem Überschuss an innerer Triebhaftigkeit", die aus einer Abnormität in der Organisation des Hirnstamms herrühre, die oft durch Trauma oder „pränatale Enzephalopathie oder Geburtsschäden" verursacht werde. Da bei einer Reihe solch hyperaktiver Kinder keine Traumageschichte bestätigt werden konnte, postulierten Kahn und Cohen, dass ein kongentialer Defekt im aktivitätsmodulierenden System des Hirnstammes die Ursache der Erkrankung sei. Nach ihrer Ansicht konnten sowohl die Über- als auch die Unterentwicklung bestimmter Hirnbereiche zum gleichen Endergebnis führen. Sie fügten hinzu, dass Merkmale wie leichte neurologische Zeichen, z. B. Muskelzuckungen, und geringfügiger kongenitaler Dysmorphismus Belege für die konstitutionelle Art dieser Defizite seien.

Weitere Belege für eine ursächliche Verbindung zwischen Hirnschädigung und Hyperaktivität wurden durch Studien über Epilepsie und andere Hirnstörungen geliefert [39, 114, 133]. Auch bei Kindern mit bestätigter Bleivergiftung wurden oft fortdauernde schwere neurologische und psychische Folgeerscheinungen festgestellt, wobei eine der letzteren ein Verhaltensausdruck von Hyperkinese, kurzer Aufmerksamkeitsspanne und Impulsivität ist [32]. Die Merkmale der Kinder, die unter dem „Syndrom der motorischen Unruhe" litten, wie es in den frühen Aufzeichnungen der sowjetischen Kinderpsychiater genannt wird [190], sind sehr ähnlich.

Assoziationen mit der Primatenforschung

Studien, die in der zweiten Hälfte des 19. Jahrhunderts durchgeführt wurden, zeigten, dass eine Loslösung der Frontallappen bei Affen zu ausgeprägter Unruhe und schlechter Konzentration führte [60]. Während der 1930er Jahre stellten mehrere Forscher fest, dass eine Ähnlichkeit zwischen dem Verhalten von Affen mit einer Frontallappenablösung und dem von hyperaktiven Kindern bestand [16, 111]. Das wurde als Beleg dafür erachtet, dass hyperkinetisches Verhalten von Kindern das Ergebnis eines Defektes in den Stirnhirnstrukturen sei, auch wenn Zeichen solcher Verletzungen nicht immer bei allen betroffenen Individuen nachgewiesen werden konnten [120, 179].

Psychopharmakabehandlungen und ihre Auswirkung auf die Theorie der Hyperkinese

▌ Amphetamin

Die Wirksamkeit von Amphetaminen[2] bei der Behandlung der Hyperkinese wurde nur durch Zufall von Charles Bradley entdeckt, der am Emma Pendelton Bradley Heim in Providence, Rhode Island, USA arbeitete. Die Einzelheiten dieser Entdeckung werden in einem Brief von Mortimer D. Gross an den Herausgeber des „American Journal of Psychiatry" im Jahr 1995 beschrieben [74]. In diesem Brief erinnert sich Gross an die Geschichte dieses Durchbruchs, wie sie ihm von M. W. Laufer übermittelt wurde. Bradley und seine Kollegen, beeindruckt von den Überlegungen von Kahn und Cohen [95], die ebenfalls an dem Zentrum arbeiteten, beschlossen, sich ebenfalls mit der Aufdeckung der Art der strukturellen Abnormitäten im Gehirn zu befassen, die sie für die Ursache ungezügelten Verhaltens von Kindern ansahen. Zu diesem Zweck wurden Pneumoenzephalogramme häufig angewandt, mit dem Ergebnis, dass viele der Kinder unter schweren Kopfschmerzen litten. Die Kopfschmerzen wurden auf einen Verlust an Spinalflüssigkeit zurückgeführt und Bradley glaubte, dass, wenn er den choreoiden Plexus der Hirnventrikel dazu anregen könne, schneller Spinalflüssigkeit zu produzieren, die Kopfschmerzen rascher nachlassen würden. Er wählte Benzedrin als das damals wirksamste Stimulanz.

Die meisten Kinder, die wegen ihrer Kopfschmerzen Benzedrin (Amphetaminderivat) erhielten, zeigten auch eine eindeutige Besserung in ihrem Verhalten (ruhiges Sitzen) und ihrer Schulleistung (bessere Konzentration) [24], bei einigen kam es auch zu einer Verbesserung in Intelligenztests [28], was auf die günstige Wirkung des Medikamentes auf die emotionale Haltung des Kindes gegenüber dem Test zurückgeführt wurde. Außerdem wurde festgestellt, dass eine große Anzahl von Kindern von der Medikation profitierte und dass der therapeutische Effekt rasch eintrat, aber nur anhielt, solange Benzedrin gegeben wurde, zudem war der Effekt nicht spezifisch für ein besonderes Verhalten. Andererseits wurde bei den Kindern, die am wenigsten profitierten, ein nachweisbares strukturelles neurologisches Defizit festgestellt [27, 29]. In einer Gruppe von 100 auffälligen Kindern konnte für 54% eine Besserung, für 21% keine Veränderung, für 19% eine verstärkte psychomotorische Reaktion und für 6% eine Verschlechterung des Verhaltens festgestellt werden [25].

---

[2] Amphetamin wurde erstmals 1887 von Edeleanu synthetisiert, 1910 wurde durch Barger und Dale seine chemische Ähnlichkeit mit Adrenalin entdeckt, 1932 wurde es von Alles als Ersatzstoff für Ephedrin in der Asthmabehandlung eingesetzt (Inhalationspräparat „Benzedrin", [53]). Amphetamine wurden um 1970/1980 intensiv als Appetitzügler und Muntermacher eingesetzt. Dies war ein Grund dafür, Psychostimulanzien unter das Betäubungsmittelgesetz zu stellen.

Der Mechanismus der Substanzwirkung wurde zunächst einer Stimulierung höherer Hemmungszentren zugeschrieben, wodurch sie eine erhöhte willkürliche Kontrolle bewirken sollten. Außerdem ging Bradley auf die Bedeutung der euphorisierenden Effekte von Amphetaminen ein [26]. Er glaubte, dass Kinder mit Verhaltensproblemen, von denen viele eine ausgeprägte Überaktivität und Unruhe aufwiesen, unglücklich seien, und dass ihr abweichendes Verhalten ihre Art war, dies zu vermitteln. Die Gabe von Amphetaminen mache sie daher weniger unglücklich und schwäche ihr Bedürfnis ab, sich schlecht zu benehmen.

Laufer vertrat später die Ansicht, dass der Grund dafür, dass die Substanz bis Mitte der 1950er Jahre nicht verbreitet eingesetzt wurde, im vorherrschenden psychoanalytischen Klima bestand, welches die Vorstellung, hyperaktives Verhalten habe eine organische Ursache, ablehnte [104]. Laufer und seine Kollegen nahmen sich der Amphetamine an und begannen, die neurologischen Mechanismen, die der „hyperkinetisch impulsiven Störung" zugrunde liegen und die Wirkung von Amphetaminen zu erforschen [105, 106].

Der Versuch, stichhaltige Belege für die Wirksamkeit der Substanz zu sichern, angesichts der starken Konkurrenz derjenigen, die mangelnde elterliche Erziehung als Ursache für den hyperaktiven Typus von Verhaltensproblemen ansahen, war ein mühseliger Kampf.

Laufers Forschung basierte stark auf der Arbeit zweier seiner Zeitgenossen, Gastaut [63] und Magoun [119]. Gastaut hatte einen Photometrozol-Stimulationstest entwickelt, bei dem die Substanz Metrozol verabreicht wurde, während das Kind Lichtblitzen ausgesetzt wurde. Die resultierenden myoklonischen Zuckungen des Unterarms und das Spike-wave-Muster im EEG wurden dann sorgfältig aufgezeichnet. Magouns Arbeit konzentrierte sich auf die Bedeutung des aufsteigenden retikulären Aktivierungssystems zur Aufrechterhaltung der Wachheit.

In der Annahme, dass Abnormitäten des retikulären Systems Kinder zu übererregtem und überaktiven Verhalten verleiten könnten, begannen Laufer et al. eine Studie mit Kindern mit „emotionaler Störung", wobei sie diese aufteilten in eine Gruppe, die eine „hyperkinetisch impulsive Störung" zeigte und eine andere, die diese Störung nicht zeigte [106]. Sie stellten fest, dass die hyperkinetische Gruppe weniger Metrozol brauchte, um myoklonische Zuckungen als Reaktion auf das Stroboskop zu zeigen, als die nicht hyperkinetische Gruppe. Als den hyperkinetischen Kindern jedoch Amphetamine verabreicht wurden, stieg die benötigte Metrozolmenge auf das gleiche Maß wie bei den nicht hyperkinetischen Kindern. Die Autoren postulierten, dass das Defizit im zentralen Nervensystem von überaktiven Kindern im Bereich des Thalamus verortet sei. Daher werde starke Stimulation nicht ausgefiltert, sondern breite sich „ungebremst" im Gehirn aus, was das Kind zu überaktivem Verhalten veranlasse.

Später wurde darauf verwiesen, dass Laufers Forschung an bestimmten methodologischen Mängeln litt, z. B. wurde versäumt, den Photo-Metrozol-Spiegel der nicht hyperkinetischen Kinder aufzuzeichnen. Auch wenn die

Orginialstudie nie wiederholt wurde, hat Laufers Arbeit doch das Interesse an der Erforschung biologischer Behandlungen der Hyperaktität im Kindesalter stark angeregt.

▌ Methylphenidat

Methylphenidat (MPH) ist geschichtlich gesehen zwar das zweite, aber klinisch gesehen das erste Mittel der Wahl („Goldstandard") zur Behandlung von ADHS/HKS. MPH wurde 1944 von Panizzon entwickelt, als mildes Psychostimulanz eingeordnet und 1954 auf den Markt gebracht. Die Firma Ciba beschrieb es als ein Mittel, das „ermuntert und belebt – mit Maß und Ziel". Der Name Ritalin®, bis heute mehr oder weniger ein Synonym für MPH, leitet sich vom Vornamen der Frau des Erfinders (Marguerite „Rita") ab [199]. Auch wenn Panizzon im Selbstversuch nicht sonderlich von der anregenden Wirkung der Substanz beeindruckt war, so nutzte seine Frau Rita das MPH, um besser Tennis zu spielen.

Die ersten kontrollierten Studien zu MPH entstanden in den 1960er Jahren, wobei Conners eine zentrale Rolle spielte [42, 43]. Es konnte gezeigt werden, dass sowohl Aufmerksamkeit als auch Hyperaktivität und externalisierende Verhaltensauffälligkeiten gebessert werden konnten. Bald standen eine Vielzahl von Studienergebnissen zur Verfügung, sodass Metaanalysen berechnet werden konnten [97, 167, 178, 191], die auswiesen, dass die Kernsymptomatik von ADHS/HKS bei etwa 75% der behandelten Kinder und Jugendlichen merkbar gelindert wird und eine gute Verträglichkeit vorliegt. Darüber hinaus finden sich aber auch positive Effekte hinsichtlich Arbeits- und Sozialverhalten und Schulleistungen. Insgesamt ist MPH das am besten untersuchte Medikament in der Kinderpsychiatrie mit etwa 40 Jahren klinischer Erfahrung – ein zuverlässiges und sicheres Produkt.

Dennoch zieht sich durch die Geschichte von MPH (aber auch anderer Psychostimlanzien) eine stetige, teilweise erbittert geführte kontroverse Diskussion um Einsatz, Nutzen und Langzeitverträglichkeit der Substanz (siehe Kapitel 1 dieses Buches). In den 1980er Jahren begannen die Auseinandersetzungen in den USA und griffen bald auf andere westliche Länder über. Dabei spielten die Scientology-Sekte und die Anti-Psychiatriebewegung eine unrühmliche Rolle, die sich teilweise bis in unsere Tage fortsetzt. Unter Einbindung der Medien sowie der Politik wurde und wird heftig polemisiert, werden Fakten verdreht oder ignoriert, Gerichtsverfahren angestrengt – und dabei die Sachlichkeit sowie das tatsächliche Wohl der beeinträchtigten Kinder und Familien außer Acht gelassen. Glücklicherweise hat in den letzten drei Jahren bei den meisten Beteiligten in der Politik die Sachorientierung eingesetzt, nicht zuletzt durch die Aktivität der Selbsthilfeorganisationen [31].

▮ Nicht-Stimulanzien

Ausgehend von der Tatsache, dass Psychostimulanzien nicht allen Kindern mit ADHS/HKS helfen konnten und deren möglicher Substanzmissbrauch stetig diskutiert wurde, führte man schon seit Anfang der 1970er Jahre Studien mit Nicht-Stimulanzien durch. Über Imipramin, Desipramin, Clonidin, Bupropion, Moclobemid, Buspiron, Venlafaxin, Fluoxetin und Guanfacin reichte des Spektrum, wobei die klinischen Effekte eher mittelmäßig bis gering waren, aber unerwünschte Arzneimittelwirkungen (u.a. kardiotoxische Effekte bei Trizyklika) eine deutliche Begrenzung darstellten. Erst das seit 2005 auch in Deutschland zugelassene Atomoxetin dürfte hier in gewissem Maße eine Alternative zu MPH darstellen [7, 82]. Es führt zu ähnlichen Verhaltenseffekten, obgleich es in erster Linie am noradrenergen und nicht wie die Stimulanzien am dopaminergen System ansetzt. Ein weiterer Hinweis darauf, dass beide Systeme an der Pathophysiologie von ADHS/HKS beteiligt sind.

Von der minimalen Hirnschädigung zur minimalen Hirndysfunktion

▮ Minimale Hirnschädigung/minimale Schädigung des Hirns

Die Annahme, dass eine Hirnschädigung beteiligt sein könnte, legte die Grundlage für das Konzept der minimalen Hirnschädigung [50, 55, 86, 176]. Die Veröffentlichungen und Schulunterrichtsprogramme der „minimalen Stimulation" von Strauss und Mitarbeitern [107, 186–188] trugen zur Förderung der Vorstellung bei, dass hyperaktives Verhalten durch eine minimale Hirnschädigung verursacht werde. Die Gruppe erforschte die Psychopathologie und die erzieherischen Bedürfnisse von Kindern, die in der Wayne County Training School, Michigan, USA lebten. Die Schule bot Rehabilitation für Kinder mit grenzwertiger Intelligenz oder für „höhergradige Schwachsinnige". Strauss und Kephart [185] meinten, die grenzwertigen Kinder sollten in zwei Gruppen unterteilt werden, die sie „exogen" und „endogen" nannten. Die „exogenen" Kinder hatten physische Schädigungen des zentralen Nervensystems erlitten, entweder durch Trauma oder Entzündungsprozesse, aber keine Familiengeschichte mit mentaler Retardierung. Die Anamnese der „endogenen" Kinder enthielt keinerlei Hinweis auf eine physische Schädigung des Hirns, die Kinder kamen aber aus Familien mit einer Geschichte mentaler Retardierung. Die beiden Gruppen unterschieden sich auch hinsichtlich ihres Verhaltens und ihrer gegenwärtigen Funktionsfähigkeit: bei den „exogenen" Kinder zeigte Unterricht wenig Erfolg, sie erschienen überaktiv und ablenkbar. Aufgrund ihrer Beobachtungen setzte sich die Gruppe das Ziel, die Art des Defizits der hirngeschädigten Kinder zu bestimmen und angemessene Unterrichtsprogramme für diese Kinder zu entwickeln.

Als ein Ergebnis ihrer Beobachtungen schlossen Strauss und Werner [188] darauf, dass das Verhalten hirngeschädigter Kinder dem von hirngeschädigten Erwachsenen stark ähnelt. Dies führte sie zu der Postulierung eines angeborenen speziesspezifischen Verhaltensmusters. Wenn ein Kind eine Hirnschädigung erleidet, wird dieses bestimmte Verhaltensmuster durch weniger intensive Reize ausgelöst, ruft aber eine intensivere Reaktion hervor, als das bei Erwachsenen der Fall ist. Auch wenn ihre ursprünglichen Studien sich mit intelligenzgeschädigten Kindern befassten, meinten die Autoren, es bestünde kein Grund zu der Annahme, dass das gleiche Verhaltensmuster nicht auch auf eine Hirnschädigung bei Kindern mit normaler Intelligenz verweisen solle.

Forschungsergebnisse wie diese waren zu jener Zeit Aufsehen erregend, weil sie eine biologische Erklärung für die Verhaltensprobleme und das Schulversagen von Kindern lieferten. Sie begeisterten auch Kinderärzte und Kinderpsychiater, die bei dem Versuch, diesen Kindern zu helfen, zunehmend desillusioniert und unzufrieden über den mangelnden Erfolg von Behandlungen geworden waren, die größtenteils auf psychoanalytischen Theorien basierten. Obwohl sie von vielen begrüßt wurden, wurde den Schlussfolgerungen von Strauss und Kollegen von manchen auch mit Skepsis begegnet. Die Hauptkritik bezog sich auf den Mangel an Klarheit der Kriterien, mit denen eine organische Hirnstörung definiert wurde. Auch stellten sich die Unterrichtsprogramme, die von der Forschung angeleitet wurden, häufig als unwirksam heraus [48] und die Versuche, die psychometrischen Ergebnisse zu wiederholen waren in den meisten Fällen erfolglos [198].

Zur gleichen Zeit, als die Theorien von Strauss und Mitarbeitern um breitere Akzeptanz rangen, wurde das Konzept der minimalen Hirnschädigung durch vielfältige Fetal- und Tierstudien gestützt. Epidemiologische Studien zeigten eine starke Assoziation zwischen mütterlichen und fetalen Faktoren und nachfolgenden Verhaltensproblemen von Kindern auf [112, 130], und Ergebnisse aus Tierstudien stützten die Beziehung zwischen gestörtem Verhalten und geringgradiger Hirnschädigung [47]. Empirische Belege für eine signifikante Verbindung zwischen einer Anoxie bei der Geburt und späteren Entwicklungsstörungen schienen besonders viel versprechend [73], ebenso wie die systematische klinische Beobachtung des Verhaltens von Kindern, die an einer Epilepsie [127] und anderen Formen organischer Hirnstörung [87] litten.

Der Begriff „Syndrom der minimalen Hirnschädigung" war als Diagnose auch in der Sowjetunion und bei osteuropäischen Klinkern und Forschern von den 1950ern bis mindestens Ende der 1970er weit verbreitet. Vor allem die Konstellation verschiedener (sogar Dutzender) Symptome wie Dyslexie, Dysgraphie, Dyskalkulie, Aufmerksamkeitsprobleme, allgemeine kognitive Schwierigkeiten und Aggression zusätzlich zu motorischer Unruhe führte in der sowjetischen Praxis zu dieser Diagnose [6, 89, 100]. In der früheren DDR wurde Hyperkinese als eine Aspekt der Enzephalopathie (organisches Hirnsyndrom) angesehen und bezeichnete keine spezifische Krankheit [70]. Eher formte die Kombination von biologisch und neurologisch feststellbaren Symptomen zusammen mit der Interaktion des Kindes mit seiner Umgebung das Syndrom [103]. Es wurde auch der Begriff „ungehemmtes Kind mit choreatischen Symptomen" verwandt [108].

Kontinuum reproduktiver Kasualität

Die Einführung des Konzeptes eines Kontinuums der Schädigung mit einem entsprechenden Kontinuum von medizinischen Verhaltens- und Erziehungsauswirkungen das Pasamanick und Mitarbeiter vorstellten, war ein theoretischer Fortschritt [99, 129, 130]. Das Argument basierte auf der Beobachtung, dass die Ursache des Todes von Säuglingen, deren Mütter eine komplizierte Schwangerschaft gehabt hatten und/oder die Frühgeborene waren, meistens eine Hirnschädigung war. Von der Gruppe der Kinder, die nicht starben, würden daher einige schwer geschädigt sein und eine Vielzahl von Störungen entwickeln. Abhängig von Schweregrad und Ort der Schädigung reichten die Störungen von der zerebralen Lähmung über Störungen des Sozialverhaltens und Lernschwierigkeiten bis zu leichten Verhaltensproblemen [128]. Diese Ergebnisse entstammten einer Studie an Kindern, die an die Spezialabteilung des Baltimore Department of Education überwiesen wurden, wobei nicht überwiesene Kinder aus derselben Schulklasse als Kontrollen dienten. Bei den überwiesenen Kindern wurde dreimal häufiger eine Geschichte mit perinatalen Komplikationen wie Anoxie oder Frühgeburt festgestellt, als bei den Kontrollkindern. Das traf vor allem auf jene Kinder zu, die Verhalten des hyperaktiven Typus zeigten. In einer nachfolgenden prospektiven Studie, in die 500 frühgeborene Kinder eingeschlossen wurden, wurde festgestellt, dass das Vorliegen solcher Entwicklungsabweichungen bei geringerem Geburtsgewicht anstieg [98]. Obwohl die Ergebnisse hauptsächlich als Bestätigung der Bedeutung von prä- und perinatalen Faktoren bei der späteren Entwicklung von Hyperaktivität interpretiert wurden, wurde auch eine Assoziation zwischen sozioökonomischem Status, Rassezugehörigkeit und Schwangerschaftskomplikationen berichtet. Es gab eine höhere Anzahl von perinatalen Komplikationen in sozioökonomisch niedrigeren und nicht weißen Bevölkerungsgruppen. Das führte die Autoren zu der Schlussfolgerung, dass die perinatalen Komplikationen und nachteiligen Umgebungsfaktoren höchstwahrscheinlich dem gleichen sozialen Nachteil entstammten.

Minimale Schädigung ersetzt durch minimale Dysfunktion

Während Pasamanick und Mitarbeiter meinten, ihre Forschungsergebnisse seien Belege für eine Verbindung zwischen minimaler Hirnschädigung und Hyperaktivität, kritisierten etliche Autoren diese Vorstellung, und zweifelten das Konzept der Hirnschädigung als einzige Ursache kindlichen hyperaktiven Verhaltens immer stärker an. Birch [15], Rapin [135] und Herbert

[80] stellten alle die Annahme in Frage, dass, wenn eine Hirnschädigung Verhaltensprobleme verursache, im Umkehrschluss alle Kinder mit Verhaltensproblemen eine Hirnschädigung haben müssten – auch dann, wenn keine physischen Belege für das Vorliegen einer Schädigung vorhanden seien. Eine prinzipielle Diskussion, die schon um 1900 aufscheint und auch heutzutage noch fortgeführt wird.

Gleichzeitig stellte die Oxford International Study Group of Child Neurology [118] die Behauptung auf, dass eine Hirnschädigung nicht allein vom Verhalten abgeleitet werden solle, und empfahl, dass der Begriff „minimale Hirnschädigung" durch den Begriff „minimale Hirndysfunktion" (Minimal Brain Dysfunction, MBD) ersetzt werden solle. Sie sprachen sich auch für Versuche aus, diese heterogene Gruppe von Kindern, die unter diesem Begriff zusammengefasst wurde, neu zu klassifizieren und in homogenere Untergruppen zu fassen. In einer der ältesten medizinischen Fakultäten Londons nahm auch der Professor für Psychiatrie ([132], S. 127), der auf Verhaltensprobleme und Hirnschädigung spezialisiert war, eine sehr skeptische Haltung ein und äußerte: „Es gibt ... keine absolut eindeutige klinische Zeichen, physiologische Tests oder psychologische Tests, die eine Beziehung zwischen Hirnschädigung und irgendeinem bestimmten Aspekt von gestörtem Verhalten belegen würden".

In den USA formulierte eine nationale Arbeitsgruppe eine offizielle Definition der Störung [40]:

Der Begriff MBD bezieht sich ... auf Kinder, von fast durchschnittlicher, durchschnittlicher oder überdurchschnittlicher allgemeiner Intelligenz mit bestimmten Lern- oder Verhaltensstörungen, die gering bis schwer ausgeprägt sein können und mit Funktionsabweichungen des zentralen Nervensystems assoziiert sind. Diese Abweichungen können sich durch verschiedene Kombinationen von Beeinträchtigungen der Wahrnehmung, Konzeptualisierung, Sprache, des Gedächtnisses, der Kontrolle von Aufmerksamkeit, Impulsen und motorischen Funktionen manifestieren ... während der Schulzeit ist eine Vielzahl von Lernstörungen die auffälligste Manifestation (zitiert in [139]).

Die Definition wurde von jenen begrüßt, die meinten, Hyperaktivität sei ein eindeutiger diagnostischer Hinweis für eine Hirnschädigung sogar bei „Aufmerksamkeits-Defizit-Störung" im Erwachsenenalter [201, 202], aber auch von vielen kritisiert [151, 153]. Gomez, der Direktor der Kinderneurologie in der Mayo Clinic, äußerte seine Meinung zu diesem Thema, ohne ein Blatt vor den Mund zu nehmen: Für ihn stand der Begriff „minimale Hirndysfunktion" für „maximale neurologische Verwirrung" [71]. Auch wenn der Begriff „MBD" nützlich war, um die Rolle von organischen Faktoren bei der Verursachung von Hyperaktivität zu betonen und damit eine Herausforderung für die psychoanalytischen Sichtweisen jener Tage darstellte, die die Störung auf fehlerhafte Erziehung zurückführten, wurde er schließlich doch als zu weit gefasst angesehen, d.h. ein eher generelles Konzept wurde hergenommen, um spezielle emotionale, motorische und kognitive Verhaltens- sowie Leistungsauffälligkeiten zu erklären (s. auch [94]). „MBD" wurde daraufhin ersetzt durch spezifischere deskriptive Begriffe für bestimmte Verhaltens- und Entwicklungsstörungen, wie Dyslexie, Lernstörungen und Sprachstörungen. Diese Begriffe basierten eher auf beobachteten Störungen als auf angenommenen zugrunde liegenden Mechanismen.

In Deutschland wurden diese Kinder in Lehrbüchern mit der Bezeichnung „frühkindlich exogenes Psychosyndrom" belegt [109, 110], was als deckungsgleich mit den Begriffen MCD/MBD angesehen wurde. Der Begriff des „hirnorganischen psychischen Achsensyndroms" [69] konnte sich nicht durchsetzen. Während in der Schweiz die Bezeichnung POS (psychoorganisches Syndrom) noch offiziell existiert, haben die Studien von Esser und Schmidt die vermuteten Zusammenhänge nicht bestätigen können [57]. In dem weit verbreiteten Lehrbuch von Steinhausen [180, 181] taucht der Begriff „frühkindlich entstandene Hirnfunktionsstörung" auf. Dieser wird zwar im Rahmen einer wissenschaftlich kritischen Betrachtung diskutiert und die Gruppe der „Hyperkinetischen Störungen" daneben auf der Höhe der Zeit beschrieben, allerdings wird das unspezifische Konzept „subklinische Schädigung führt lediglich zu Problemen im Verhalten und der Kognition" noch mitgeführt.

Entstehung von Verhaltensdefinitionen

Es vergingen drei Jahrzehnte zwischen Stills Beschreibung von Kindern mit hyperaktivem Verhalten ohne Verbindung mit entweder nachweisbarer Hirnschädigung oder einer Geschichte vermuteter Schädigung [184] und der ersten umfassenden Diskussion über hyperaktive Kinder. 1935 stellte Childers fest, dass nur ein geringer Anteil von hyperaktiven Fällen ätiologisch mit erwiesener oder angenommener Hirnschädigung verbunden war [38]. Seine Ausführungen über Kinder ohne den Befund einer Hirnschädigung sind wichtig für die Unterscheidung, die zwischen dem „hyperaktiven Kind" und dem „hirngeschädigten Kind" stattfand.

Syndrom hyperkinetischen Verhaltens

In den späten 1950ern und frühen 1960ern nahm die Unzufriedenheit mit dem Begriff „MBD" zu. Die einflussreichen Veröffentlichungen von Laufer und Mitarbeitern [105, 106], die die Konzepte und Begriffe „Syndrom hyperkinetischen Verhaltens" und „Hyperkinetische Impulsstörung" einführten, signalisierten den Beginn der endgültigen Akzeptierung des Konstruktes der Hyperaktivität, wie wir es heute kennen.

Chess betonte auch die Bedeutung übermäßiger motorischer Aktivität als Definitionsmerkmal der Störung, dass diese beobachtet werden müsse und nicht nur aus Berichten der Eltern entnommen werden dürfe [37]. Außerdem nahm sie Abstand davon, die Störung entweder einer fehlerhafter Erziehung oder einer Hirnschädigung zuzuschreiben. Ihre Ergebnisse basierten auf der Untersuchung von 36 Kindern, die als hyperaktiv beschrieben wurden, aus einer Gruppe von insgesamt 881 Kindern, die in einer Praxis vorgestellt wurden. Die detailliert dokumentierten Merkmale ähneln den heutigen Kriterien der Aufmerksamkeitsdefizit-Hyperaktivitätsstörung einschließlich Geschlechtsverteilung und Alter bei Krankheitsbeginn. Aggression und Impulsivität wurden als assoziierte Merkmale gesehen. Chess vertrat die Ansicht, dass die Störung in den meisten Fällen auf eine „physiologische Hyperaktivität" zurückzuführen sei, bemerkte aber auch, dass Hyperaktivität mit mentaler Retardierung, Schizophrenie oder organischer Hirnschädigung verbunden sein könne [37]. Es wurde eine Behandlung empfohlen, die Verhaltensveränderung, Medikation, spezielle schulische Förderung und Psychotherapie umfasste.

Die Veränderungen des Konzeptes und der Begrifflichkeit dienten als Auslöser einer Reihe wichtiger empirischer Untersuchungen [175, 183, 203, 205]. In den späten 1960ern wurde das Konzept der Hyperaktivität fest in der Literatur etabliert.

Erste systematische Erhebungsinstrumente

In den späten 1960ern entwickelte Conners mit seinem Team Eltern- und Lehrerfragebögen für die Erhebung hyperaktiver Symptome [42, 43]. Zu jener Zeit stellten diese Fragebogen-basierten Instrumente einen unschätzbaren Fortschritt dar für die standardisierte Bewertung kindlichen Verhaltens mit besonderem Augenmerk auf Hyperaktivität. Auch wenn sie ursprünglich entwickelt wurden, um die Verhaltensveränderungen unter einer medikamentösen Behandlung zu erheben, wurden die Skalen auch in epidemiologischen Studien erfolgreich eingesetzt.

Psychophysiologie und die Bedeutung des Arousalniveaus

Verschiedene psychologische Modelle haben hyperaktives Verhalten einer Abnormität des Arousalniveaus im zentralen Nervensystem zugeschrieben. Die Richtung der postulierten Abnormität wurde jedoch heftig diskutiert. Jene Modelle, die das Defizit in einem übermäßigen Arousal sahen, interpretierten Hyperaktivität als Verhaltensmanifestation eines zentralen Nervensystems, das einem übermäßigen oder hohen Arousal ausgesetzt ist [61, 95, 106, 186]. Die Modelle eines erniedrigten Arousal andererseits haben den Zustand als Reaktion eines Individuums beschrieben, das einem zu geringen Arousal ausgesetzt ist und dies durch verstärkte Reizzufuhr kompensiert [24, 204].

In den 1970ern wurde die Psychophysiologie der Hyperaktivität ausführlich erforscht. Während dieser Zeit wurden einige Studien veröffentlicht, in denen eine Vielzahl physiologischer Aspekte untersucht wurde wie EEG, galvanische Hautreaktion, evozierte Potenziale etc. [159–162]. Viele dieser Studien wiesen beträchtliche methodologische Probleme auf und wurden heftig kritisiert [75]. Eine der Schwächen der psychophysiologischen Forschung war anfangs, dass sie auf oft überholten Theorien aus den 1950er Jahren basierte, die zum Beispiel davon ausgingen, dass Hyperaktivität auf ein kortikales Overarousal zurückzuführen sei. Die Untersuchungen Ende der 1970er/Anfang der 1980er Jahre heben sich davon aber fortschrittlich ab. Im Ergebnis zeigte sich, dass die hyperaktiven Kinder nicht abwarten konnten, ein niedriges kortikales Arousalniveau aufwiesen, schwächere hirnelektrische Orientierungsantworten auf Reize sowie Antwortvorbereitungen zeigten und Probleme hatten, die Aufmerksamkeit über längere Zeit gleichmäßig aufrecht zu erhalten, d.h. es konnten Schwierigkeiten der Informationsverarbeitung belegt und teilweise Frontalhirnfunktionen zugeordnet werden [140].

Defizite der Aufmerksamkeit und Motivation

In den 1970ern wurde die Erforschung der Hyperaktivität ausgeweitet und die Literatur über verschiedene Aspekte der Störung wuchs schnell an. Vor allem in den USA wurden Merkmale wie kurze Aufmerksamkeitsspanne, Impulsivität und Ablenkbarkeit, die vorher als assoziierte Merkmale angesehen worden waren, jetzt in die Symptomliste aufgenommen. Zu jener Zeit verlor das Konzept der „MBD" aufgrund mangelnder wissenschaftlicher Belege immer mehr an Bedeutung.

Einer der Wendepunkte in der Geschichte der Hyperaktivität trat ein, als in den frühen 1970ern Douglas und ihr Team an der McGill Universität die Ansicht vertraten, dass motorische Überaktivität nicht das Kernsymptom des hyperkinetischen Syndroms sei, sondern Defizite in der Fähigkeit, die Aufmerksamkeit aufrecht zu halten und impulsive Reaktionen zu kontrollieren bedeutsamer seien. Douglas meinte auch, dass dies die Bereiche seien, in denen eine Stimulanzienmedikation die besten Wirkungen zeige [51].

Indem es eine Reihe von Messungen durchführte, um die Verhaltens- und kognitiven Aspekte der Störung zu erheben, zeigte das McGill Team, dass hyperaktive Kinder mehr Probleme damit hatten, die Aufmerksamkeit aufrecht zu halten, vor allem in Situationen, in denen Ablenkungen vorkamen, dass sie jedoch nicht allgemein stärkere Lese- oder Schreibstörungen aufwiesen oder leichter ablenkbar waren als gesunde Kinder. Auch zeigten die hyperaktiven Kinder nahezu normale und sogar ganz normale Aufmerksamkeitsleistungen in solchen Situationen, in denen sie fortwährend und sofortige Bestärkung erhielten [61]. Eine weitere wichtige Beobachtung war, dass die übermäßige motorische Unruhe meistens in den Teenagerjahren abnahm, während die Schwierigkeiten die Aufmerksamkeit aufrecht zu erhalten bis in die Adoleszenz bestehen blieben.

Einer der großen Verdienste der systematischen und detaillierten Arbeit von Douglas und Mitarbeitern bestand darin, dass sie dazu beitrug, eine Tradition hoch qualifizierter Forschung zur Untersuchung kognitiver Aspekte der Hyperaktivität zu etablieren. Ein weiteres bemerkenswertes Merkmal ihrer Beiträge ist die Art und Weise, in der sie von überprüfbarer und wenn nötig zu revidierender Theorie geleitet wurden; Merkmale, die man oft in der wild wuchernden Hyperaktivitätsforschung vermisste.

Die Arbeit von Douglas und ihrem Team hat eindeutig die Art der Hyperaktivitätserforschung beeinflusst. Sie war wahrscheinlich der Hauptgrund dafür, dass die American Psychiatric Association die diagnostische Terminologie der DSM-III in Aufmerksamkeitsdefizit – Störung ± Hyperaktivität änderte [3], und so das Augenmerk eher auf den Aufmerksamkeitsaspekt der Störung als auf die motorische Überaktivität legte. Auch wenn die Theorie von Douglas später teilweise in Frage gestellt wurde, lieferte sie doch Anregung für eine neue Generation hoch qualifizierter Forschung zu den verschiedenen Aspekten von Hyperaktivität, einschließlich der individuellen Prozesse von Aufmerksamkeit, Motivation und Hemmungskontrolle. Zweifellos hat sie die Entwicklung von Verbindungen zwischen der Untersuchung von Aufmerksamkeit als Verhaltensmanifestation der zentralen Informationsverarbeitung und den neuroanatomischen und Neurotransmitter-Prozessen erleichtert und so den Fokus für die neuere Forschung auf dem Gebiet der Hyperaktivität und Verhaltensprobleme geliefert.

Rolle der Umgebung

In den 1970ern wurde der Trend gegen eine medikamentöse Behandlung von Kindern mit Verhaltensstörungen von einer Reihe alternativer Theorien begleitet, die die Verursachung von Hyperaktivität erklärten. Eine solche Erklärung, die lange populär war, bezog sich auf Nahrungsmittelallergien. Feingold meinte, dass Kinder hyperaktives Verhalten als Folge einer allergischen oder toxischen Reaktion auf Nahrungssubstanzen, vor allem Nahrungszusatzstoffe zeigen [59]. Diese Theorie beeindruckte sowohl Fachleute als auch Laien. Verschiedene Studien wurden durchgeführt, um das Konzept zu überprüfen; die mit den strengeren Kriterien fanden keine oder nur minimale Effekte von Nahrungssubstanzen auf das Verhalten von Kindern.

Fehlerhafte Erziehung als Ursache der Hyperaktivität wurde sowohl von Psychoanalytikern [14] als auch Verhaltensforschern [208] propagiert. Psychoanalytiker meinten, dass die übermäßig negative Reaktion einer intoleranten Mutter gegenüber einem Kind, das ein negatives oder hyperaktives Temperament aufweise, zum klinischen Bild der Hyperaktivität führen würde. Nach Ansicht der Verhaltensforscher entwickelte sich ungezogenes und hyperaktives Verhalten infolge einer mangelnden Konditionierung der Reizkontrolle durch elterliche Anordnungen und Instruktionen. Bei der Suche nach psychosozialen Ursachen war jedoch der wohl potenziell bedeutsamste Befund jener von Tizard und Hodges [195], die eine Verbindung zwischen Heimerziehung und hyperaktivem Verhalten aufzeigten. Es verwiese darauf, dass mangelnde Kontinuität in der Erziehung die Entwicklung einer normalen Modulation von Aktivität und Aufmerksamkeit beeinträchtigen kann. Die Bedeutung gestörter Kernbeziehungen für die Entwicklung hyperaktiver Verhaltensmuster wurde auch durch die Beobachtungsstudie von Routh [150] und dem theoretischen Modell von der „erlernten Erfolglosigkeit" von Glow und Glow [68] hervorgehoben. Andere Versuche von Forschern und Klinikern, die neue, sich schnell ausbreitende Krankheit zu begreifen, betrafen die Suche nach Erklärungen in einem größeren sozialen Rahmen [62, 66, 206]. Ursachen wurden in den verschiedenen sozialen Problemen des Stadtlebens gesehen, in sich verschlechternden Schulbedingungen und im immer weiter zunehmende Straßenverkehr, der für Bleivergiftung anfällig mache.

In den 1970er Jahren begann auch eine lebhafte soziologische und medizinrechtliche Debatte über die Implikationen der immer populärer werdenden Diagnose der Hyperaktivität. Block z. B. meinte, dass der technologische Fortschritt, der zu schnellen kulturellen Veränderungen führe, dafür verantwortlich sei, dass Kinder hyperaktiv würden. Die daraus resultierende zunehmende Erregung und die Umweltreize könnten bei „anfälligen" Kindern hyperaktives Verhalten klinischen Schweregrades verursachen [18]. Conrad andererseits vertrat die Ansicht, dass die Ausdehnung der klinischen Diagnose zumindest teilweise auf das Vorhandensein wirkungsmächtiger medikamentöser Behandlungen für Kinder mit störendem Verhalten zurückzuführen sei [44]. Die Medikamente hatte es allerdings schon lange vorher gegeben, ihre Verfügbarkeit war jedoch hilfreich, als Ärzte immer häufiger mit Kindern konfrontiert wurden, die ihnen wegen störenden Verhaltens vor allem von den Schulen überwiesen wurden. Das Thema wurde auch von Autoren populärerer Veröffentlichungen aufgegriffen. In den USA veröffentlichten z. B. die Journalisten Schrag und Divoky ein Buch über die „Mythen" der Hyperaktivität in der Kindheit [169] und in Großbritannien thematisierte Steven Box in einer viel gelesenen soziologischen Zeitschrift die „skandalöse Stille", die die große Zahl von Kindern einhülle, die aufgrund ihrer Unangepasstheit etikettiert und medikamentös behandelt würden [23]. Whalen und Henker machten auch auf die wachsende Tolerierung von diagnostischer Unklarheit und die Tendenz aufmerksam, die Diagnose Hyperaktivität zu stellen, wenn es Belege dafür gab, dass sich das Verhalten des Kindes durch die medikamentöse Behandlung verbesserte [207]. Messinger ging sogar noch weiter mit seiner Behauptung, dass reines Profitstreben eine Haupttriebkraft sei [122]. Da Pharmafirmen stark von dem Verkauf von Stimulanzien profitierten, sei es ihnen auch ein Anliegen, jede Forschung zur Aufdeckung von Hyperaktivität zu fördern, um den Markt aktiv und groß zu halten. Auch wenn letzterem eine gewisse Plausibilität nicht abzusprechen ist, verliert die gesamte Argumentation an

Wert, wenn trotz besseren Wissens mit einer starken ideologischen Färbung (siehe kritische Stellungnahme von Barkley et al., [11]), immer noch solche Voreingenommenheiten breit getreten werden (siehe z.B. [17]).

Frage eines Syndroms

Die Frage, ob Hyperaktivität ein Syndrom bzw. eine eigenständige Störung darstellt [126], in dem Sinne, dass ein einzigartiges Symptomcluster, eine gemeinsame Ursache hinsichtlich der ätiologischen Hauptfaktoren, eine konsistente Behandlungsreaktion, ein vorhersagbarer natürlicher Verlauf vorliegt und es sich von anderen Störungen, vor allem Störungen des Sozialverhaltens in Bezug auf diese Faktoren unterscheidet, war schwer zu beantworten. Es gab Zeiten, zu denen diese Behauptung zu beträchtlicher Polarisierung der Einschätzungen geführt hat, wobei manche das ganze Thema als für den Forschungsfortschritt hinderlich ansahen [139], während andere es als unschätzbaren Anreiz für gute Studien betrachteten [154].

Das durch das Syndrom-Thema ausgelöste Interesse hat eine kleine Forschergruppe dazu angeregt, nach empirischen Belegen für die tatsächliche Existenz von ADHS/HKS zu suchen. Dieser Prozess war hilfreich dabei, sowohl die theoretischen Überlegungen zu schärfen [134, 138, 154, 156, 173] und, noch bedeutsamer, die Suche nach ätiologischen Prozessen zu verbessern [113, 158, 166, 174, 192]. Das Ergebnis war ein begrüßenswerter wissenschaftlicher Fortschritt, der in den frühen 1970ern begann und sich wahrscheinlich noch einige Zeit fortsetzen wird.

Neben Weiss und Trokenberg-Hechtman [200] hat vor kurzem Faraone das Thema erneut aufgegriffen und überzeugend evidenzbasiert dargelegt, dass die ADHS/HKS alle Kriterien für eine valide psychiatrische Störung erfüllt [58]. Nicht nur, dass die ADHS/HKS spezifische beeinträchtigende Symptome verursacht, die in ihrer Kombination klar von anderen Störungsbildern abgrenzbar sind, die ADHS/HKS zeigt auch einen bestimmten Verlauf, der häufig bis ins Erwachsenenalter anhalten kann. Viele Studien konnten auch belegen, dass ADHS/HKS familiär gehäuft vorkommt und einen biologischen Hintergrund hat sowie eine charakteristische Antwort auf Behandlungsmaßnahmen zu sehen ist. All dies schließt aber soziale Einflüsse auf die Symptomatik von ADHS/HKS im Sinne von Verstärkung bzw. Verminderung nicht aus, denn die ADHS/HKS ist eine multifaktorielle Störung, bei der es additive und interaktive Effekte von Genen, anderen biologischen Faktoren und Umgebungsfaktoren gibt [58]. Die Suche nach dem Zusammenhang wird also weitergehen.

Welche Kriterien wozu?

Die 1980er Jahre waren die Zeit der diagnostischen Kriterien, der Differenzialdiagnose und der kritischen Auseinandersetzung mit dem angeblichen Vorherrschen eines Aufmerksamkeitsdefizits. Die Forschungsaktivitäten nahmen weiter zu, sodass die ADHS/HKS zur am besten untersuchten kinderpsychiatrischen Störung wurde (s. [9]).

Man konzipierte neu, indem aus DSM-II „Hyperkinetic Reaction of Childhood" schließlich „Attention Deficit Disorder (ADD) (with or without Hyperactivity)" wurde (DSM-III, [3]). Damit wandte man sich in den USA auch ab von den ICD-9-Kriterien [211]), die nach wie vor eine situationsübergreifende allgemeine motorische Unruhe als das wesentliche Merkmal der Störung ansahen und keine Untertypen benannten. Weder für die eine noch die andere Einteilung lagen ausreichende empirische Belege vor – Expertenmeinung regierte das Feld. Aber der Drang nach größerer Klarheit, Spezifität (insbesondere in Abgrenzung zur Aggressivität und Störung des Sozialverhaltens sowie Lese-Rechtschreibstörung) und Operationalisierung der diagnostischen Kriterien setzte sich die gesamte Dekade fort, wurde in Europa vor allem durch Taylor et al. [193] und Sergeant [171] vorangebracht und verbesserte u. a. die Vergleichbarkeit von Studien.

1987 revidierte DSM-IIIR die Kriterien für die Störung und änderte deren Namen in ADHD (Attentiondeficit-Hyperactivity Disorder). Zudem wurde der Subtyp ADD/-H angezweifelt und daher in eine Restkategorie „Undifferentiated ADD" geschoben, wie es auch bis heute bei der ICD-10 der Fall ist.

Ein weiterer Zweifel an der zentralen Bedeutung eines Aufmerksamkeitsdefizits kam durch sorgfältige neuropsychologische Untersuchungen zutage, in denen man zwar eine allgemeine verminderte Aufmerksamkeit bei ADHS/HKS feststellte, aber (zwar auf niedrigerem Niveau als bei gesunden Kindern) das gleiche Verlaufsmuster während einer Aufgabe fand (u. a. [171]). So kam die Frage auf, ob es sich bei der ADHS/HKS nicht doch in erster Linie um ein Motivationsproblem handeln könne, verbunden mit mangelnder Empfindsamkeit gegenüber Verhaltenskonsequenzen wie Verstärkung und/oder Bestrafung. Eine neurobiologische Abweichung im „Belohnungssystem" wurde angenommen (z. B. [9], S. 26 ff; [157], S. 398 ff). Im Gegensatz zur Priorität des kognitiven Modells von Douglas (s. o.) hatte das Motivationsmodell vier Vorteile:

▪ Es konnte die situative Verhaltensvariabilität gut erklären.
▪ Es hatte sich bei betroffenen Kindern eine verminderte Hirndurchblutung in kortiko-limbischen Bereichen gezeigt [115, 116].
▪ Man konnte damit eine Brücke schlagen zu dem Einfluss des Dopaminsystems auf das Verhalten.
▪ Man konnte neben Stimulanzien auch an systematische verhaltenstherapeutische Programme denken.

Aber auch sozioökologische Betrachtungsweisen wurden entwickelt – nicht zuletzt durch die günstigen Effekte der Psychostimulanzien auf das soziale System; d. h. eine Veränderung von Grundhaltungen, Verhalten und Erwartungen der Eltern und Lehrer steht in enger Beziehung zum Grad der Auffälligkeiten und Kompensationsmöglichkeiten des Kindes, ändern aber nicht grundsätzlich die Problemlage.

Ein weiterer wichtiger Meilenstein in der Wissenschaftsgeschichte von ADHS/HKS war in diesen Jahren der Fortschritt hinsichtlich der Forschungsmethoden. So konnte der pathophysiologische Hintergrund weiter aufgeklärt werden. Minderdurchblutungen in Frontalhirn und Striatum wurden sichtbar [115, 116], hirnelektrische Untersuchungen bestätigten eine „Frontalhirndysfunktion" [z. B. 141, 146, 163, 164, 213], neurochemische Studien brachten zutage, dass Defizite im dopaminergen und/oder noradrenergen Neurotransmittersystem daran beteiligt sind und wahrscheinlich auch an motivationalen Problemen der Kinder.

Längsschnittstudien fanden während der 1980er ihren Weg und ließen vermuten, dass neurokognitive Entwicklungsverzögerungen, früh feststellbare Aggressivität, Probleme in der Mutter-Kind-Interaktion mit einem ungünstigen Verlauf verbunden sein könnten. Es konnte aber auch durch Langzeitbeobachtung hirnelektrischer Aktivität (Standard-EEG, visuell evozierte Potenziale) gezeigt werden, dass diese Kinder zwischen dem 8. und 13. Lebensjahr eine besonders intensive Hirnentwicklungsphase aufweisen und vieles gegenüber ihren gesunden Altersgenossen aufholen – eine Chance für therapeutische Interventionen [148, 210].

In epidemiologischen Studien stellte man fest, dass das Verhältnis von Jungen zu Mädchen nur 2,5:1 war, während in Klinikpopulationen das Verhältnis bei 9:1 lag, sodass Mädchen weniger häufig erfasst/vorgestellt wurden, wohl weil sie auch weniger aggressiv erschienen.

In den 1980ern entstanden auch wichtige Untersuchungsinstrumente für Klinik und Forschung. Hervorzuheben sind die Achenbach-Skala CBCL[3] (Child Behavior Checklist; [1]) für ein psychopathologisches Profil, verschiedene „ADHD-Rating-Scales" und der CPT (Continuous Performance Test; [72]), der bis heute in verschiedenen Variationen zum Einsatz kommt, um Vigilanz, Daueraufmerksamkeit und Impulskontrolle zu messen.

Therapeutisch ist einmal die kognitiv-behaviorale Modifikation zu nennen, die zu dem Selbstinstruktionstraining bei ADHS/HKS führte, was aber enttäuschende Resultate erbrachte [67].

Eine zweite nicht-medikamentöse Behandlung wurde in Form des Elterntrainings entwickelt, bei dem stetiges liebevoll-konsequentes Erziehungsverhalten und soziale Verstärkerprogramme eine entscheidende Rolle spielten, eingebunden in eine Gesamtbetrachtung der Familie und, wenn möglich, auch in Abstimmung mit dem Lehrer. Auch wenn diese Vorgehensweise nicht den erfolgreichen Einfluss auf die Kernsymptomatik

---

[3] Seit einigen Jahren alternativ ergänzt durch das kürzere Inventar SDQ = Strengths and Difficulties Questionnaire [147].

zeigten, wie es die Psychostimulanzien vermochten, so war (und ist) hierbei doch eine große Mitarbeitsbereitschaft der Familien feststellbar, die z. B. bei Versagen oder Ablehnung der Medikation (in diesen Jahren wurden neben Psychostimulanzien auch trizyklische Antidepressiva eingesetzt) hilfreich ist.

Schließlich muss für die Zeit von 1980–1990 noch das große und kontroverse öffentliche Interesse am Thema ADHS/HKS erwähnt werden [9], eng verbunden mit der Gründung erster Selbsthilfeorganisationen in den USA (z. B. 1989 CHADD = Children with ADD), die ihr Anliegen nach außen und auf die politische Bühne trugen, um schulisch und gesundheitspolitisch bessere Bedingungen für ihre Kinder zu erreichen.

Aber auch die öffentlichen und versteckten Angriffe der Scientology-Sekte mit ihrer „Citizen Commission on Human Rights – CCHR" dürfen nicht unerwähnt bleiben. Sie richteten sich gegen einzelne Kliniker und Wissenschaftler sowie insgesamt gegen den zunehmenden Gebrauch von Psychostimulanzien und anderen Psychopharmaka bei Kindern, in dessen Folge angeblich mit einem Substanzmissbrauch und anderen Krankheiten zu rechnen sei. Auch beklagten sie eine angebliche massive Zuviel- und Fehlverschreibung von Ritalin®, angeblich einem „Teufelszeug", um den „Mythos" einer Störung (d. h. ADHS) zu behandeln, die lediglich eine Erfindung der Psychopharmakakonzerne und der Amerikanischen Psychiatrischen Gesellschaft sei, um Geld zu verdienen. Das Schlagwort der „Pille für den Störenfried" machte die Runde. Die CCHR schreckten auch nicht vor anklagenden Gerichtsverfahren zurück, die sich lange hinzogen, aber von CCHR nicht gewonnen wurden. Dennoch führten all diese öffentlichen Aktivitäten dazu, dass die öffentliche Meinung und die Haltung der Betroffenen sich gegenüber Ritalin® sehr kritisch entwickelte und manche medikamentöse Behandlung abgebrochen oder erst gar nicht begonnen wurde [9]. Mittlerweile scheint sich dieser Effekt durch mühevolle sachliche Weiterarbeit von Elternorganisationen und Wissenschaftlern weitgehend gelegt zu haben.

Stand der Dinge am Ende der 1980er Jahre

Am Ende jenes Jahrzehnts betrachteten die meisten Ärzte ADHS als eine Entwicklungsbeeinträchtigung, die meist chronisch verläuft, eine starke biologische oder erbliche Prädisposition aufweist und bei vielen Kindern einen beträchtlichen negativen Einfluss auf die schulische und soziale Entwicklung hat. Der Schwergrad, das Vorliegen von komorbiden Störungen und die Auswirkungen für das Kind wurden jedoch als stark durch Umwelt-, insbesondere familiäre Faktoren beeinflusst angesehen. Am Ende des Jahrzehnts nahmen die Zweifel an der zentralen Rolle von Aufmerksamkeitsdefiziten bei der Störung zu, während sich das Interesse stärker den möglichen motivationalen Faktoren oder Verstärkungsmechanismen als

Kernproblem bei ADHS zuwandte. Man ging nun davon aus, dass für eine erfolgreiche Behandlung multiple Methoden und Berufsgruppen, die über einen längeren Zeitraum zusammenarbeiteten und gegebenenfalls periodische neuerliche Intervention nötig seien, um die Langzeitprognose für ADHS zu verbessern. Die Einschätzung, dass Umgebungsfaktoren an der Genese der Störung beteiligt seien, verlor an Gewicht, da eine steigende Evidenz für die Erblichkeit der Störung und ihrer neuroanatomischen Lokalisationsmöglichkeit sichtbar wurde. Dennoch fanden sich weitere Hinweise dafür, dass familiäre/Umgebungsfaktoren mit der Art der Auswirkungen assoziiert sind. Die Entwicklungen von Behandlungsmethoden erweiterten sich auf Störungen der Eltern und familiäre Dysfunktion wie auch auf die Wutkontrolle des Kindes und seine sozialen Fertigkeiten. Ferner wurde die Wirksamkeit von trizyklischen Antidepressiva aufgezeigt, wodurch sich das Rüstzeug für symptomatische Interventionen erweiterte, um Kindern mit ADHS zu helfen.

Trotz dieser enormen wissenschaftlichen und professionellen Entwicklungen, wurde die breite Bevölkerung übermäßig sensibilisiert und alarmiert durch den steigenden Einsatz von Medikamenten als eine Behandlung dieser Störung. Glücklicherweise kam es zeitgleich mit der Kontroverse über Ritalin® zu dem explosionsartigen Wachstum von Selbsthilfegruppen/politischen Aktionsgruppen; die versprachen, der Erziehung und Behandlung von Kindern mit ADHS eine politische Plattform zu schaffen. Diese Gruppierungen lassen auch darauf hoffen, dass die breite Bevölkerung eine zutreffendere Aufklärung über ADHS und ihre Behandlung erhält. Vielleicht kann der Öffentlichkeit dann verständlich gemacht werden, dass hyperaktive, störende Verhaltensweisen von Kindern aus einer biologisch begründeten Unfähigkeit entstehen können, die zwar durch die soziale Umgebung verringert oder verstärkt werden können, aber nicht einfach einer schlechten Erziehung zugeschrieben werden dürfen [9].

Neuerungen auf breiter Front

Von 1990 bis 2005 haben sich in allen Aspekten der Klinik und Forschung zu ADHS zum einen die sich in den 1980er Jahren abzeichnenden Tendenzen verstärkt. Gleichzeitig hat die neurobiologische Kenntnis über ADHS (insbesondere die Genetik) einen enormen Zugewinn zu verzeichnen und damit zu weiteren Konzeptentwicklungen wesentlich beigetragen. Darüber hinaus ist die Wertigkeit einzelner Behandlungsmaßnahmen durch die MTA-Studie [125] klarer geworden. Langzeitwirksame MPH-Präparate sowie das Nicht-Stimulans Atomoxetin kamen auf den Markt, Leitlinien konnten präziser gefasst sowie Behandlungsalgorithmen vorgeschlagen werden. Auch wurde die ADHS im Vorschul- bzw. Erwachsenenalter zum Thema.

Die wissenschaftliche Entwicklung dieser Jahre wird am besten reflektiert in den Büchern von Brown [30], Sandberg [157] sowie dem Supplementband von Rothenberger et al. [149]. Der aktuelle Stand der Dinge findet sich für den deutschsprachigen Bereich zum einen im Text der Deutschen Ärzteschaft zu ADHS (s. Internetseite des Deutschen Ärzteblatts, 2005) sowie im Buch von Steinhausen et al. [182].

Die öffentliche Debatte um ADHS setzte sich fort und erlangte 2001/2002 einen unrühmlichen konfrontativen Höhepunkt auf europäischer und deutscher Ebene, der aber glücklicherweise einen von Vernunft und Sachlichkeit geleiteten Ausgang nahm und in Deutschland (2002) zu einem politisch-fachlichen Konsenspapier [s. 214, s. auch 215] sowie mittlerweile zu der Einrichtung eines zentralen deutschen ADHS-Netzwerkes führte, vorrangig für eine bessere multidisziplinäre Krankenversorgung gedacht [31, 144].

Die Europäischen Klinischen Leitlinien wurden aktualisiert [194] und mit den nationalen abgeglichen, sodass die Harmonisierung innerhalb Europas vorankam. Allerdings bestehen nach wie vor diagnostische Unterschiede zwischen ICD-10 und DSM-IV. Dies machte sich nicht nur in epidemiologischen, sondern auch in experimentellen Studien bemerkbar und ließ wieder die Frage aufbrechen, ob eine ADHS denn besser zu konzeptiualisieren sei als eine kategoriale Störung mit klar festlegbaren Trennlinien bei bestimmten Symptomsummen; oder eher als ein komplexes multivariates Merkmal bzw. drei gemeinsame Dimensionen, die in der Bevölkerung kontinuierlich verteilt sind und erst im Extrembereich als Störungsbild auffallen, wer immer dann die Bewertung vornimmt (z. B. Eltern, Lehrer). In jüngster Zeit wird die letzte Variante favorisiert. Von daher ist es verstehbar, dass Prävalenzraten sehr unterschiedlich ausfielen und den Kritikern von ADHS weitere Argumente lieferten. Es wurden auch Zweifel laut, ob die in erster Linie für Kinder von 5 bis 15 Jahren erarbeiteten diagnostischen Kriterien auf Vorschulkinder, Jugendliche und Erwachsene übertragen werden können, eine Diskussion, die noch nicht abgeschlossen ist. Dagegen ist mittlerweile anerkannt, dass bei Mädchen, wenn sie die Kriterien einer kategorialen ADHS erfüllen, das Verhalten sehr ähnlich ist wie bei Jungen, obgleich die soziale Anpassung der Mädchen in den Teenagerjahren besser zu sein scheint [79]. Neben der Frage nach Geschlechtseffekten wurde auch die Untersuchung des transkulturellen Aspekts von ADHS eindringlich gefordert, weil die Zweifler nicht anerkennen mochten, dass diese Problematik auch in anderen als den westlichen Zivilisationen vorkomme – aber es gibt ADHS mindestens in 1–2% jeder Bevölkerung, d.h. weltweit in allen Kulturen. Dennoch wurde klar, dass selbst bei Störungen mit einem starken biologischen Hintergrund (wie z.B. ADHS), kulturelle Einflüsse sehr wesentlich dazu beitragen, wie die Betroffenen, ihre Familien und ihre Gesellschaft die Verhaltensauffälligkeiten erfahren, bewerten und darauf reagieren [117].

Andererseits setzte sich die Suche nach einem „objektiven" diagnostischen Testverfahren fort, welches die umstrittenen subjektiven Verhaltensbewertungen überflüssig machen könne – bisher ohne Erfolg. Zum einen sind die Kinder mit ADHS innerhalb und vor allem außerhalb der Kern-

symptome sehr verschieden und zum anderen wiesen Labortests nicht die
ökologische Validität auf, um Verhaltensweisen diagnostisch zu reflektieren,
die in ihrer Ausprägung doch sehr von bestimmten Lebensanforderungen
(z. B. Schule, soziale Gruppe) abhängen. Hierzu gehört auch die Frage der
Heterogenität der Aufmerksamkeitsprobleme, die eine größere Beachtung
erfahren hat; ebenso wie die Heterogenität durch ko-existierende Störungen
(z. B. Störung des Sozialverhaltens, Lese-Rechtschreibstörung, Tic-Störung,
emotionale Störung; s. [7, 30, 65]), wobei die Entwicklungskoordinations-
störung, speziell in Verbindung mit der motorischen Dimension von
ADHS, wissenschaftlich wieder einen ihr klinisch zustehenden Stellenwert
bekommen hat [209].

Die neuen methodischen Möglichkeiten der neurobiologischen Forschung (z. B. Quellenanalyse hirnelektrischer Aktivität, Kernspintomogra-
phie, andere Bildgebende Verfahren, genetische Analysen, Tiermodelle) haben die Kenntnisse aus Familien-, Adoptions- und Zwillingsstudien deutlich erweitert und die Ätiologie/Pathogenese von ADHS in neuem Licht erscheinen lassen. Am wichtigsten ist, dass die Kernsymptome eine starke
erbliche Komponente aufweisen (in Zwillingsstudien etwa 80% Aufklärung
der Verhaltensvarianz). Andererseits wurde klar, dass einzelne Risikogene
(wie DAT1-10, DRD4-7), die gehäuft bei Personen mit ADHS zu finden
sind, nur jeweils 3–4 % der Verhaltensvarianz aufklären.

In den letzten Jahren machten sich die Forscher auf, den neurowissen-
schaftlichen Hintergrund der ADHS und insbesondere den Weg von den
Genen zur Symptomatik von ADHS immer besser zu erleuchten, d. h. Entstehungspfade bzw. die Forschungslinie dahin zu beschreiben [5, 36; Son-
derheft Developmental Science 8 (2005); Biological Psychiatry 57 (2005)].
Dabei kommt ihnen entgegen, dass die neurobiologische Forschung Korrelate gefunden hat, die auf diesen Pfaden bedeutsam sein könnten (z. B. re-
duziertes Volumen von Frontallappen, Basalganglien und Kleinhirn; abwei-
chende Funktionen des sensomotorischen Kortex; Probleme der Informa-
tonsverarbeitung mit abweichender Orientierungsreaktion, mangelnder
zentralnervöser Selbstregulation und Fokussierung; in der Folge finden sich
neuropsychologische Defizite der exekutiven Hirnfunktionen[4], sowie der
Variabilität des Verhaltens). Letztere ist dann am geringsten, wenn Aufgaben rasch wechseln und Reizfolgen mit unmittelbarer Rückmeldung aufweisen (z. B. Computerspiele). Manche nehmen an, dass die genetischen
Effekte sich besonders auf das Kleinhirn auswirken, wodurch es zu einer
Dysregulation der Neurotransmittersysteme komme, mit der Folge einer
abweichenden strukturellen und funktionellen Hirnentwicklung, die sich,
zumindest in Teilen, auch noch im Erwachsenenalter finden lasse, wenngleich im Laufe der Zeit viele Kompensationsvorgänge zu Modifikationen

---

[4] Von daher hatte Barkley versucht, ein zentralnervöses „Inhibitionsmodell" zu ent-
werfen, um so alle Merkmale einer ADHS durch ein mangelndes Inhibitionsvermö-
gen zu erklären [10]. Mittlerweile ist aber klar, dass ein solches Defizit nur Teil-
aspekte einer ADHS erklären kann und auch nicht störungsspezifisch ist [2, 7].

geführt haben dürften, wobei die Rolle einer Medikamentengabe noch im Einzelnen zu klären bleibt [19, 35, 123, 145]. Da eine derartige Forschung gewaltige Anstrengungen und Ressourcen verlangt, hat sich Ende der 1990er Jahre Eunethydis (European Network on Hyperkinetic Disorder) gegründet, um nach validen ätiologischen Kandidaten für eine ADHS zu suchen, wobei man auch viel aus Tiermodellen gelernt hat, wie z. B. die Bedeutung des neurobiologischen Belohnungssystems für die ADHS [172].

Auch die Tatsache, dass Psychostimulanzien, so lange sie gegeben werden, die dysregulierten Hirnsysteme verbessern – primär durch Erhöhung von Dopamin im synaptischen Spalt – steht in gutem Einklang mit dem derzeitigen neurobiologischen Konzept zu ADHS. Dies schließt auch Wahrnehmungsprobleme der Kinder mit ADHS entlang der Blau-Gelb-Achse ein, die offenbar ebenfalls durch eine „Dopamindysfunktion" bedingt sind [8]. Von daher müssen bei ADHS manche neuropsychologischen Ergebnisse mit Farbreizen überdacht werden.

Es stellt sich also die Frage, wie denn genetische und nichtgenetische Faktoren bei der Entstehung von ADHS zusammenwirken. Hierzu finden sich in den letzten Jahren erste konkrete Antworten (z. B. Nikotin während der Schwangerschaft als eigenständiger Risikofaktor für ADHS, der in Verbindung mit Risikogenen besonders durchschlagend zu sein scheint). Diese Ergebnisse lassen erwarten, dass solche Wechselwirkungen in den nächsten zehn Jahren noch klarer und umfassender beschrieben werden können, evtl. auch für das Auffinden von Entwicklungspfaden zur Entstehung von ADHS/HKS hilfreich sein werden. Hierzu gehört sicherlich auch die Frage nach psychosozialen Beiträgen zur Hirnentwicklung (z. B. Bindungsverhalten, Stress, Deprivation; s. in [157]).

So haben diese 15 Jahre klinische Erfahrung und wissenschaftliche Studien sehr viel zu einem besseren Verständnis von ADHS/HKS beigetragen und neue Behandlungsmöglichkeiten eröffnet (hier seien insbesondere die Langzeitpräparate von MPH erwähnt, die eine deutliche Verbesserung der Compliance und einen ruhigeren Lauf des Alltags bewirken). Dabei stellte sich heraus, dass diejenigen Interventionen, bei denen eine Behandlung mit Psychostimulanzien eingeschlossen war, stets den besten Erfolg erbrachten ([92]; ADORE-Study-Group, persönliche Mitteilung). Dennoch, gegründet auf unser neurobiologisches Konzept, war und ist es weiterhin sinnvoll, nach neuen Behandlungsalternativen zu suchen – seien sie medikamentöser (z. B. Atomoxetin) oder nicht-medikamentöser (z. B. Neurofeedback, [77]) Art. Dies gilt insbesondere für den Erwachsenenbereich, nachdem man erkannt hat, dass ein beträchtlicher Anteil von betroffenen Kindern auch noch im Erwachsenenalter Probleme mit ADHS aufweist [102, 137, 196].

Ausblick

Für zukünftige Forschungen besonders wichtig ist zum einen die Gen-Umwelt-Interaktion, die tiefer gehende neurobiologische Aufklärung der Ätiologie und Pathophysiologie (eng verbunden mit dem Auffinden von Wegmarken/Endophänotypen der Entstehungspfade). Besondere Beachtung sollte die Situation im Vorschulalter und im Erwachsenenalter finden, wobei die Bildung von interdisziplinären ADHS-Netzwerken zur Bündelung/Synergie von Ressourcen und zur Qualitätssicherung vordringlich ist. Zur letzteren gehören natürlich auch verbesserte Curricula zur stetigen Fort- und Weiterbildung von Fachpersonen sowie die sachliche Information der Öffentlichkeit [149]. Die Aussichten dazu sind recht gut, d.h. mehr als hundert Jahre Wissenschaftsgeschichte der ADHS/HKS lassen eine Entwicklung erkennen, die von den verschiedenen Bereichen beeinflusst wurde. Dies darf nicht verwundern, denn dieses Thema steht im Schnittpunkt von Medizin, Psychologie, Pädagogik, Soziologie und Politik. Verschiedene Betrachtungsweisen sind damit vorhersehbar und eine kontroverse Diskussion unausweichlich. Diese kann durch Sachlichkeit fruchtbar und insbesondere zum Wohle der Betroffenen gestaltet werden, wenn jeder Beteiligte guten Willens ist. Die medizinisch-psychologische, empirisch orientierte und Evidenz-basierte Forschung trägt hier eine besondere Verantwortung zur stetigen Verbesserung der Sachlage, damit das ADHS-Konzept immer überzeugender, wahrscheinlich auch differenzierter, formuliert werden kann.

Literatur

1. Achenbach TM, Edelbrock CS (1986) Manual for the Child Behavior Checklist and revised Child Behavior Profile. University of Vermont, Department of Psychiatry, Burlington, VT
2. Albrecht B, Banaschewski T, Brandeis D, Heinrich H, Rothenberger A (2005) Response inhibition deficits in externalizing child psychiatric disorders: An ERP-study with the Stop-task. Behavioral and brain functions (in press)
3. American Psychiatric Association (1980) Diagnostic and statistical manual of mental disorders, 3rd edn. American Psychiatric Association, Washington, DC
4. American Psychiatric Association (1987) Diagnostic and Statistical Manual of Mental Disorders, 3rd edn, rev. American Psychiatric Association, Washington, DC
5. Asherson P, IMAGE Consortium (2004) Attention deficit hyperactivity disorder in the post-genomic era. Eur Child Adolesc Psychiatry 13 (Suppl 1):50–70
6. Badalyan LO, Zhurba LT, Mastyukova EM (1978) Minimalnaya mozgovaya disfunktsiya u detei: Nevrologichesky aspekt. Zh Nevropatol i Psikhiatr 78:1441–1446
7. Banaschewski T, Roessner V, Dittmann RW, Santosh PJ, Rothenberger A (2004) Non-stimulant medications in the treatment of ADHD. Eur Child Adolesc Psychiatry 13 (Suppl 1):102–116
8. Banaschewski T, Ruppert S, Tannock R et al (2005) Colour perception in ADHD. J Child Psychol Psychiatry (in press)

9. Barkley R (1990) Attention deficit hyperactivity disorders. Guilford, New York
10. Barkley R (1997) Behavioral inhibition, sustained attention and executive functions: constructing a unifying theory of ADHD. Psychol Bull 121:65–94
11. Barkley R, Cook EH, Dulcan M et al (2002) International Consensus statement of ADHD. Eur Child Adolesc Psychiatry 11:96–98
12. Bassoe P (1922) Diagnosis of encephalitis. JAMA 79:223–225
13. Bender L (1943) Postencephalitic behavior disorders in children. In: Neal JB (ed) Encephalitis: a clinical study. Grune & Stratton, New York, pp 361–385
14. Bettelheim B (1973) Bringing up children. Ladies Home Journal 90:28
15. Birch HG (1964) Brain damage in children. The biological and social aspects. Williams & Wilkins, Baltimore
16. Blau A (1936) Mental changes following head trauma in children. Arch Neurol Psychiatry 35:722–769
17. Blech J (2004) Die Krankheitserfinder. Fischer, Stuttgart
18. Block GH (1977) Hyperactivity: a cultural perspective. J Learn Disabil 110:236–240
19. Bock N, Quentin DJ, Hüther G, Moll GH, Rothenberger A (2005) Very early treatment with fluoxetine and reboxetine causing long lasting changes of the serotonin but not the noradrenaline transporter in the frontal cortex of rats. World J Biol Psychiatry 6:107–112
20. Boncour P, Boncour G (1905) Les anomalies mentales chez les écoliers. Etude Medicopedagogique. Alcan, Paris
21. Bond ED, Appel KE (1931) Treatment of post encephalitic children in hospital school. Am J Psychiatry 10:815–828
22. Bourneville E (1897) Le traitement médico-pédagogique des differentes formes de l'idiotie. Alcan, Paris
23. Box S (1977) Hyperactivity: the scandalous silence. New Society 42:458–460
24. Bradley C (1937) The behavior of children receiving Benzedrine. Am J Psychiatry 94:577–585
25. Bradley C (1950) Benzedrine and dexedrine in the treatment of children's behavior disorders. Pediatrics 5:24–37
26. Bradley C (1957) Characteristics and management of children with behavior problems associated with organic brain damage. Pediatr Clin North Am 4:1049–1060
27. Bradley C, Bowen M (1940) School performance of children receiving amphetamine (Benzedrine) sulfate. Am J Orthopsychiatry 10:782–788
28. Bradley C, Green R (1940) Psychometric performance of children receiving amphetamine (Benzedrine) sulfate. Am J Psychiatry 97:388–394
29. Bradley C, Bowen M (1941) Amphetamine (Benzedrine) therapy of children's behavior disorders. Am J Orthopsychiatry 11:91–103
30. Brown TE (ed) (2000) Attention-Deficit disorders and comorbidities in children, adolescents, and adults. American Psychiatric Press, Washington
31. Buitelaar J, Rothenberger A (2004) Foreword – ADHD in the political and scientific context. Eur Child AdolescPsychiatry 13 (Suppl 1):1–6
32. Byers RK, Lord EE (1943) Late effects of lead poisoning on mental development. Am J Dis Child 66:471–494
33. Cantwell DP (1975) The hyperactive child. Spectrum, New York
34. Cantwell DP (1996) Attention deficit disorder: a review of the past 10 years. J Am Acad Child Adolesc Psychiatry 35:978–987
35. Castellanos FX, Swanson J (2002) Biological underpinnings of ADHD. In: Sandberg S (ed) Hyperactivity and attention disorders of childhood, 2nd edn. Cambridge University Press, Cambridge, pp 336–366
36. Castellanos FX, Tannock R (2002) Neuroscience of attention-deficit hyperactivity disorder: the search for endophenotypes. Nat Rev Neurosci 3:617–628

37. Chess S (1960) Diagnosis and treatment of the hyperactive child. NY State J Med 60:2379–2385
38. Childers AT (1935) Hyperactivity in children having behavior disorders. Am J Orthopsychiatry 5:227–243
39. Clark LP (1926) Psychology of essential epilepsy. J Nerv Ment Dis 63:575–585
40. Clements SD (1966) Task Force One: Minimal brain dysfunction in children. National Institute of Neurological Diseases and Blindness, monograph no 3. US Department of Health Education and Welfare, Washington, DC
41. Clouston TS (1899) Stages of over-excitability, hypersensitiveness, and mental explosiveness in children and their treatment by the bromides. Scott Med Surg J 4:481–490
42. Conners CK (1969) A teacher rating scale for use in doing studies with children. Am J Psychiatry 126:884–888
43. Conners CK (1970) Symptom patterns in hyperkinetic, neurotic and normal children. Child Dev 41:667–682
44. Conrad P (1976) Identifying hyperactive children. Lexington Books, Lexington, MA
45. Cornell WS (1912) Health and medical inspection of school children. Davis, Philadelphia
46. Crichton A (1810) Untersuchung über die Natur und den Ursprung der Geisteszerrüttung, ein kurzes System der Physiologie und Pathologie des menschlichen Geistes. Bauer, Leipzig
47. Cromwell RL, Baumeister A, Hawkins WF (1963) Research in activity level. In: Ellis NR (ed) Handbook of mental deficiency. McGraw-Hill, New York, pp 632–663
48. Cruickshank WM, Bentzen FA, Ratzeburgy FH, Tannhauser MT (1961) A teaching method for brain injured and hyperactive children: a demonstration pilot study. Syracuse University Press, Syracuse, New York
49. Darwin CR (1859) On the origin of species by means of natural selection or the preservation of the favoured races in the struggles for life. Murray, London
50. Doll EA, Phelps WM, Melcher RT (1932) Mental deficiency due to birth injuries. Macmillan, New York
51. Douglas VI (1972) Stop, look and listen: the problem of sustained attention and impulse control in hyperactive and normal children. Can J Behav Sci 4:259–282
52. Dulcan M (1997) Practice parameters for the assessment and treatment of children, adolescents and adults with attention-deficit hyperactivity disorder. J Am Acad Child Adolesc Psychiatry 36 (Suppl 10):85s–121s
53. Duncan JL (2003) A brief history of methylphenidate. Oklahoma State Bureau of Narcotics and Dangerous Control. www.obn.state.ok.us.
54. Ebaugh FG (1923) Neuropsychiatric sequelae of acute epidemic encephalitis in children. Am J Dis Child 25:89–97
55. Ehrenfest H (1926) Birth injuries of the child. Gynecological and Obstetrical Monographs. Appleton, New York
56. Emminghaus H (1887) Die psychischen Störungen des Kindesalters. Faksimiledruck, Tartuer Universität, Tartu 1992. Original (1887) Tübingen, Verlag der H. Laupp'schen Buchhandlung
57. Esser G, Schmidt MH (1987) Minimale Cerebrale Dysfunktion – Leerformel oder Syndrom? Enke, Stuttgart
58. Faraone SV (2005) The scientific foundation for understanding attention-deficit/ hyperactivity disorder as a valid psychiatric disorder. Eur Child Adolesc Psychiatry 14:1–10
59. Feingold B (1975) Why your child is hyperactive. Random House, New York
60. Fernier D (1876) The functions of the brain. Putnam, New York

61. Freibergs V, Douglas VI (1969) Concept learning in hyperactive and normal children. J Abnorm Psychol 74:388–395
62. Gadow KD, Loney J (1981) Psychosocial aspects of drug treatment for hyperactivity. Westview, Boulder, CO
63. Gastaut H (1950) Combined photic and metrazol activation of the brain. Electroencephalography Clin Neurophysiol 2:249–261
64. Gibbs F, Gibbs E, Spies H, Carpenter P (1964) Common types of childhood encephalitis. Arch Neurol 10:1–11
65. Gillberg C, Gillberg IC, Rasmussen P et al (2004) Co-existing disorders in ADHD – implications for diagnosis and intervention. Eur Child Adolesc Psychiatry 13 (Suppl 1):80–92
66. Gittelman M (1981) Strategic interventions for hyperactive children. Sharpe, Armonk, NY
67. Gittelman R, Abikoff H (1989) The role of psychostimulants and psychosocial treatments in hyperkinesis. In: Sagvolden T, Archer T (eds) Attention deficit disorder: Clinical and basic research. Erlbaum, Hillsdale, NJ pp 167–180
68. Glow PH, Glow RA (1979) Hyperkinetic impulse disorder: a developmental defect of motivation. Genet Psychol Monogr 100:159–231
69. Göllnitz G (1954) Die Bedeutung der frühkindlichen Hirnschädigung für die Kinderpsychiatrie. Thieme, Leipzig
70. Göllnitz G (1981) The hyperkinetic child. In: Gittelman M (ed) Strategic interventions for hyperactive children. Sharpe, Armonk, NY, pp 80–96
71. Gomez MR (1967) Minimal cerebral dysfunction (maximal neurologic confusion). Clin Pediatr (Philadelphia) 10:589–591
72. Gordon M (1983) The Gordon Diagnostic System. Clinical Diagnostic Systems, Boulder, CO
73. Graham FK, Caldwell BM, Ernhart CB, Pennoyer MM, Hartmann AF, Sr (1957) Anoxia as a significant perinatal experience: a critique. J Pediatr 50:556–569
74. Gross MD (1995) Origin of stimulant use for treatment of attention deficit disorder. Am J Psychiatry 152:298–299
75. Hastings JE, Barkley RA (1978) A review of psychophysiological research with hyperactive children. J Abnorm Child Psychol 7:413–447
76. Healy W (1915) The individual delinquent. Little Brown, Boston
77. Heinrich H, Gevensleben G, Freisleder FJ, Moll GH, Rothenberger A (2004) Training for slow cortical potentials in ADHD children: evidence from positive behavioral and neurophysiological effects. Biol Psychiatry 7:772–775
78. Henderson LJ (1913) The fitness of the environment. Macmillan, New York
79. Heptinstall E, Taylor E (2002) Sex differences and their significance. In: Sandberg S (ed) Hyperactivity and attention disorders of childhood. Cambridge University Press, Cambridge, pp 99–125
80. Herbert M (1964) The concept and testing of brain damage in children – a review. J Child Psychol Psychiatry 5:197–217
81. Heuyer G (1914) Enfants anormaux et delinquants juveniles. Thèse de médecin, Paris
82. Himpel S, Banaschewski T, Heise CH, Rothenberger A (2005) The safety of nonstimulant agents for the treatment of attention-deficit hyperactivity disorder. Expert Opin Drug Saf 4:311–321
83. Hoff H (1956) Lehrbuch der Psychiatrie, Bd 2. Schwabe, Basel
84. Hoffmann H (1845) Der Struwwelpeter. Literarische Anstalt, Frankfurt am Main
85. Hohman LB (1922) Post encephalitic behavior disorders in children. Johns Hopkins Hosp Bull 33:372–375
86. Ingalls TH, Gordon JE (1947) Epidemiologic implications of developmental arrests. Ame J Med Sci 241:322–328

87. Ingram TTS (1956) A characteristic form of overactive behaviour in brain-damaged children. J Ment Sci 102:550–558
88. Ireland WE (1877) On idiocy and imbecility. Churchill, London
89. Isaev DN, Kagan VS (1978) Sostoyanie giperaktivnosti u detei: Klinika, terapiya, reabilitatsiya. Zh Nevropatol i Psikhiatr 78:1544–1549
90. Isaev DN, Kagan VE (1981) A system of treatment and rehabilitation of hyperactive children. In: Gittelman M (ed) Strategic interventions for hyperactive children. Sharpe, Armonk, NY, pp 97–111
91. James W (1890) The principles of psychology. Holt, New York
92. Jensen PS, MTA Group (2002) Treatments: the case of the MTA study. In: Sandberg S (ed) Hyperactivity and attention disorders of childhood, 2nd edn. Cambridge University Press, Cambridge, pp 435–467
93. Johnson RC, Medinnus GR (1969) Child psychology: behavior and development, 2nd edn. Wiley, New York
94. Johnson DJ, Mykleburst HR (1967) Learning disabilities. Grune & Stratton, New York (dtsch 1976, Hippokrates, Stuttgart)
95. Kahn E, Cohen LH (1934) Organic drivenness. A brain stem syndrome and an experience with case reports. New Engl J Med 210:748–756
96. Kanner L (1957) Child psychiatry, 3rd edn. Thomas, Springfield, IL
97. Kavale K (1982) The efficacy of stimulant drug treatment for hyperactivity: a meta-analysis. J Learn Disabil 15:280–289
98. Knobloch H, Pasamanick B (1966) Prospective studies on the epidemiology of reproductive casualty. Methods, findings, and some implications. Merrill Palmer Q 12:27–43
99. Knobloch H, Ride, R, Harper P, Pasamanick B (1956) Neuropsychiatric sequelae of prematurity: a longitudinal study. JAMA 161:581–585
100. Kovalev VV (1979) Psikhiariya Detskogo Vozrasta (Psychiatry of Childhood). Medicina, Moscow, pp 41–43
101. Kramer F, Pollnow H (1932) Über eine hyperkinetische Erkrankung im Kindesalter. Monatsschr Psychiatr Neurol 82:1–40
102. Krause J, Krause KH (2004) ADHS im Erwachsenenalter. Schattauer, Stuttgart
103. Laehr H (1975) Über den Einfluß der Schule auf die Verhinderung von Geistesstörungen. Allgem Z Psychiatr 32:216
104. Laufer M (1975) In Osier's day it was syphilis. In: Anthony EJ (ed) Explorations in child psychiatry. Plenum Press, New York, pp 105–124
105. Laufer M, Denhoff E (1957) Hyperkinetic behavior syndrome in children. J Pediatr 50:463–474
106. Laufer M, Denhoff E, Solomons G (1957) Hyperkinetic impulse disorder in children's behavior problems. Psychosom Med 19:38–49
107. Lehtinen LE (1955) Preliminary conclusions affecting education of brain-injured children. In: Strauss AA, Kephart NC (eds) Psychopathology and education of the brain-injured child. Progress in theory and clinic. Grune & Stratton, New York, pp 165–191
108. Lemke R (1953) Das enthemmte Kind mit choreiformer Symptomatik. Psychiatr, Neurol Med Psychol (Leipz) 5:290–294
109. Lempp R (1970) Frühkindliche Hirnschädigung und Neurose, 2. Aufl. Huber, Bern Stuttgart
110. Lempp R (1994) Organische Psychosyndrome: In: Eggers C, Lempp R, Nissen G, Strunk P (Hrsg) Kinder- und Jugendpsychiatrie, 7. Aufl. Springer, Berlin Heidelberg, S 409–477
111. Levin PM (1938) Restlessness in children. Arch Neurol Psychiatry 39:764–770

112. Lilienfeld AM, Pasamanick B, Rogers M (1955) Relationship between pregnancy experience and the development of certain neuropsychiatric disorders in childhood. Am J Public Health 45:637–643
113. Loney J, Langhorne JE, Paternite CE (1978) An empirical basis for subgrouping the hyperkinetic/minimal brain syndrome. J Abnormal Psychol 87:431–441
114. Lord EE (1937) Children handicapped by cerebral palsy. Commonwealth Fund, New York
115. Lou HC, Henriksen L, Bruhn P (1984) Focal cerebral hypoperfusion in children with dysphasia and/or attention deficit disorder. Arch Neurol 41:825–829
116. Lou HC, Henriksen L, Bruhn P, Borner H, Nielsen J (1989) Striatal dysfunction in attention deficit and hyperkinetic disorder. Arch Neurol 46:48–52
117. Luk ESL, Leung PWL, Ho TP (2002) Cross-cultural/ethnic aspects of childhood hyperactivity. In: Sandberg S (ed) Hyperactivity and attention disorders in childhood, 2nd edn. Cambridge University Press, Cambridge, pp 64–98
118. MacKeith RC, Bax MCO (1963) Minimal cerebral dysfunction: papers from the International Study Group held at Oxford, September 1962. Little Club Clinics in Development Medicine no 10. Heinemann, London
119. Magoun HW (1952) An ascending reticular activating system in the brain stem. Arch Neurol Psychiatry 67:145–154
120. Mattes JA (1980) The role of frontal lobe dysfunction in childhood hyperkinesis. Compr Psychiatry 21:358–369
121. Maudsley H (1867) The physiology and pathology of the mind. Macmillan, London
122. Messinger E (1975) Ritalin and MBD: a cure in search of a disease. Health PAC Bull 12:1–17
123. Moll GH, Hause S, Rüther E, Rothenberger A, Huether G (2001) Early methylphenidate administration to young rats causing a persistent reduction in the density of striatal dopamine transporters. J Child Adolesc Psychopharmacol 11:15–24
124. Moreau (de Tours) P (1888) La folie chez les enfants. Baillière, Paris (dtsch Übersetzung: Gilatti D (1889) Der Irrsinn im Kindesalter. Enke, Stuttgart)
125. MTA Cooperative Group (1999) A 14-month randomized clinical trial of treatment strategies for attention-deficit/hyperactivity disorder. Arch Gen Psychiatry 56:1073–1086
126. O'Malley JE, Eisenberg L (1973) The hyperkinetic syndrome. Semin Psychiatry 5:95
127. Ounsted C (1955) The hyperkinetic syndrome in epileptic children. Lancet ii: 303–311
128. Pasamanick B, Knobloch H (1961) Epidemiological studies on the complications of pregnancy and the birth process. In: Caplan A (ed) Prevention of mental disorders in children. Initial explorations. Basic Books, New York, pp 74–94
129. Pasamanick B, Knobloch H, Lilienfeld AM (1956). Socio-economic status and some precursors of neuropsychiatry disorder. Am J Orthopsychiatry 26:594–601
130. Pasamanick B, Rogers ME, Lilienfeld AM (1956) Pregnancy experience and the development of behavior disorder in children. Am J Psychiatry 112:613–618
131. Pick A (1904) Über einige bedeutsame Psycho-Neurosen des Kindesalters. Sammlung zwangsloser Abhandlungen aus dem Gebiete der Nerven- und der Geisteskrankheiten 5:1–28
132. Pond DA (1967) Behavior disorders in brain-damaged children. In: Williams D (ed) Modern trends in neurology. Butterworth, London, pp 125–134
133. Preston MT (1945) Late behavioural aspects found in cases of prenatal, natal, and postnatal anoxia. J Pediatr 16:353–366

134. Quay HC (1979) Classification. In: Quay HC, Werry JS (eds) Psychopathological disorders of childhood, 2nd edn. Wiley, New York, pp 1–42
135. Rapin I (1964) Brain damage in children. In: Brennemann J (ed) Practice of pediatrics, vol. 4. Prior, Hagerstown, MD
136. Reese HW, Lipsitt LP (1970) Experimental child psychology. Academic Press, London
137. Resnick RJ (2000) The hidden disorder: a clinician's guide to attention deficit hyperactivity disorder in adults. American Psychological Association
138. Rie HE, Rie ED (1980) Handbook of minimal brain dysfunctions: a critical review. Wiley, New York
139. Ross DM, Ross SA (1982) Hyperactivity: current issues, research and theory, 2nd edn. Wiley, New York
140. Rothenberger A (ed) (1982) Event-related potentials in children. Developments in neurology, vol 6. Elsevier, Amsterdam
141. Rothenberger A (1984) Bewegungsbezogene Veränderungen der elektrischen Hirnaktivität bei Kindern mit multiplen Tics und Gilles de la Tourette-Syndrom. Habilitationsschrift, Universität Heidelberg
142. Rothenberger A (1986) Kindheit im Mittelalter – aus der Sicht eines heutigen Kinderpsychiaters. Kinderarzt 17:589–598
143. Rothenberger A (1987) Children in medieval Europe. J Am Acad Child Adolesc Psychiatry 26:595–596 (Letter)
144. Rothenberger A, Banaschewski T (2002) Towards a better drug treatment for patients in child and adolescent psychiatry – the European approach. Eur Child Adolesc Psychiatry 11:243–246
145. Rothenberger A, Banaschewski T (2004) Hilfe für den Zappelphilipp – Hirnforscher fahnden nach den neurobiologischen Ursachen von Hyperaktivität. Gehirn und Geist Nr. 3, Spektrum der Wissenschaft, Heidelberg, S 54–61
146. Rothenberger A, Schmidt MH (2000) Die Funktionen des Frontalhirns und der Verlauf psychischer Störungen. Lang, Frankfurt am Main
147. Rothenberger A, Woerner W (eds) (2004) Strengths and Difficulties Questionnaire (SDQ) – evaluations and applications. Eur Child Adolesc Psychiatry 13 (Suppl 2)
148. Rothenberger A, Woerner W, Blanz B (1987) Test-retest reliability of flash-evoked potentials in a field sample: a 5 year follow-up in schoolchildren with and without psychiatric disturbances. In: Johnson R Jr, Rohrbough JW, Parasuraman R (eds) Current trends in event-related potential research. Electroencephalogr Clin Neurophysiol Suppl 40:624–628
149. Rothenberger A, Döpfner M, Sergeant J, Steinhausen HC (eds) (2004) ADHD – beyond core symptoms. Not only a European perspective. Eur Child Adolesc Psychiatry 13 (Suppl 1)
150. Routh DK (1980) Developmental and social aspects of hyperactivity. In: Whalen CK, Henker B (eds) Hyperactive children: the social ecology of identification and treatment. Academic Press, New York, pp 55–73
151. Routh DK, Roberts RD (1972) Minimal brain dysfunction in children: failure to find evidence for a behavioral syndrome. Psychol Rep 31:307–314
152. Rowntree BS (1901) Poverty: A study of town life. Macmillan, London
153. Rutter M (1977) Brain damage syndromes in childhood: concepts and findings. J Child Psychol Psychiatry 18:1–21
154. Rutter M (1982) Syndromes attributed to 'minimal brain dysfunction' in childhood. Am J Psychiatry 139:21–33
155. Sanctis, S de (1925) Neuropsichiatria infantile. Stock, Rome

156. Sandberg ST (1981) The overinclusiveness of the diagnosis of hyperkinetic syndrome. In: Gittelman M (ed) Strategic interventions for hyperactive children. Sharpe, New York, pp 8–38
157. Sandberg S (ed) (2002) Hyperactivity and attention deficit disorders of childhood. Cambridge University Press, Cambridge
158. Sandberg ST, Rutter M, Taylor E (1978) Hyperkinetic disorder in clinic attenders. Dev Med Child Neurol 20:279–299
159. Satterfield JH (1973) EEG issues in children with minimal brain dysfunction. Semin Psychiatry 5:35–46
160. Satterfield JH, Dawson ME (1971) Electrodermal correlates of hyperactivity in children. Psychophysiology 8:191–197
161. Satterfield JH, Cantwell DP, Lesser LI, Podosin RL (1972) Physiological studies of the hyperkinetic child. Am J Psychiatry 128:1418–1424
162. Satterfield JH, Cantwell DP, Satterfield BT (1974) Pathophysiology of the hyperactive child syndrome. Arch Gen Psychiatry 31:839–844
163. Satterfield JH, Schell AM, Backs RW, Hidaka KC (1984) A cross-sectional and longitudinal study of age effects of electrophysiological measures in hyperactive and normal children. Biol Psychiatry 19:973–990
164. Satterfield JH, Schell AM, Nicholas T (1994) Preferential neural processing of attended stimuli in attention-deficit hyperactivity disorder and normal boys. Psychophysiology 31:1–10
165. Schachar RJ (1986) Hyperkinetic syndrome: historical development of the concept. In: Taylor EA (ed) The overactive child. Clinics in Developmental Medicine, no 97, Spastics International Publications. Blackwell, Oxford, pp 19–40
166. Schachar R, Rutter M, Smith A (1981) The characteristics of situationally and pervasively hyperactive children: implications for syndrome definition. J Child Psychol Psychiatry 22:375–392
167. Schachter HM, Pham B, King J, Langford S, Moher D (2001) How efficacious and safe is short-acting methylphenidate for the treatment of attention-deficit-hyperactivity disorder in children and adolescents? Can Med Assoc Journal 165: 1475–1488
168. Scholz F (1911) Die Charakterfehler des Kindes. Mayer, Leipzig
169. Schrag P, Divoky D (1975) The myth of the hyperactive child. Pantheon, New York
170. Seidler E (2004) Von der Unart zur Krankheit. Dtsch Arztebl 101:A239–A243
171. Sergeant J (1988) From DSM-III attentional deficit disorder to functional defects. In: Bloomingdale L, Sergeant J (eds) Attention deficit disorder: Criteria, cognition and intervention. Pergamon Press, New York, pp 183–198
172. Sergeant J (2004) EUNETHYDIS – Searching for valid aetiological candidates of attention-deficit hyperactivity disorder or hyperkinetic disorder. Eur Child Adolesc Psychiatry 13 (Suppl 1):43–49
173. Shaffer D, Greenhill L (1979) A critical note on the predictive validity of 'the hyperkinetic syndrome'. J Child Psychol Psychiatry 20:61–72
174. Shaffer D, McNamara N, Pincus J (1974) Controlled observation on patterns of activity, attention, and impulsivity in brain-damage and psychiatrically disturbed boys. Psychol Med 4:4–18
175. Smith A (1962) Ambiguities in concepts and studies of 'brain-damaged' 'organicity'. J Nerv Ment Dis 135:311–326
176. Smith GB (1926) Cerebral accidents of childhood and their relationships to mental deficiency. Welfare Mag 17:18–33
177. Spearman C (1937) Psychology down the ages, vol 1. Macmillan, London

178. Spencer T, Biederman J, Wilens T, Harding M, O'Donnell D, Griffin S (1996) Pharmacotherapy of attention-deficit hyperactivity disorder across the life cycle. J Am Acad Child Adolesc Psychiatry 35:409–432

179. Stamm JS, Kreder SV (1979) Minimal brain dysfunction: psychological and neurophysiological disorders in hyperkinetic children. In: Gazzaniga MS (ed) Neuropsychology. Plenum Press, New York, pp 119–150

180. Steinhausen HC (1993) Psychische Störungen bei Kindern und Jugendlichen, 2. Aufl. Urban & Schwarzenberg, München

181. Steinhausen HC (2002) Psychische Störungen bei Kindern und Jugendlichen, 5. Aufl. Urban & Fischer, München

182. Steinhausen HC, Rothenberger A, Döpfner M (Hrsg) (2006) Handbuch Aufmerksamkeits-Defizit-Hyperaktivitätsstörung (ADHS). Kohlhammer, Stuttgart (in Vorbereitung)

183. Stewart MA, Pitts FN, Craig AG, Dieruf W (1966) The hyperactive child syndrome. Am J Orthopsychiatry 36:861–867

184. Still GF (1902) The Coulstonian lectures on some abnormal physical conditions in children. Lancet 1:1008–1012; 1077–1082; 1163–1168

185. Strauss AA, Kephart NC (1955) Psychopathology and education of the brain injured child, vol 2. Progress in theory and clinic. Grune & Stratton, New York

186. Strauss AA, Lehtinen LE (1947) Psychopathology and education of the brain-injured child. Grune & Stratton, New York

187. Strauss AA, Werner H (1942) Disorders of conceptual thinking in the brain-injured child. J Nerv Ment Dis 96:153–172

188. Strauss AA, Werner H (1943) Comparative psychopathology of the brain injured child and the traumatic brain injured adult. Am J Psychiatry 99:835–838

189. Strecker EA, Ebaugh FG (1924) Neuropsychiatry sequelae of cerebral trauma in children. Arch Neurol Psychiatry 12:443–453

190. Sukhareva GE (1940) Necskolko polozhenyo printsipakh psikhiatricheskoi diagnostiki. Voprossy Detskoi Psikhiatrii. Medicina, Moscow, pp 1–38

191. Swanson JM, McBurnett K, Wigal T, Pfiffner LJ, Lerner MA, Williams L et al (1993) Effect of stimulant medication on children with attention deficit disorder: A review of reviews. Except Child 60:154–162

192. Taylor E (1983) Drug response and diagnostic variation. In: Rutter M (ed) Developmental neuropsychiatry. Guilford, New York, pp 348–368

193. Taylor E, Sergeant J, Döpfner M, Gunning B, Overmeyer S, Möbius EJ, Eisert HJ (1998) Clinical guidelines for hyperkinetic disorder. Eur Child Adolesc Psychiatry 7:184–200

194. Taylor E, Döpfner M, Sergeant J et al (2004) European clinical guidelines for hyperkinetic disorder – first upgrade. Eur Child Adolesc Psychiatry 13 (Suppl 1):7–30

195. Tizard B, Hodges J (1978) The effect of early institutional rearing in the development of eight-year-old children. J Child Psychol Psychiatry 19:99–118

196. Toone B (2002) Attention deficit hyperactivity disorder in adults. In: Sandberg S (ed) Hyperactivity and attention disorders of childhood, 2nd edn. Cambridge University Press, Cambridge, pp 468–489

197. Tredgold AF (1908) Mental deficiency (Amentia). Wood, New York

198. Weatherwax J, Benoit EP (1962) Concrete and abstract thinking in organic and non-organic mentally retarded children. In: Trapp EP, Himmelstein P (eds) Readings on the exceptional child: research and theory. Appleton-Century-Crofts, New York, pp 500–508

199. Weber R (2001) Die Ritalin-Story. Dtsch Apoth Ztg 141:1091–1093

200. Weiss G, Trokenberg-Hechtman L (1993) Hyperactive children grown up, 2nd edn. Guilford, New York

201. Wender PH (1971) Minimal brain dysfunction in children. Wiley, New York

202. Wender PH, Reimherr FW, Wood DR (1980) Attention deficit disorder (minimal brain dysfunction) in adults: a replication study of diagnosis and drug treatment. Arch Gen Psychiatry 38:449–456
203. Werry JS (1968) Developmental hyperactivity. Pediatr Clin North Am 15:581–599
204. Werry JS, Sprague RC (1970) Hyperactivity. In: Costello CG (ed) Symptoms of psychopathology. Wiley, New York, pp 397–417
205. Werry JS, Weiss G, Douglas V (1964) Studies on the hyperactive child: I. Some preliminary findings. Can Psychiatr Assoc J 9:120–130
206. Whalen CK, Henker B (1980) Hyperactive children: the social ecology of identification and treatment. Academic Press, New York
207. Whalen CK, Henker B (1980) The social ecology of psychostimulant treatment: a model for conceptual and empirical analysis. In: Whalen CK, Henker B (eds) Hyperactive children: the social ecology of identification and treatment. Academic Press, New York, pp 3–54
208. Willis TJ, Lovaas I (1977) A behavioral approach to treating hyperactive children: the parent's role. In: Millichap JB (ed) Learning disabilities and related disorders. Year Book Medical, Chicago, pp 119–140
209. Wilson PH (2005) Practitioner review: Approaches to assessment and treatment of children with DCD: an evaluative review. J Child Psychol Psychiatry. Do10.111/j.1469-7610.2005.01409.x
210. Woerner W, Rothenberger A, Lahnert B (1987) Test-retest reliability of spectral parameters of the resting EEG in a field sample: a 5 year follow-up in schoolchildren with and without psychiatric disturbances. In: Johnson R Jr, Rohrbough JW, Parasuraman R (eds), Current trends in event-related potential research. Electroencephalogr Clin Neurophysiology Suppl 40:629–632
211. World Health Organization (1978) ICD-9. Classification of mental and behavioural disorders. Clinical description and diagnostic guidelines. World Health Organization, Geneva
212. World Health Organization (1992) ICD-I0. Classification of mental and behavioural disorders. Clinical description and diagnostic guidelines. World Health Organization, Geneva
213. Rothenberger A (Hrsg) (1990) Brain and behavior in child psychiatry. Springer, Berlin Heidelberg
214. Döpfner M, Lehmkuhl G (2003) Eckpunkte zur Diagnose und Behandlung von ADHS – Ergebnis einer Konsensuskonferenz im Bundesministerium für Gesundheit und Soziale Sicherung. Editorial. ADHS-Report 13
215. Bundesministerium für Gesundheit und Soziale Sicherheit (2002) Einigung zur Diagnose und Behandlung der Aufmerksamkeitsdefizit- Hyperaktivitätsstörung erzielt. Pressemitteilung vom 27. 12. 2002. http://www.bmgs.bund.de/archiv/presse_bmgs

3 Zukünftige Schwerpunkte bei ADHS: Vorschulkinder und klinische Netzwerke*

A. ROTHENBERGER, K.-J. NEUMÄRKER

Themenauswahl

Auch wenn zukünftig Themen wie Genetik und Neurowissenschaft, d.h. die biologische Erforschung von ADHS besonders wichtig sein wird (siehe auch Kapitel 2 dieses Buches, Abschnitt „Neuerungen auf breiter Front", sowie [48]), um ein besseres Verständnis für die Entstehung und den Verlauf von ADHS zu gewinnen und somit die Grundlage für eine bessere Behandlung zu schaffen, so fragt es sich doch stets, an welchen klinischen Kontext diese Forschung am besten angebunden sein soll. Neben der ADHS im Jugend- und Erwachsenenalter sollten wir uns auf zwei andere Themen konzentrieren, die wir für besonders wichtig erachten, und bei denen die Suche nach Endophänotypen und neurobiologischen Entstehungspfaden sowie der Einfluss von Medikamenten auf die Hirnentwicklung der Kinder mit ADHS von großer Bedeutung sind. Das erste Thema bezieht sich auf die ADHS und deren Vorläufer in der Vorschulzeit. Das zweite Thema betrifft die längsschnittliche, entwicklungsbezogene fachliche Koordination vieler Beteiligter beim Umgang mit der ADHS und die Förderung qualitätsgesicherter Interventionen durch klinische Netzwerke.

ADHS im Vorschulalter

Der elterliche Kummer über den Einfluss unorganisierten und unregulierten kindlichen Verhaltens auf die psychosoziale Kindesentwicklung hat zugenommen [42]. Während dies bedeutet, dass einerseits die Einsicht in die Behandlungsbedürftigkeit wächst, hat es auch dazu geführt, dass mehr und mehr jüngere Kinder mit Psychostimulanzien behandelt werden [47]. Unser derzeit noch bruchstückhaftes Wissen über ADHS im Vorschulalter wird sich daher in den nächsten Jahren unvermeidlich sehr verändern, da neue

---

* Dieses Kapitel entstand in Anlehnung an Döpfner M, Rothenberger A, Sonuga-Barke E (2004) Areas for future investment in the field of ADHD: preschoolers and clinical networks. Eur Child Adolesc Psychiatry 13 (Suppl 1):130–135

Studien neue Einsichten gewähren. Es gibt mindestens drei Bereiche, die besonders reif für weitere Entwicklungen sind: der ätiologische/pathophysiologische Hintergrund, die Identifikation und Diagnose sowie die Behandlung.

▋ Ätiologie und Pathophysiologie

Wie auch bei anderen kinderpsychiatrischen Störungen sind der Einfluss und die Entwicklung von Gen-Umwelt-Interaktionen ein Kernthema für die zukünftige Forschung zu ADHS [1]. Um zu sicheren Schlussfolgerungen zu gelangen, müssen die Untersuchungen auch die sehr frühen Phasen kindlicher Entwicklung enthalten und es muss auf das Zusammenspiel von Schwangerschaftsrisiken, Säuglingszeit und Vorschuljahren geachtet werden. Weil die Identifikation und Diagnose einer ADHS im Vorschulalter weiterhin problematisch ist, wurden biologische Korrelate der kategorialen Störung bei Vorschulkindern bisher nicht ausreichend untersucht. Die Mehrzahl der relevanten Befunde bezieht sich auf die drei Kernsymptome der ADHS: Impulsivität, Hyperaktivität und Unaufmerksamkeit.

Trotz einiger Befunde über den Entwicklungsverlauf zwischen der Vorschul- und Schulphase müssen wir mehr über die frühen Risikofaktoren wissen, die sowohl für die Entwicklung einer ADHS im Vorschulalter und die Entwicklung einer voll ausgeprägten chronischen ADHS, wie sie sich während der gesamten Lebensspanne zeigen kann, prädisponieren.

Die offene Frage lautet, welche Umgebungsfaktoren innerhalb des Gen-Umwelt-Zusammenspiels am wichtigsten sind und wie sich der pathologische Prozess von der Schwangerschaft bis in die Vorschuljahre entwickelt. Das Interesse konzentrierte sich größtenteils auf erworbene biologische Faktoren. Eine Frühgeburt, die zu einem anfälligen zerebrovaskulären Gleichgewicht und zu zerebraler Ischämie bei der Geburt führen kann, könnte zu einer mangelhaften Dopaminübertragung beitragen. Letztere könnte in einer hohen striatalen Dopaminverfügbarkeit zum Ausdruck kommen, die in einer D2/3-Rezeptorbindungs-PET-Studie von sechs 12–14 Jahre alten Kindern mit Aufmerksamkeitsdefiziten festgestellt wurde. Die Rezeptorbefunde waren verbunden mit einer verlängerten Reaktionszeit und einer erhöhten Reaktionszeitvariabilität [25]. Diese Befunde stützen die Hypothese einer sehr früh im Leben durch Umweltbedingungen entstandenen, biologisch vermittelten Grundlage für ADHS infolge der Veränderung des Dopaminsystems auf postsynaptischem Gebiet. Ähnliches könnte man über den präsynaptischen Dopamintransporter (DAT) aussagen, denn bei Jugendlichen zeigte sich eine erhöhte Dichte. Es muss also noch geklärt werden, ob diese Veränderungen einen primär ätiologischen Gen-Umwelt-Defekt bei der ADHS darstellen oder ob sie eher das Ergebnis eines sekundären Kompensationsmechanismus nach genetischem Ungleichgewicht und/oder einer externen Beeinträchtigung des Gehirns in jungem Alter darstellen [4]. Wenn es in diesem Kontext zutrifft, dass primäre genetische Faktoren ihre stärkste direkte Auswirkung auf die Entwicklung und Funktion des katecholaminergen Kleinhirnwurms haben, würden daher schon in jungen Jahren inadäquate Auswirkungen dieser Struktur zu einer exzessiven und/oder unregulierten katecholaminergen Übertragung in andere Gehirnbereiche führen (z. B. Striatum, Stirnhirn). Daher sollte Struktur und Funktion des Kleinhirns im Vorschulalter untersucht werden, um nach frühen Hirnkorrelaten und Vorläufern von ADHS zu suchen.

Auf der anderen Seite können kindliche Hyperaktivität-Impulsivität und oppositionelles Verhalten im Vorschulalter offenbar nur dann mit einem DAT-Polymorphismus oder anderen genetischen Einflüssen verbunden sein, wenn das Kind pränatal mütterlichem Rauchen ausgesetzt war, d. h. sich eine Toxizität zusätzlich zu den Genwirkungen ergab [18, 44]. Ein ähnlicher negativer Einfluss auf die Aufmerksamkeit und das Verhalten im Vorschulalter wurde berichtet bei intrauterinem Ausgesetztsein gegenüber Drogen und Alkohol [z. B. 32, 37]. Die Studien verweisen darauf, dass die pränatalen neurobiologischen Veränderungen immer noch einen potenziellen Beitrag zu Impulsivität und Problemen mit der Aufmerksamkeit im Vorschulalter leisten auch wenn diese Kinder nach der Geburt angemessene Fürsorge erhalten.

Außerdem kann eine Dysfunktion der Neurotransmitter auch für andere Probleme der neuronalen Entwicklung wie Schlafstörungen im Vorschulalter verantwortlich sein (z. B. Schnarchen, [15]). Bei ungefähr 25% der Kinder mit schwerwiegenden Schlafproblemen in der Säuglingszeit findet sich später eine ADHS-Diagnose. Polysomnographische Studien an 5–7 Jahre alten Kindern und an älteren mit ADHS-Symptomen stellten eine Veränderung des REM-Schlafes fest, der durch das Stirnhirn betreffende inhibitorische monoaminerge und exzitatorische cholinerge Neurone reguliert wird [5, 21, 30, 31].

Ob dies mit einer grundlegenden Verminderung der kortikalen motorischen Hemmungsfähigkeiten bei Vorschülern mit ADHS zusammenhängt, muss noch geklärt werden, auch wenn es durch die Extrapolation der Daten von Schulkindern mit ADHS nahe gelegt wird [27]. Ein anderes wichtiges Entwicklungsproblem bei Vorschulkindern mit ADHS-Symptomen ist die motorische Geschicklichkeit [14]. Nur qualitative motorische Verhaltensaspekte scheinen prädiktiv für eine ADHS bei 5–7 Jahre alten Kindern zu sein [32]. Außerdem waren 5–6 Jahre alte Kinder, bei denen später eine ADHS diagnostiziert wurde, weniger genau und variabler in einer exekutiven Motorkontrollaufgabe, unterschieden sich aber nicht von den Kontrollen hinsichtlich der Bewegungsgeschwindigkeit [20]. Dies verweist darauf, dass die Koordination, Selbstregulation und Bereitstellung von Ressourcen schon früh während der Entwicklung einer ADHS beeinträchtigt sind und motorische wie auch neurokognitive Aufgaben (z. B. visuomotorische Fähigkeit, Arbeitsgedächtnis) zu einer frühen Identifikation von ADHS beitragen können [19, 20], wahrscheinlich weil eine solche Aufgabenbewältigung eng mit dem dopaminergen System verbunden ist. Während diese Aspekte der nichtsozialen Umgebung offensichtlich wichtig sind, sollte man die Macht der frühen sozialen Umgebung auf die Veränderung der

Gehirn-Verhalten-Beziehung nicht unterschätzen, die einen signifikanten Einfluss auf ADHS-Probleme von Vorschülern haben kann.

▌ Identifikation und Diagnose

Neuere Befunde verweisen darauf, dass sobald eine Altersanpassung stattgefunden hat, es einige Äquivalente zwischen der ADHS im Vorschul- und Schulalter gibt, was die Symptomstruktur, die Beeinträchtigung und die zugrunde liegende Pathophysiologie anbelangt [3, 9, 10, 12, 24, 33, 39, 40, 43, 46]. Auf der Grundlage dieser Befunde kann man eine Diskussion über die Validität des Konstrukts einer ADHS im Vorschulalter beginnen. Ob die gängigen Diagnostikmerkmale und Schwellenwerte, die für ältere Kinder angewandt werden, für Vorschüler angemessen sind, ist ein etwas anderes Thema. Wahrscheinlich wären einige Anpassungen angemessen, um der Entwicklungsrelevanz der Merkmale und der verschiedenen Symptome sowie der durch sie ausgelösten Beeinträchtigung in Vorschul- und Schulphasen Rechnung zu tragen. In diesem Sinn sollte eine ADHS im Vorschulalter vielleicht als ein Sonderfall in der DSM-IV behandelt werden [42].

Ein genauso wichtiges Thema wie die Struktur der ADHS im Vorschulalter und ihrer Äquivalenz mit einer ADHS im Schulalter ist die gesamte Frage des Entwicklungsverlaufs der Störungen, vor allem die der Persistenz [38]. Es ist immer noch schwierig, jene Kinder mit frühen Anzeichen von Unaufmerksamkeit und mangelnder Regulation, bei denen sich die Störung manifestieren wird, von jenen zu unterscheiden, bei denen dies nicht der Fall ist. Wenn persistierende und nichtpersistierende Verlaufsformen innerhalb der Gruppe von Kindern im Vorschulalter identifiziert werden könnten, könnte dies uns Informationen über die Anwendung unterschiedlicher Strategien liefern. Im Fall einer nichtpersistierenden ADHS im Vorschulalter könnten wir den Zustand als Entwicklungshiatus betrachten und einen relativ passiven klinischen Zugang wählen, der auf die Entwicklung von Bewältigungsstrategien in der Familie des Kindes abzielt. Im Fall einer persistierenden ADHS würden wir einen intensiveren, multimodalen Zugang benötigen, möglicherweise unter Einschluss von pharmakologischen Interventionen, die früh im Entwicklungsverlauf der Störung zum Einsatz kommen können.

▌ Behandlung

Es gibt vergleichsweise wenig systematische Studien über die Wirksamkeit und Sicherheit von medikamentösen wie nichtmedikamentösen Interventionen bei einer ADHS im Vorschulalter, und es herrscht daher beträchtliche Unsicherheit hinsichtlich einiger Schlüsselthemen. Eine begrenzte Anzahl von Studien zur Medikation mit Psychostimulanzien verweisen darauf, dass die Symptomkontrolle bei Vorschul- und Schulkindern die gleiche ist [13, 17, 28]. Kritisch ist jedoch, wie wenig wir über die mittelfristigen Effekte von Stimulanzien wissen, z.B. der erfolgreiche Übergang von der Vorschule in die Schule. Diese Themen werden in PATS angegangen (Preschool ADHD Treatment Study, in der eher Symptomkomplexe (z. B. Aggression) als spezifische Diagnosen untersucht und als regulatorische Aktivitäten eingeschätzt werden) – eine Studie, die an sechs Zentren in den USA durchgeführt und ebenfalls vom amerikanischen National Institute of Mental Health gefördert wird, um die Wirksamkeit und Sicherheit einer Medikation mit Stimulanzien im Vorschulalter zu untersuchen [16].

Die Literatur verweist darauf, dass kurzzeitige Nebenwirkungen bei Vorschulkindern ausgeprägter zu sein scheinen als unter Schulkindern [11]. Das Thema langfristiger Nebenwirkungen ist kontroverser. Studien mit Tiermodellen haben gezeigt, dass die Gabe von Stimulanzien in der Vorpubertät bei Ratten zu chronischen Veränderungen der Dopamintransporterdichte im Striatum führt [26]. Es besteht ein allgemeiner und dringender Bedarf an systematischen Studien zu Kurz- und Langzeitwirkungen einer Behandlung mit Stimulanzien im Vorschulalter.

Auch wenn die Forschungsergebnisse begrenzt sind, gibt es die Einschätzung, dass psychosoziale Herangehensweisen in den Vorschuljahren noch wertvoller sein können als in den Schuljahren [2, 41]. Elterntraining (ET) scheint besonders wirksam zu sein, um die Kernsymptome der ADHS und des assoziierten oppositionellen Verhaltens zu verringern, wenn es in dieser Altersgruppe angewandt wird. In einem allgemeineren Sinn beleuchten die Befunde zum ET den potenziellen Wert früher, umweltbasierten Interventionen bei komplexen Störungen wie der ADHS. Sie geben Anlass zu der Einschätzung, dass effektive frühe Intervention möglich ist, wenn Kinder in der Vorschulzeit behandelt werden können, bevor das ADHS-Verhalten mit den Faktoren, die mit Schulversagen verbunden sind (z. B. geringes Selbstwertgefühl, Probleme mit Gleichaltrigen etc.), mit einem Verhärten der Haltung der Erwachsenen und mit der Zerrüttung der Beziehungen zwischen Erwachsenen und Kind einhergeht. Auf der Grundlage dieser Befunde wurde vorhergesagt, dass im Sinne guter klinischer Praxis psychosoziale Vorbehandlungen zunehmend vor der Gabe von Stimulanzien angeboten werden, auch wenn solche Behandlungen an und für sich möglicherweise nicht ausreichend sind, um schwerwiegendere und während der Entwicklung persistierende Unterarten einer ADHS im Vorschulalter anzugehen [42].

Inhalt und Struktur nichtpharmakologischer Interventionen für Vorschulkinder wurden bisher eher auf der Grundlage klinischer Erfahrung als auf der Basis wissenschaftlicher Erkenntnis entwickelt. Zum Beispiel wissen wir so gut wie nichts über die während der frühen Entwicklung wirksamen Umgebungsfaktoren, die die vorbestehenden Anfälligkeiten entweder durch Verringerung oder Verstärkung ihrer Wirkungen verändern. Das bedeutet, dass es uns an empirisch belegter Einsicht mangelt, mit welchen Möglichkeiten Risikokinder präventiv geschützt werden können; Einsichten, die die Grundlage für neue und wirksame Behandlungen schaffen könnten.

Erkenntnisse aus den kognitiven Neurowissenschaften können ebenfalls fruchtbare Forschungswege aufzeigen. Die wachsende Literatur über Hirnplastizität hat zu einer wachsenden Anerkennung des Potenzials von Übung und Training geführt, durch die die an einer ADHS beteiligte Hirnmechanismen grundlegend geändert werden können [34–36]. Die Strategie besteht darin, spezifische zugrunde liegende Prozesse oder Fertigkeiten zu identifizieren, die bei einem Kind ungenügend sind, um ihm dann direkte Interventionen zu bieten, mit Übungen, welche diese Prozesse effizienter machen. Auf dem Gebiet der ADHS wurde der Vorschlag gemacht, einzelne Fertigkeiten wie alarmieren, orientieren und ausführen mit gesunden Kindern und solchen mit dem Risiko für eine ADHS zu trainieren. Einige erste kleine Versuche haben Erfolg gezeigt [22]. Alternativ dazu könnten mehr motivational begründete Modelle von ADHS, wie jene mit der Betonung der Rolle des Belohnungsaufschubs, darauf abzielen, die Hierarchie des Ansporns von Kindern mit ADHS zu verändern. Zum Beispiel wurde die Umstrukturierung der Verzögerung durch Reizabblendung als Möglichkeit angesehen, die negative motivationale Bedeutung von Verzögerung zu verringern, während gleichzeitig die Assoziation zwischen frühen Zeichen für eine spätere Belohnung und diese Belohnung selbst verstärkt wird [29, 38]. Trotzdem ist die Konzentration auf das Verhaltenstraining des Kindes durch Psychologen nur ein Aspekt innerhalb eines multimodalen Behandlungsprogramms, das auf eine multidisziplinäre Herangehensweise ausgedehnt werden muss.

ADHS-Netzwerke: Übergreifende Zusammenarbeit und Qualitätssicherung

Internationale Leitlinien für die Diagnose und die Behandlung von ADHS fordern eine detaillierte Diagnostik und eine multimodale Behandlung einschließlich Psychoedukation, Beratung, Pharmakotherapie und Verhaltenstherapie. Wegen der Unterschiede in den Gesundheitssystemen der europäischen Länder, stellt die Inkonsistenz bezüglich der Befolgung dieser Leitlinien bei der Diagnose und der Behandlung der Kinder mit ADHS eine Haupthemmschwelle für eine effektive Handhabung dar. Zunächst besteht ein Mangel an Fachleuten, die kompetent und fähig sind, eine umfassende Diagnostik und multimodale Behandlung für die ADHS anzubieten. Auf der Ebene der Erstversorgung ist es unwahrscheinlich, dass ein Arzt allein eine gründliche Abklärung ohne multidisziplinären Einsatz leisten kann [45]. Allgemeinärzte oder Kinderärzte sind oft wenig vertraut mit der psychologischen Diagnostik und der Behandlung, falls doch, können sie oft die Zeit nicht aufbringen, die für eine umfassende Abklärung des Problems und der psychologischen Behandlung notwendig ist. Umgekehrt können psychologische Dienste keine medizinische Abklärung und Behandlung anbieten. Vor allem die hohen Anforderungen an professionelle Offenheit und Behandlungsqualität bei Vorschulkindern verlangen nach multidisziplinärer Koordination und Kooperation und decken oft die immer noch bestehenden Schwächen in Bezug auf Abklärung und Behandlung in dieser Altersgruppe auf [6]. Daher können Qualitätssicherung und die Schaffung von Anlaufstellen in Netzwerken mit verschiedenen Berufsgruppen dazu beitragen, diese Schwächen zu verringern. Sowohl lokal organisierte als auch zentrale Netzwerke können die Qualität der Krankenversorgung verbessern. Zentrale Netzwerke können lokale mit Informationen und Ressourcen versorgen hinsichtlich Leitlinien für Diagnose und Behandlung, Diagnoseinstrumenten, Selbsthilfe- und Behandlungsmaterialien und mit einer zentralen Hotline von Fachleuten. Lokale Netzwerke sollten die Fähigkeiten und Kompetenzen von Einrichtungen für Behandlung und Diagnose nutzen.

Ein Beispiel für ein lokales Netzwerk ist das Kölner Netzwerk für ADHS mit mehr als 80 Diensten einschließlich Kinder- und Jugendpsychiatrie und Kinderklinik, Kinderheimen, Kinderärzten, Kinderpsychiatern, Psychotherapeuten, Psychiatrischen Zentren, Schulen und Fürsorgeeinrichtungen. Eine zentrale Arbeitsplattform dieses Netzwerkes ist die Checkliste für Abklärungs- und Behandlungsdienste für Kinder und Jugendliche mit ADHS (CATS-ADHS), in der jedes Mitglied des Netzwerks seinen Beitrag zur Diagnostik und Behandlung von Kindern mit ADHS beschreibt. Diese Checkliste wurde auf der Grundlage von Leitlinien für die Diagnose und die Behandlung von ADHS entwickelt, welche von der Deutschen Gesellschaft für Kinder- und Jugendpsychiatrie veröffentlicht wurden [7]. Diese Leitlinien ähneln den europäischen Leitlinien [45] und denen der Amerikanische Akademie für Kinder- und Jugendpsychiatrie [8]. Jedes Mitglied des Netzwerkes gibt Informationen auf der CATS-ADHS über die grundlegenden Prinzipien wie auch speziellen Dienste bei der Diagnostik und Behandlung von ADHS, die die jeweilige Institution zur Verfügung stellt.

Auf der Grundlage der in der CATS-ADHS gegebenen Information kann ein individuelles Profil der Diagnose- und Behandlungsleistungen eines jeden Mitglieds erhalten werden. Diese individuellen Leistungsprofile werden an alle Mitglieder des Netzwerkes verteilt. Die Profile informieren alle Mitglieder über die spezifischen Leistungen jedes Netzwerkmitglieds und verbessern die Koordination bei der Diagnostik und Behandlung von Kindern mit ADHS.

Schlussfolgerung

Jüngste fruchtvolle Entwicklungen und interessante Zukunftstrends in Bezug auf die ADHS im Vorschulalter (von den Genen zu den Symptomen und zur Behandlung) unterstreichen, dass das Thema (neben praktischen Verhaltensthemen in Bezug auf evidenzbasierte Diagnostik und Behandlung) weiterer wissenschaftlicher Engagements von Forschern und Ärzten bedarf, um den Hintergrund von frühen Gen-Umwelt-Interaktionen zu klären und damit die Patienten besser verstehen und behandeln zu können. Die zukünftige Entwicklung wirksamer Herangehensweisen hängt von der

Entwicklung von multidisziplinären Netzwerken ab, die nach internationalen Leitlinien für Diagnose und Behandlung arbeiten.

Literatur

1. Asherson P, IMAGE Consortium (2004) Attention deficit hyperactivity disorder in the post-genomic era. Eur Child Adolesc Psychiatry 13 (Suppl 1):50–70
2. Bor W, Sanders MS, Markie-Dadds C (2002) The effects of the tripe P-Positive Parenting Program on preschool children with co-occurring disruptive behavior and attentional/hyperactive difficulties. J Abnorm Child Psychol 30:571–589
3. Burns GL, Walsh JA, Owen SM, et al (1997) Internal validity of attention deficit hyperactivity disorder, oppositional defiant disorder, and overt conduct disorder symptoms in young children: Implications from teacher ratings for a dimensional approach to symptom validity. J Clin Child Psychol 26:266–275
4. Castellanos FX, Swanson J (2002) Biological under-pinnings of ADHD. In: Sandberg S (ed), Hyperactivity and attention disorders of childhood, 2nd edn. Cambridge University Press, Cambridge, pp 336–366
5. Crabtree VM, Ivanenko A, O'Brien LM, Gozal D (2003) Periodic limb movement disorder of sleep in children. J Sleep Res 12:73–81
6. Döpfner M, Lehmkuhl G (2002) ADHS von der Kindheit bis zum Erwachsenenalter – Einführung in den Themenschwerpunkt. Kindheit Entwickl 11:67–72
7. Döpfner M, Lehmkuhl G (2003) Hyperkinetische Störungen (F90). In: Deutsche Gesellschaft für Kinder- und Jugendpsychiatrie und Psychotherapie et al (Hrsg) Leitlinien zur Diagnostik und Therapie von psychischen Störungen im Säuglings-, Kindes- und Jugendalter, 2. Aufl. Deutscher Ärzte Verlag, Köln, S 237–249
8. Dulcan M (1997) Practice parameters for the assessment and treatment of children, adolescents and adults with attention-deficit hyperactivity disorder. J Am Acad Child Adolesc Psychiatry 36 (Suppl 10):85s–121s
9. DuPaul G, McGoey K, EcKert T, VanBrakle J (2001) Preschool children with attention-deficit/hyperactivity disorder: Impairments in behavioral, social, and school functioning. J Am Acad Child Adolesc Psychiatry 40:508–515
10. Fantuzzo J, Grim S, Mordell M, McDermott P, Miller L, Coolahan (2001) A multivariate analysis of the revised Conners' Teacher Rating Scale with low-income, urban preschool children. J Abnorm Child Psychol 29:141–152
11. Firestone P, Musten LM, Pisterman S, Mercer J, Bennett S (1998) Short-term side effects of stimulant medication are increased in preschool children with attention-deficit/hyperactivity disorder: A double-blind placebo-controlled study. J Child Adolesc Psychopharmacol 8:13–25
12. Gadow K, Nolan E (2002) Differences between preschool children with ODD, ADHD, and ODD & ADHD symptoms. J Child Psychol Psychiatry 43:191–201
13. Ghuman JK, Ginsburg GS, Subramaniam G, Ghuman HS, Kau ASM, Riddle MA (2001) Psychostimulants in preschool children with attention-deficit/hyperactivity disorder: Clinical evidence from a developmental disorders institution. J Am Acad Child Adolesc Psychiatry 40:516–524
14. Gillberg C, Gillberg IC, Rasmussen P et al (2004) Co-existing disorders in ADHD – implications for diagnosis and intervention. Eur Child Adolesc Psychiatry 13:I/80–I/92
15. Gottlieb DJ, Vezina RM, Chase C et al (2003) Symptoms of sleep-disordered breathing in 5-year-old children are associated with sleepiness and problem behaviors. Pediatrics 112:870–877

16. Greenhill LL, Jensen PS, Abikoff H et al (2003) Developing strategies for psycho-pharmacological studies in preschool children. J Am Acad Child Adolesc Psychiatry 42:406–414
17. Handen BL, Feldman HM, Lurier A, Murray PJH (1999) Efficacy of methylphenidate among preschool children with developmental disabilities and ADHD. J Am Acad Child Adolesc Psychiatry 38:805–812
18. Kahn RS, Khoury J, Nichols WC, Lanphear BP (2003) Role of dopamine transporter genotype and maternal prenatal smoking in childhood hyperactive-impulsive, inattentive, and oppositional behaviors. J Pediatr 143: 104–110
19. Kalff AC, Hendriksen JG Kroes M et al (2002) Neurocognitive performance of 5- and 6-year-old children who met criteria for attention deficit/hyperactivity disorder at 18 months follow-up: results from a prospective population study. J Abnorm Child Psychol 30:589–598
20. Kalff AC, de Sonneville LM, Hurks PP et al (2003) Low- and high-level controlled processing in executive motor control tasks in 5-6-year-old children at risk of ADHD. J Child Psychol Psychiatry 44:1049–1057
21. Kirov R, Kinkelbur J, Heipke S et al (2004) Is there a specific polysomnographic sleep pattern in children with attention deficit/hyperactivity disorder? J Sleep Res 13:87–93
22. Klingberg T, Forssberg H, Westerberg H (2002) Training of working memory in children with ADHD. J Clin Exp Neuropsychol 24:781–791
23. Kroes M, Kessels AG, Kalff AC, Fereon FJ, Vissers YL, Jolles J, Vles JS (2002) Quality of movement as predictor of ADHD: results from a prospective population study in 5- and 6-year-old children. Dev Med Child Neurol 44:753–760
24. Lahey B, Pelham W, Stein M, Loney J et al (1998) Validity of DSM-1V attention-deficit/hyperactivity disorder for younger children. J Am Acad Child Adolesc Psychiatry 37:695–702
25. Lou HC, Rosa P, Pryds O, Karrebaek H, Lunding J, Cumming P, Gjedde A (2004) ADHD: increased dopamine receptor availability linked to attention deficit and low neonatal cerebral blood flow. Dev Med Child Neurol 46:179–183
26. Moll GH, Hause S, Ruther E, Rothenberger A, Huether G (2001) Early methylphenidate administration to young rats causes a persistent reduction in the density of striatal dopamine transporters. J Child Adolesc Psychopharmacol 11:15–24
27. Moll GH, Heinrich H, Rothenberger R (2002) Transcranial magnetic stimulation in child psychiatry – disturbed motor system excitability in hypermotoric syndromes. Dev Sci 5:381–391
28. Monteiro-Musten L, Firestone P, Pisterman S, Bennett S, Mercer J (1997) Effects of methylphenidate on preschool children with ADHD: Cognitive and behavioral functions. J Am Acad Child Adolesc Psychiatry 36:1407–1415
29. Neef NA, Lutz MN (2001) Assessment of variables affecting choice and application to classroom interventions. Sch Psychol Q 16:239–252
30. O'Brien LM, Holbrook CR, Mervis CB et al (2003) Sleep and neurobehavioral characteristics of 5- to 7-year old children with parentally reported symptoms of attention-deficit/hyperactivity disorder. Pediatrics 111:554–563
31. O'Brien LM, Ivanenko A, Crabtree VM, Holbrook CR, Bruner JL, Klaus CJ, Gozal D (2003) The effect of stimulants on sleep characteristics in children with attention deficit/hyperactivity disorder. Sleep Med 4:309–316
32. Ornoy A (2003) The impact of intrauterine exposure versus postnatal environment in neurodevelopmental toxicity: long-term neurobehavioral studies in children at risk for developmental disorders. Toxicol Lett 140–141:171–181
33. Pavuluri M, Luk S, McGee R (1999) Parent reported preschool attention deficit hyperactivity: measurement and validity. Eur Child Adolesc Psychiatry 8:126–133
34. Posner MI, Raichle ME (1994) Images of mind. Scientific American Books

35. Posner MI, Rothbart MK, Farah M, Bruer J (2001) Human brain development: Introduction to the Report to the McDonnell Foundation. Dev Sci 4/3 (Special Issue):253–384
36. Rumbaugh DM, Washburn DA (1996) Attention and memory in learning: A comparative adaptational perspective. In: Lyon GR, Krasnegor NA (eds) Attention, memory and executive function. Brookes, Baltimore
37. Slinning K (2004) Foster placed children prenatally exposed to poly-substances – attention-related problems at ages 2 and 4½. Eur Child Adolesc Psychiatry 13:19–27
38. Sonuga-Barke EJS (2004) Verzögerungsrestrukturierung bei der Behandlung von ADHS. In: Fitzner T, Stark W (Hrsg) Doch unzerstörbar ist mein Wesen... Beltz, Weinheim, S 208–219
39. Sonuga-Barke EJS, Lamparelli M, Stevenson J, Thompson M, Henry A (1994) Behaviour poblems and pre-school intellectual attainment: te associations of hyperactivity and conduct problems. J Child Psychol Psychiatry 35:949–960
40. Sonuga-Barke EJS, Thompson M, Stevenson J, Viney D (1997) Patterns of behaviour problems among pre-school children. Psychol Med 27:909–918
41. Sonuga-Barke EJS, Daley D, Thompson M (2001) Parent-based therapies for preschool attention-deficit/hyperactivity disorder: a randomized, controlled trial with a community sample. J Am Acad Child Adolesc Psychiatry 40:402–408
42. Sonuga-Barke EJS, Daley D, Thompson M, Swanson J (2003) Pre-school ADHD: exploring uncertainties in diagnostic validity and utility and treatment efficacy and safety. Expert Rev Neurother 3:465–476
43. Speltz M, McClellan, DeKlyen M, Jones K (1999) Preschool boys with oppositional defiant disorder: clinical presentation and diagnostic change. J Am Acad Child Adolesc Psychiatry 38:838–845
44. Thapar A, Fowler T, Rice F et al (2003) Maternal smoking during pregnancy and attention deficit hyperactivity disorder symptoms in offspring. Am J Psychiatry 160:1985–1989
45. Taylor E, Döpfner M, Sergeant J et al (2004) European clinical guidelines for hyperkinetic disorder – first upgrade. Eur Child Adolesc Psychiatry 13 (Suppl 1): 7–30
46. Wilens TE, Biederman J, Brown S, et al (2002) Psychiatric comorbidity and functioning in clinically referred preschool children and school-age youths with ADHD. J Am Acad Child Adolesc Psychiatry 41:262–268
47. Zito JM, Safer DJ, dos Reis S, et al (2000) Trends in the prescribing of psychotropic medications to preschoolers. JAMA 283:1025–1030
48. Rothenberger A, Döpfner M, Sergeant J, Steinhausen HC (eds) (2004) ADHD – beyond core symptoms. Not only a European perspective. Eur Child Adolesc Psychiatry 13, Suppl 1

4 Kramer-Pollnow-Preis – Deutscher Forschungspreis für biologische Kinder- und Jugendpsychiatrie: eine Chronologie

A. ROTHENBERGER

Namensfindung

Im Frühjahr des Jahres 2003 entschloss sich die Firma MEDICE (Iserlohn), nicht nur weitere Studien hinsichtlich ihrer Methylphenidatprodukte (Medikinet®, später zusätzlich Medikinet®-Retard) in Zusammenarbeit mit verschiedenen Kliniken durchzuführen, sondern auch aktiv die biologische Forschung in der deutschen Kinder- und Jugendpsychiatrie zu unterstützen. Die Aufmerksamkeitsdefizit-Hyperaktivitätsstörung (ADHS; auch Hyperkinetische Störung – HKS – genannt) sollte dabei im Mittelpunkt stehen.

Die wissenschaftliche Seite des Vorhabens sollte von Prof. Dr. A. Rothenberger (Universität Göttingen) betreut werden. Rasch war man sich einig, dass ein Wissenschaftspreis geeignet sei, einen entsprechenden Impuls zu geben. Der Name für einen solchen Preis musste aber noch gefunden werden.

Bei dem Thema ADHS, nach Möglichkeit mit einem nationalen Bezug, dachte man natürlich an Heinrich Hoffmann und seinen Zappelphilipp. Da es aber bereits eine Heinrich-Hoffmann-Medaille, als Auszeichnung für verschiedenartige Verdienste durch die Deutsche Gesellschaft für Kinder- und Jugendpsychiatrie gab und einen Hermann-Emminghaus-Preis, der seit 1985 von einem Gremium um Prof. Nissen (Würzburg) für wissenschaftliche Leistungen in der Kinder- und Jugendpsychiatrie verliehen wird, musste man einen anderen Namen suchen. Beim Durchforsten alter Literatur zum Thema „Hyperkinetische Kinder" fiel so die Wahl auf den Namen *Kramer-Pollnow-Preis*.

Der Beitrag der beiden Namensgeber (Kramer F, Pollnow H 1932, Über eine hyperkinetische Erkrankung im Kindesalter. Monatsschrift für Psychiatrie und Neurologie 82:1–40) war und ist wissenschaftlich eindrucksvoll. Es verwundert daher, dass die Arbeit bei Berichten/Vorträgen zur Geschichte der ADHS/HKS fast nie erwähnt und stets von der populären Zeichnung des Zappelphilipps und der damit verbundenen ersten Falldokumentation einer ADHS überschattet wurde.

Mit der Benennung des Preises nach F. Kramer und H. Pollnow konnte alsdann das gesamte Vorhaben in Gang gesetzt werden, wobei der Pressetext und die offizielle Ausschreibung am Anfang standen.

Pressemitteilung (August 2003)

▌ ADHS-Forschung:
Neue Erkenntnisse über Hirnfunktion und Verhalten erwartet

Der Kramer-Pollnow-Preis, Deutscher Forschungspreis für biologische Kinder- und Jugendpsychiatrie, wird künftig alle zwei Jahre für besondere wissenschaftliche Leistungen in der klinischen Forschung zur biologischen Kinder- und Jugendpsychiatrie, vor allem der Erforschung der Aufmerksamkeitsdefizit-Hyperaktivitätsstörung (ADHS), vergeben und ist mit 6 000,– € dotiert. Stifter des Preises ist die Firma MEDICE Arzneimittel Pütter GmbH & Co. KG, Iserlohn. Namensgeber sind die beiden berühmten Nervenärzte der Psychiatrischen und Nervenklinik der Charité in Berlin, F. Kramer (Jahrgang 1878) und H. Pollnow (Jahrgang 1902), die zur Zeit Bonhoeffers für die dortige Kinderstation verantwortlich waren. Sie verkörperten die an dieser Klinik vorherrschende neuropsychiatrische Denk- und Handlungsweise. Kramer und Pollnow publizierten 1932 weltweit erstmals „Über eine hyperkinetische Erkrankung im Kindesalter", das später nach ihnen benannte Kramer-Pollnow-Syndrom. Die beiden Autoren schilderten mit dieser ersten deutschsprachigen wissenschaftlichen Darstellung die auch heute noch geltenden ADHS-Leitsymptome Hyperaktivität, Unaufmerksamkeit und Impulskontrollstörung, basierend auf ihrer Beobachtung von 45 Kindern während der Jahre 1921 bis 1931.

Bewerbungen für den Kramer-Pollnow-Preis sind von Einzelpersonen oder Arbeitsgruppen möglich. Erforderlich sind zwei bis drei Originalarbeiten der letzten drei Jahre (in begutachteten Zeitschriften deutscher bzw. englischer Sprache), Schilderung des wissenschaftlichen Werdeganges, ein Literaturverzeichnis sowie eine Auflistung der Drittmittelprojekte. Die Bewerbungen müssen bis zum 1. Oktober 2003 beim Vorsitzenden des Preiskomitees, Prof. Dr. A. Rothenberger, Kinder- und Jugendpsychiatrie, Universität Göttingen, Von-Siebold-Str. 5, 37075 Göttingen, eingegangen sein.

Der Preis wird erstmals in diesem Jahr verliehen, anlässlich der Jahrestagung „Biologische Kinder- und Jugendpsychiatrie" der Deutschen Gesellschaft für Kinder- und Jugendpsychiatrie und Psychotherapie Anfang Dezember 2003 in Aachen.

MEDICE hat sich zur Stiftung des Preises entschlossen, da die biologische Kinder- und Jugendpsychiatrie im letzten Jahrzehnt sowohl in der Forschung als auch in der Lehre und Krankenversorgung an Bedeutung gewonnen hat und MEDICE diese Entwicklung weiter fördern will. Insbesondere konnten die pathophysiologischen Grundlagen verschiedener kinder-

und jugendpsychiatrischer Störungen (z. B. Aufmerksamkeitsdefizit-Hyperaktivitätsstörung (ADHS), Tic-Störungen) weiter aufgeklärt als auch deren Behandlung mit Psychopharmaka deutlich verbessert werden. Zu dieser Entwicklung tragen deutsche Wissenschaftler zunehmend bei. Sie sollen daher durch den Kramer-Pollnow-Preis ermuntert werden, die klinische Forschung vor allem zum Thema ADHS innerhalb der biologischen Kinder- und Jugendpsychiatrie weiter voran zu bringen.

In einem Kurzinterview erläuterte Prof. Aribert Rothenberger die Hintergründe und Ziele des neu ausgeschriebenen Forschungspreises

▌ Biologische Kinder- und Jugendpsychiatrie – was versteht man darunter?

Die biologische Kinder- und Jugendpsychiatrie kann Auskunft geben über die Beziehung zwischen Gehirnfunktion und Verhalten. Um beispielsweise das Verhalten der Kinder mit ADHS besser zu verstehen, muss man auch die abweichenden physiologischen Vorgänge im Gehirn der Kinder kennen.

▌ Wo sind denn die „weißen Flecken" in der Pathophysiologie-Karte von ADHS?

Hier ist vor allem ein Stichwort wichtig: Endophänotypen. Bei ADHS lässt sich ein Großteil der Verhaltensauffälligkeiten genetisch erklären. Dies weiß man aus Familien-, Adoptions- und Zwillingsstudien. Dieser erbliche Einfluss ist jedoch nicht so einfach mit der biologischen Untersuchung von Genen zu erfassen: Auf der einen Seite hat man die Gene, die vielleicht eine Rolle bei ADHS spielen könnten, auf der anderen Seite die störungsspezifischen Verhaltensauffälligkeiten. Die bis jetzt gefundenen genetischen Besonderheiten erklären jedoch nur einen kleinen Teil des Verhaltens, d. h. es muss eine ganze Gruppe von Genen in einem besonderen Zusammenspiel und mit besonderer Auswirkung verantwortlich sein.

Doch der Weg von einem genetischen Muster, also der genetischen Disposition, bis hin zur Verhaltensstörung ist weit. Obwohl man inzwischen bei gewissen genetischen Merkmalen einen Zusammenhang mit ADHS gefunden hat, wie z. B. dem Dopamintransporter, so weiß man immer noch nicht, wie es von der genetischen Anlage zum Verhalten kommt, man sucht folgerichtig nach den Zwischenschritten. Hier setzt man z. B. Methoden der Neuropsychologie, Neurophysiologie und Neurochemie ein. Die so erfassten Merkmale stehen in enger Verbindung mit den genetischen Merkmalen und bilden Teile des Endophänotyps (d. h. hirnfunktionelle Erscheinungsformen von ADHS, die nur mit bestimmten Methoden erfassbar sind und die nicht zwangsläufig zur sichtbaren Verhaltensstörung ADHS führen, aber dazu beitragen können). Einige dieser Merkmale scheinen bei Kindern mit ADHS und deren Familien häufiger bzw. abgewandelt vorzukommen als andere.

▌ Gibt es in Deutschland bereits Arbeitsgruppen, die sich mit dieser Thematik beschäftigen? Oder wäre der Kramer-Pollnow-Preis ein Anstoß in eine völlig neue Richtung?

Nun, die Ausschreibung des Preises ist schon als Anstoß, als Aufmunterung zu verstehen, Neues zu erarbeiten. Kürzlich erschien z. B. ein Beitrag zum Thema Endophänotypen bei ADHS von Xavier Castellanos und Rosemary Tannock, Nature Review Neuroscience (2002). Dieser Artikel könnte eine Anregung für künftige Preisträger sein. So könnten neuropsychologische Arbeiten über die Funktion des Arbeitsgedächtnisses und die damit verbundene Aufmerksamkeitsleistung ein interessantes Thema sein; ebenso wie pharmakogenetische Fragestellungen.

▌ Der Kramer-Pollnow-Preis – warum gerade zum jetzigen Zeitpunkt?

In den letzten 5 bis 10 Jahren haben sich die Forschungsleistungen im Bereich der deutschen biologischen Kinder- und Jugendpsychiatrie (auch international) deutlich weiterentwickelt – qualitativ wie auch quantitativ. Wir verfügen über viele interessante Publikationen – und die Jahrestagung der Deutschen Gesellschaft für Kinder- und Jugendpsychiatrie/Psychotherapie zur „Biologischen Kinder- und Jugendpsychiatrie" bietet ein gutes Forum mit ihrer nun auch schon über 10-jährigen Geschichte. Wir haben momentan wissenschaftlich eine breite „kritische Masse" erreicht, die neue Schubkraft zur qualitativen Fortentwicklung braucht. Der Preis steht also als Belohnung für das, was bislang erforscht wurde und als Ermunterung, dort innovativ fortzufahren.

Bestärkt wurden wir auch durch das neue Eckpunktepapier des Gesundheitsministeriums (2002), in dem ganz klar ein Forschungsbedarf bei ADHS festgestellt wurde, der auch von den Selbsthilfegruppen gesehen wird.

▌ Welchen Nutzen hat der „normale" niedergelassene Kinder- und Jugendpsychiater von der prämierten Forschungsarbeit?

Der niedergelassene Arzt wird die pathophysiologischen Hintergründe dieser Störung besser verstehen und ist nicht mehr ganz so auf Vermutungen angewiesen. Dies hilft ihm bei der Aufklärung und Beratung von Patient und Familie, das schafft Vertrauen. Er wird künftig besser wissen, welcher Funktionsbereich im Gehirn mit welcher Verhaltensstörung korreliert ist und so leichter die optimale Therapie finden. Dazu gehört ganz klar auch die medikamentöse Behandlung, z. B. mit Methylphenidat, die gezeigt hat, dass sie die hirnfunktionellen Auffälligkeiten der Kinder zwar nicht normalisieren, die Betroffenen jedoch zu einer deutlichen Verbesserung des Verhaltens hinführen kann, d. h. es den Patienten erlaubt, ihre Ressourcen besser zu nutzen. Dies ist auch neurobiologisch aufzeigbar. Die neurobiologische Basisforschung ist zudem nicht nur für die Weiterentwicklung medikamentöser Therapien wichtig, sondern gerade auch für die Verhaltenstherapie. Denn erst wenn man weiß, was genau im Gehirn eines Kindes mit ADHS wirklich passiert – und an welcher Stelle bzw. in welchem Nervennetzwerk – kann man die Möglichkeiten der Selbststeuerung durch Verhaltenstherapie weiter verbessern. Ein dritter Forschungsansatz, neben Endophänotypen und Verhaltenstraining, ist dann noch das Zusammenspiel der verschiedenen, eine ADHS begleitenden Störungen. Denn Sie wissen ja, dass fast 80% der Kinder mit ADHS noch eine weitere Störung aufweisen, etwa 60% sogar zwei: das Spektrum reicht von Leserechtschreibschwäche, Rechenschwäche über Ängstlichkeiten, Störung des Sozialverhaltens bis hin zu Tic-Störungen. Das eine vom anderen zu trennen und für den niedergelassenen Kollegen wissenschaftlich und praktisch so aufzuarbeiten, dass er noch besser einschätzen kann, wie er eine Kombination aus verschiedenen Störungen optimal diagnostizieren und therapieren kann – das ist unser langfristiges Ziel in der biologischen Kinder- und Jugendpsychiatrie. Doch das braucht Zeit...

Ausschreibung

Neben der Mitteilung an alle Ordinarien der Kinder- und Jugendpsychiatrie erfolgte eine Ausschreibung in verschiedenen Zeitschriften, u.a. im Deutschen Ärzteblatt:

Ausschreibungen

Kramer-Pollnow-Preis – Deutscher Forschungspreis für biologische Kinder- und Jugendpsychiatrie, wird für das Jahr 2003 erstmals ausgeschrieben. Er wird für wissenschaftliche Leistungen in der klinischen Forschung zur biologischen Kinder- und Jugendpsychiatrie, vor allem der Erforschung der Aufmerksamkeitsdefizit-Hyperaktivitätsstörung, vergeben und ist mit 6 000 Euro dotiert. Stifter des Preises ist die Firma MEDICE Arzneimittel Pütter GmbH & Co. KG, Iserlohn. Bewerbungen (bis zum 1. Oktober) an den Vorsitzenden des Preiskomitees, Prof. Dr. med. A. Rothenberger, Kinder- und Jugendpsychiatrie, Universität Göttingen, Von-Siebold-Straße 5, 37075 Göttingen.

Abb. 4.1. Quelle: Deutsches Ärzteblatt, Jg. 100, Heft 36, B 1941; 5. September 2003

Die Ausschreibung wurde schließlich bis zum 31. Oktober 2003 verlängert. Das Preiskomitee wählte dann am 20. 11. 2003 die Preisträger aus sieben qualifizierten Bewerbungen aus. Neben dem regulären *Kramer-Pollnow-Preis* entschied man sich noch für einen *Sonderpreis*, um auch den wichtigen Bereich der ADHS-Forschung im Erwachsenenalter zu fördern.

Preisverleihung (Aachen 12/2003)

▌ Ansprache (Prof. Dr. A. Rothenberger, Göttingen)

▌ Warum ein Preis unter diesem Namen?

Heute wollen wir den *Kramer-Pollnow-Preis 2003* verleihen[1], den „Deutschen Forschungspreis für biologische Kinder- und Jugendpsychiatrie".

Die biologische Kinder- und Jugendpsychiatrie hat im letzten Jahrzehnt sowohl in der Forschung als auch in der Lehre, aber auch im Rahmen der Krankenversorgung (man denke an die neurobiologische Hintergrundinformation zu einem kinder- und jugendpsychiatrischen Störungsbild im Rahmen der Psychoedukation) an Bedeutung gewonnen. Insbesondere konnten die pathophysiologischen Grundlagen verschiedener kinder- und jugendpsychiatrischer Störungen weiter aufgeklärt werden. Dies gilt insbesondere für ADHS/HKS. Auch die verbesserte Behandlung mit Psychopharmaka ist in diesem Zusammenhang zu sehen.

Zu dieser Entwicklung tragen deutschsprachige Wissenschaftler zunehmend bei. Sie sollen daher ermuntert werden, die klinische Forschung und damit zusammenhängende Grundlagenarbeiten innerhalb der biologischen Kinder- und Jugendpsychiatrie weiter voran zu bringen. Die Schwerpunktsetzung hinsichtlich ADHS/HKS ist dafür eine gute Orientierung, denn das klinische Konzept hinter den Bezeichnungen hat sich über fast hundert Jahre entwickelt und begleitet damit die wissenschaftliche Geschichte der Kinder- und Jugendpsychiatrie wie kein anderes Störungsbild.

Im deutschsprachigen Bereich sind damit drei Namen eng verbunden, die Bleibendes bzw. Wegweisendes aufgezeigt haben.
▌ Heinrich Hoffmann und sein Frankfurter Zappelphilipp von 1846 sind allen bekannt und nicht ohne Grund vergibt die DGKJPP eine Heinrich-Hoffmann-Medaille.
▌ Panizzon entwickelte für eine Schweizer Pharmafirma um 1950 das noch heute so wichtige Medikament Methylphenidat.

---

[1] Die Preisträger erhielten neben Urkunde und Scheck auch eine Skulptur, die extra zu diesem Anlass von dem Künstler H.-J. Dickmann geschaffen wurde (Abbildung auf der Urkunde).

▮ Kramer und Pollnow aus Berlin veröffentlichten 1932 erstmals weltweit (in deutscher Sprache!) einen Artikel mit dem Titel „Über eine hyperkinetische Erkrankung im Kindesalter" (Monatsschrift für Psychiatrie und Neurologie 82:1–40).

Nachdem Prof. Dr. Karl Bonhoeffer 1912 den Ruf an die Nervenklinik der Berliner Charité als Nachfolger von Prof. Dr. Theodor Ziehen angenommen hatte, trat später (1927) Dr. med. et phil. Hans Pollnow (1902–1943) in die Nervenklinik ein. Prof. Dr. Franz Kramer (1878–1967) hatte daselbst die oberärztliche Leitung und Verantwortung für die „Kinder-Kranken- und Beobachtungsstation". Beide Ärzte verkörperten die an dieser Klinik vorherrschende neuropsychiatrische Denk- und Handlungsweise. Ihre o.g. Arbeit spiegelt dies im besten Sinne wider.

Kramer und Pollnow stellten darin ihre Beobachtungen an 45 Vorschulkindern und Grundschulkindern vor, die sie von 1921 bis 1931 gesammelt hatten. In den Fallbeschreibungen (längsschnittliche Beobachtungen bei 15 Kindern) stellten sie die heute noch geltenden Kern- und Leitsymptome von ADHS/HKS, nämlich Hyperaktivität, Unaufmerksamkeit und Impulskontrollstörung in den Mittelpunkt.

Kramer und Pollnow kamen nach kritischer Abwägung ihrer Befunde zu folgendem Schluss (S. 39/40):

> „Nach allen diesen Erwägungen ist es uns wahrscheinlich, dass…es sich um einen chronisch-entzündlichen Krankheitsprozeß handelt…(oder)…eine frühkindliche Reaktionsweise auf organische Hirnprozesse verschiedener Art…Die Einheitlichkeit der Symptomatologie und die zahlreichen gemeinsamen Züge der Verläufe drängen aber eher zu der Annahme, dass es sich um eine auch pathogenetisch einheitliche Krankheit handelt."

Damit war das so genannte Kramer-Pollnow-Syndrom geboren.

(Anmerkung: Auch wenn Kramer und Pollnow, ebenso wie wir heute, mit reichlich assoziierten Problemen zu tun hatten wie Störung des Sozialverhaltens, Aggressivität, Sprachentwicklungsstörungen, Epilepsie, Stimmungslabilität, Zwanghaftigkeit, Lernstörungen, Einschlafstörungen.)

Ebenso wie 1932, so wird auch heute der Wunsch nach weiterer Forschung zum Wohle der Patienten deutlich. Hier haben die Jahrestagungen zur Biologischen Kinder- und Jugendpsychiatrie in ihrer zehnjährigen Geschichte gezeigt, dass wir auf einem guten Weg sind. Wir haben wissenschaftlich hinsichtlich Qualität und Quantität eine „kritische Masse" erreicht, die neue Schubkraft zur qualitativen Fortentwicklung braucht. Der *Kramer-Pollnow-Preis 2003* steht also als Belohnung für das, was bislang erforscht wurde und als Ermunterung, dort innovativ fortzufahren.

Bestärkt wurde diese Perspektive auch durch das Eckpunktepapier des Gesundheitsministeriums, in dem ganz klar ein weiterer Forschungsbedarf bei ADHS festgestellt wurde, der auch von den Betroffenen selber (z.B. Selbsthilfeorganisationen) gesehen wird. Die biologische Forschung wird auch dem niedergelassenen Arzt helfen. Er wird die pathophysiologischen Hintergründe dieser Störung besser verstehen und ist nicht mehr auf seine

Vermutungen angewiesen. Dies hilft ihm bei der Aufklärung und Beratung von Patient und Familie. Das schafft Vertrauen und legt eine bessere Basis für eine multimodale Behandlung.

So wünsche und hoffe ich, dass der *Kramer-Pollnow-Preis* nicht nur im Jahre 2003 zu förderlichen Impulsen in der biologischen Kinder- und Jugendpsychiatrie führt, sondern weiterhin alle zwei Jahre, so ist es jedenfalls vorgesehen, uns Anlass gibt, neue Anregungen aufzugreifen und zu verstärken.

Laudationes

Die Laudationes wurden vom Preiskomitee erarbeitet und gehalten von Prof. Resch, Heidelberg, Präsident der Deutschen Gesellschaft für Kinder- und Jugendpsychiarie:

Es ist äußerst erfreulich, dass heute insgesamt drei Personen eine Auszeichnung erhalten werden. Ein Spiegelbild für die hervorragende Forschung, die in Deutschland auf dem Gebiet der ADHS erfolgt.

▌ Banaschewski und Brandeis

Preiswürdige Arbeiten:

Banaschewski et al. 2004: Questioning inhibitory control as a specific deficit of ADHD – evidence from brain electrical activity. J. Neural Transmission 111:841–864. (bei Einreichung 2003 im Druck)

Banaschewski et al. 2003: Association of ADHD and conduct disorder – brain electrical evidence for the existence of a distinct subtype. J Child Psychol Psychiat 44:356–376.

Brandeis et al. 2002: Multicenter P300 brain mapping of impaired attenton to cues in hyperkinetic children. J Am Acad Child Adolesc Psychiatry 41:990–998.

Als Kramer und Pollnow 1932 über 45 Fälle von Kindern mit einer hyperkinetischen Störung berichteten, die Symptome der Unaufmerksamkeit, Hyperaktivität und Impulsivität zeigten, wussten sie nicht, dass ihrer Veröffentlichung einmal eine Schlüsselrolle in der neuropsychiatrischen Erforschung des Störungsbildes, das wir mittlerweile hyperkinetische Störung bzw. ADHS-Mischtyp nennen, zukommen werde. Es ist daher nur allzu passend, dass dieser Preis heute an zwei Forscher vergeben wird, die diese Tradition fortführen, nämlich die Beziehung zwischen Gehirnfunktion und kinderpsychiatrischen Störungen zu definieren.

Das Kramer-Pollnow-Preiskomitee für das Jahr 2003 hat einstimmig beschlossen, den Preis an

▐ **Dr. Tobias Banaschewski**
(Kinder- und Jugendpsychiatrie, Universität Göttingen)
und
▐ **Dr. Daniel Brandeis**
(Kinder- und Jugendpsychiatrie, Universität Zürich)

zu vergeben für ihre hervorragende Forschung zur kognitiven Psychophysiologie von Kindern mit hyperkinetischer Störung/ADHS-Mischtyp.

Das Komitee hat die Arbeit von Dr. Banaschewski und Dr. Brandeis wegen ihrer ausgezeichneten wissenschaftlichen Basis gewählt. Sie verbinden Neuropsychologie und Elektrophysiologie mit den höchsten Standards klinischer Diagnostik und statistischer Analyse. In einer Studie wurden 148 hyperkinetische Kinder mit 57 gesunden Kontrollkindern verglichen, also eine große Stichprobe, so dass die Studie eine beträchtliche statistische Aussagekraft hat. Was dieser Forschung ihren hohen wissenschaftlichen und klinischen Wert verleiht, ist die Tatsache, dass die Besonderheiten der Ergebnisse der hyperkinetischen Kinder nicht nur mit Gesunden, sondern in einer zweiten Studie mit denen von Kindern mit Störung mit oppositionellem Trotzverhalten und Störung des Sozialverhaltens verglichen wurden. Das ist für das Verständnis der Validität der gegenwärtigen psychiatrischen Taxonomie sehr wichtig.

Der Einsatz von ereigniskorrelierten Potenzialen (ERPs) ist in der kinderpsychiatrischen Forschung nicht neu, aber die Verbindung der ERPs mit der Mikrostate-Analyse von hirnelektrischer Aktivität sowie das in Beziehung setzen zu neuropsychologischen Funktionen ist hier beispielhaft. Von besonderem Interesse ist die direkte Feststellung einer Verringerung der hirnelektrischen Aktivität während der Vorbereitung auf eine Zielreizverarbeitung bei hyperkinetischen Kindern, also eine entscheidende Überprüfung des kognitiv-energetischen Modells. Soweit wir wissen, ist dies die erste Studie, in der dieser Aspekt spezifisch bei der hyperkinetischen Gruppe im Vergleich zu Kindern mit oppositionellem Trotzverhalten und Störung des Sozialverhaltens oder Kindern mit komorbiden Störungen aufgezeigt wurde, was darauf verweist, dass ein Mangel im zentralen posterioren, wahrscheinlich noradrenergen Netzwerk eine begründete Alternative oder Ergänzung zur vorherrschenden frontalen Dopamin-Hypothese darstellt. Außerdem macht der Befund, dass es keine Interaktion zwischen hemmenden und reaktionsüberwachenden N200s gab, es unwahrscheinlich, dass allein ein Hemmungsdefizit den ADHS-Mischtyp erklären kann. Ein wichtiger Befund für das Verständnis der Art der Störung mit eindeutigen theoretischen Auswirkungen für ein Modell, wie es von Barkley (1997) vorgeschlagen wird.

Die Arbeiten, die dem Kramer-Pollnow-Preiskomitee für den Preis 2003 hier vorliegen, enthalten also alle Merkmale hervorragender klinischer Forschung: sorgfältige und gründliche klinische Diagnostik, ausgezeichnete Methodik, genaue Analyse der neuropsychologischen und psychophysiologischen Daten, und die Ergebnisse wurden in theoretische Schlüsselmodelle der ADHS eingebettet.

Das Komitee möchte auch den Zentren gratulieren, die an dieser Forschung teilgenommen haben und wir möchten zu weiterer multizentrischer Forschung ermutigen, da es nur durch Zusammenarbeit möglich sein wird, die nötige Anzahl von Kindern zu untersuchen und die Spezifität der Diagnose zu sichern, um so die Frage nach der Komorbidität klären zu können. Das Komitee schätzt die Arbeit von Brandeis und Banaschewski in dieser Hinsicht als beispielhaft ein und beglückwünscht sie zu ihrer hervorragenden Forschungsleistung.

Preiskomitee Kramer-Pollnow-Preis 2003　　　　Aachen, 4. Dezember 2003
- Dr. Richard Ammer (MEDICE, Iserlohn)
- Prof. Dr. Jan Buitelaar (Universität Nijmegen)
- Prof. Dr. Aribert Rothenberger (Universität Göttingen)
- Prof. Dr. Joseph Sergeant (Universität Amsterdam)

Abb. 4.2. Urkunde Banaschewski

Abb. 4.3. Urkunde Brandeis

∎ Heßlinger

Preiswürdige Arbeiten:

Hesslinger et al.: Attention deficit hyperactivity disorder in adults – early vs. late onset in a retrospective study. Psychiatry Research 119:217–223, 2003.

Hesslinger et al.: Frontoorbital volume reductions in adult patients with attention deficit hyperactivity disorder. Neuroscience Letters 328: 319–321, 2002.

Hesslinger et al.: Attention-deficit disorder in adults with or without hyperactivity: where is the difference? A study in humans using short echo ^{1}H-magnetiv resonance spectroscopy. Neuroscience Letters 304:117–119, 2001.

Angesichts der Tatsache, dass eine beträchtliche Anzahl der Kinder mit ADHS auch als Erwachsene noch durch ihre Symptomatik psychosoziale Beeinträchtigungen erfahren muss, war es für das Preiskomitee erfreulich, dass auch eine durch internationale Publikationen ausgewiesene Bewerbung zum Thema „neuropsychiatrische Aspekte bei ADHS" im Erwachsenenalter eingereicht wurde.

Um dieses hochinteressante Forschungsfeld sowie den Blick auf die Chronizität von ADHS im Erwachsenenalter offen zu halten und das Engagement in diesem aufbrechenden Feld in Deutschland zu fördern, beschloss das Preiskomitee einstimmig, ausnahmsweise einen Kramer-Pollnow-Sonderpreis an

Herrn Dr. Bernd Heßlinger
(Erwachsenenpsychiatrie, Universität Freiburg)

zu vergeben.

Dr. Heßlinger und seine Arbeitsgruppe benutzten einen sorgfältigen und diversifizierten klinischen und neurobiologischen methodischen Zugang. Die neuartigen zentralen Befunde zu Auffälligkeiten im linken orbitofrontalen Kortex müssen zwar noch weiter überprüft und in ein theoretisches Modell eingebunden werden; sie weisen aber einen Weg, um dem gerade bei ADHS im Erwachsenenalter wichtigen Thema Emotionalität und Impulskontrolle besser auf die Spur zu kommen.

Das Komitee gratuliert Herrn Dr. Heßlinger und seinen Mitarbeitern sehr herzlich zu der wissenschaftlichen Leistung und ist davon überzeugt, dass sie gemeinsam zur weiteren Aufklärung des pathophysiologischen Hintergrundes von ADHS im Erwachsenenalter beitragen werden.

Preiskomitee Kramer-Pollnow-Preis 2003   Aachen, 4 Dezember 2003
Dr. Richard Ammer (MEDICE, Iserlohn)
Prof. Dr. Jan Buitelaar (Universität Nijmegen)
Prof. Dr. Aribert Rothenberger (Universität Göttingen)
Prof. Dr. Joe Sergeant (Universität Amsterdam)

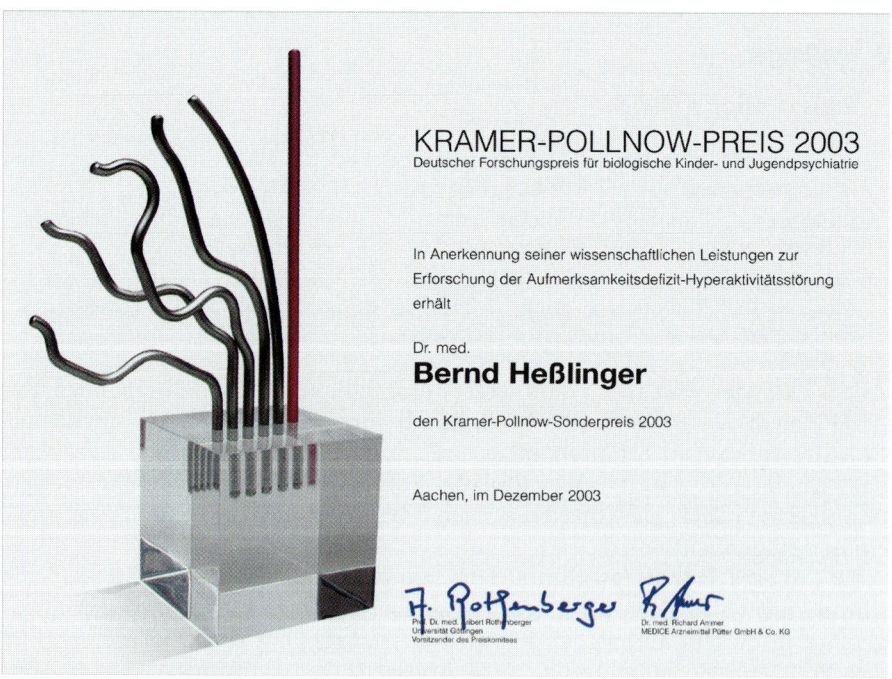

Abb. 4.4. Urkunde Heßlinger

Abb. 4.5. Die Laudatoren (oben, von links):
Dr. R. Ammer, Prof. F. Resch, Prof. A. Rothenberger
Die Preisträger (unten, von links):
Dr. T. Banaschewski, Dr. D. Brandeis, Dr. B. Heßlinger
Quelle: MEDICE (Iserlohn)

Pressebericht

Kramer-Pollnow-Preis
Beziehung zwischen Hirnfunktion und ADHS

Im Dezember wurde zum ersten Mal der Kramer-Pollnow-Preis für herausragende Forschungsleistungen auf dem Gebiet der biologischen Kinder- und Jugendpsychiatrie verliehen. Ausgezeichnet wurden Dr. Tobias Banschweski, Göttingen, und Dr. Daniel Brandeis, Zürich. Dr. Bernd Heßlinger, Freiburg, erhielt einen Sonderpreis für herausragende Arbeiten zur Aufmerksamkeitsdefizit-/Hyperaktivitätsstörung (ADHS) bei Erwachsenen. Die Arbeitsgruppen um Banaschweski und Brandeis untersuchten hyperkinetische Kinder und verlichen sie mit gesunden Kindern und Kindern mit Störungen des Sozialverhaltens sowie Störungen mit oppositionellem Trotzverhalten. In der Gruppe der hyperkinetischen Kinder wurde eine Verringerung der hirn-elektrischen Aktivität während der Vorbereitung auf eine Zielreizverarbeitung festgestellt. „In dieser bislang einzigartigen Konstellation der Vergleichsgruppen innerhalb einer Studie zu ADHS deutet sich somit an, dass ein Mangel im zentralen posterioren, wahrscheinlich noradre-nergen Netzwerk eine begründete Alternative oder Ergänzung zur vorherrschenden frontalen Dopaminhypothese darstellt", fasste Prof. F. Resch, Heidelberg, auf der Preisverleihung zusammen.

Abb. 4.6. Quelle: psycho neuro 2004; 30 (2)

Perspektive

Mittlerweile sind zwei ereignisreiche Jahre in der neurobiologischen Forschung zu ADHS vergangen. Es sind auch andere neue und spannende Veröffentlichungen erschienen. Die Preisträger des Jahres 2003 haben, wie erhofft, ihre Forschung zur Neurobiologie weiter entwickelt, z. B.:

Banaschewski T, Ruppert S, Tannock R, Albrecht B, Becker A, Uebel H, Sergeant J, Rothenberger A (2005) Colour perception in ADHD. Journal of Child Psychology and Psychiatry (in press)

Banaschewski T, Hollis C, Oosterlaan J, Roeyers H, Rubia K, Willcutt E et al (2005). Towards an understanding of unique and shared pathways in the psychopathology of ADHD. Developmental Science 8: 132–140.

Halder P, Sterr A, Brehm S, Bucher K, Kollias S, **Brandeis D**[2] (2005) Electrophysiological evidence for cortical plasticity with movement repetition. European Journal of Neuroscience 21: 2271–2277.

Heßlinger B, Philipsen A, Richter A (2004) Psychotherapie der Aufmerksamkeitsdefizit-Hyperaktivitätsstörung bei Erwachsenen. Hogrefe, Göttingen.

Philipsen A, Feige B, **Heßlinger B**, Ebert D, Carl C, Hornyak M, Lieb K, Voderholzer U, Riemann D (2005). Sleep in adults with attention deficit/hyperactivity disorder: a controlled polysomnographic study including spectral analysis of the sleep EEG. Sleep 28: 738–745.

Aber auch andere Arbeitsgruppen waren sehr aktiv, sodass bei der gerade erfolgten Ausschreibung des Kramer-Pollnow-Preises 2005 sicherlich mit hochinteressanten Bewerbungen gerechnet werden darf.

---

[2] Siehe auch „Bildergalerie"

5 Leben und Werk von Franz Max Albert Kramer (24.4.1878–29.06.1967) und Hans Pollnow (7.3.1902–21.10.1943)

K.-J. Neumärker

Franz Max Albert Kramer wurde am 24.04.1878 in Breslau (seit 1945 Wrocław) geboren. Die Familienchronik weist den Vater Julius Kramer geb. am 19.01.1844 als Kaufmann aus, der in Breslau mit Getreide handelt. Seine Religion „israelitisch", die „Staatsangehörigkeit Preußen". Am 09.06.1872 heiratet er die am 26.03.1852 in Mikitsch/Schlesien geborene Anna Stoller. Auch sie „israelitisch" mit preußischer Staatsangehörigkeit. Der Sohn Franz Kramer wurde eher areligiös erzogen. Er wuchs in einer „gebildeten liberal jüdischen Kaufmannsfamilie" auf. Von 1884–1896 besuchte der Junge das Gymnasium zu St. Maria-Magdalena in Breslau. Im März 1896 schloss er es mit dem Zeugnis der Reife ab (Abb. 1). Betragen und Fleiß wurden ebenso mit „gut" bewertet wie die Fächer Deutsch, Latein, Griechisch, Französisch, Englisch, Geschichte, Geographie, Mathematik und Physik. Das Fach Hebräisch wurde ihm nicht vermittelt. Das 1643 gegründete St. Maria-Magdalena Gymnasium, auf dem auch Otfrid Foerster (1873–1941) im März 1892 sein Abiturientenexamen ablegte, gehörte neben dem seit 1563 bestehenden Elisabeth Gymnasium und dem 1765 gegründeten Friedrich Gymnasium zu den geschichtsträchtigsten und sozial exklusivsten Einrichtungen des höheren Schulwesen in ganz Preußen. Die Schüler stammten fast ausschließlich aus bürgerlichen Elternhäusern und waren zu 48% protestantisch, 32% katholisch und zu 20% jüdisch [120]. Es war das Anliegen der Stadt Breslau, all diesen Schülern gleich welcher Religionszugehörigkeit paritätisch dieselben Rechte und dieselbe Anerkennung zukommen zu lassen. Insofern war es unproblematisch, dass Kramer mit seiner jüdischen Herkunft ein nichtjüdisches Gymnasium besuchte. Auf Dauer war diese pluralistische Schulpolitik vor dem Hintergrund der sozialen und politischen Entwicklung in Breslau und der Provinz Schlesien nicht zu realisieren. Auf dem Höhepunkt des sog. „Breslauer Schulstreits" wurde 1872 das Johannes Gymnasium eröffnet, „ein Meilenstein auf dem Weg zur fachlichen Gleichberechtigung der jüdischen Bevölkerung" [120]. Diese Auseinandersetzung stellt sich als ein Teil der damaligen konflikthaften, durch soziale Ungleichheiten geprägten gesamtgesellschaftlichen Entwicklung in Breslau und in der Provinz Schlesien, deren Einwohnerzahl auf 5 Millionen angewachsen war, dar. Zwischen 1875 und 1905 verdoppelte sich die Breslauer Gesamtbevölkerung von rd. 240 000 auf 470 000. Die jüdische

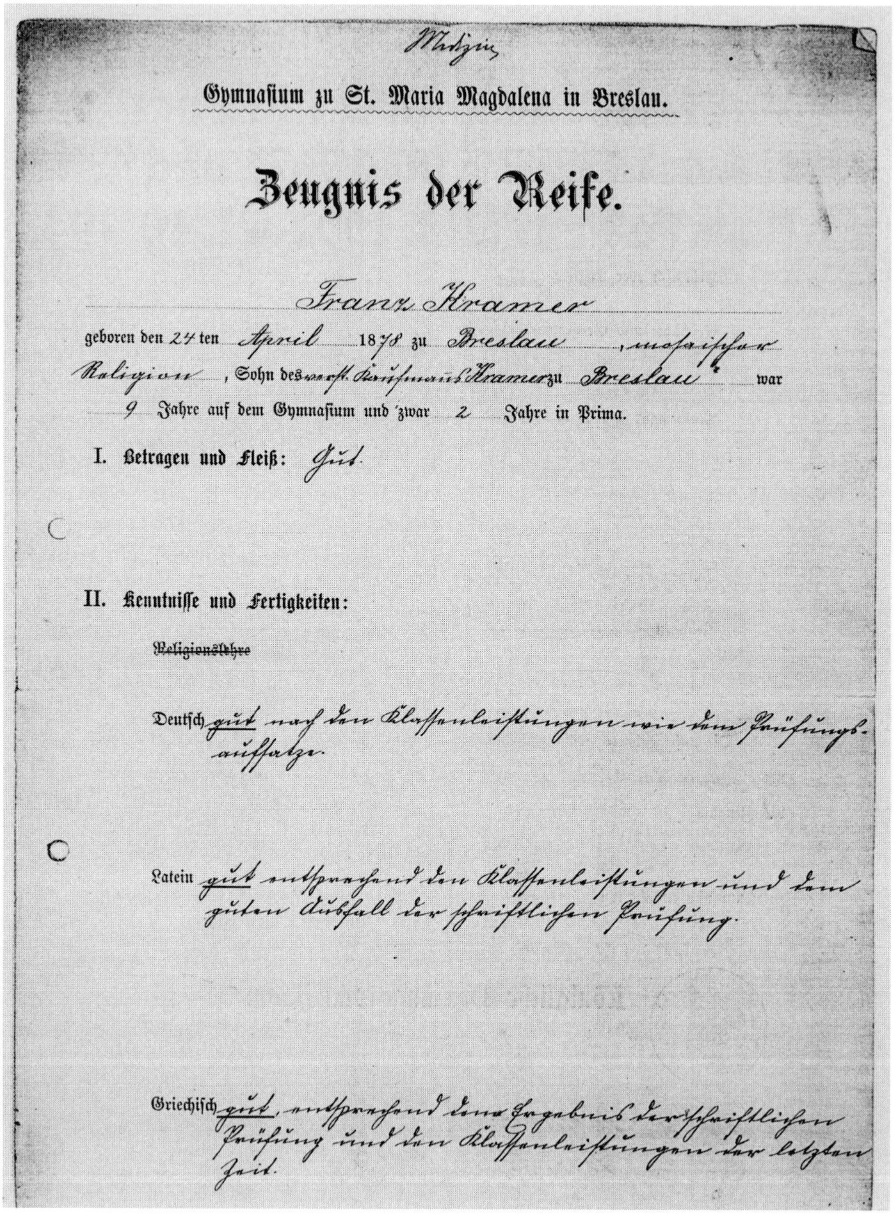
Medizin

Gymnasium zu St. Maria Magdalena in Breslau.

Zeugnis der Reife.

Franz Kramer

geboren den 24ten April 1878 zu Breslau, mosaischer Religion, Sohn des verst. Kaufmanns Kramer zu Breslau war 9 Jahre auf dem Gymnasium und zwar 2 Jahre in Prima.

I. Betragen und Fleiß: Gut.

II. Kenntnisse und Fertigkeiten:

~~Religionslehre~~

Deutsch gut nach den Klassenleistungen wie dem Prüfungsaufsatze.

Latein gut entsprechend den Klassenleistungen und dem guten Ausfall der schriftlichen Prüfung.

Griechisch gut, entsprechend dem Ergebnis der schriftlichen Prüfung und den Klassenleistungen der letzten Zeit.

Abb. 5.1. Franz Kramer: Reifezeugnis vom 13. März 1896 (Ausschnitt)

Bevölkerung wuchs im gleichen Zeitraum von 15 000 auf rd. 20 000. Die Unterschiede zwischen der jüdischen, der protestantischen und der katholischen Berufsstruktur waren gewaltig. Entsprechend unterschiedlich fiel das Prokopfeinkommen in Breslau innerhalb dieser Berufsgruppen und gegenüber anderen Städten wie Berlin, Leipzig oder Hamburg aus. Ein Arbeiter, wenn er überhaupt Arbeit hatte, verdiente in Breslau 1,6 Mark pro Arbeitstag. Mit den unzureichenden Einkommensverhältnissen korrespondierten auch die Wohnverhältnisse in Breslau. Von all dem war Kramer unmittelbar nicht betroffen. Nach dem Abitur nahm er im Mai 1896 an der Königlich-Preußischen Universität sein Medizinstudium auf und legte im Februar 1898 seine ärztliche Vorprüfung mit der „Gesamtzensur gut" ab. 1901 beendet Kramer das Medizinstudium, erhält die Approbation als Arzt, promoviert 1902 bei Carl Wernicke zum Dr. med. mit einer Arbeit über Rückenmarksveränderungen bei Polyneuritis und publiziert im gleichen Jahr seine erste Arbeit in der Monatsschrift für Psychiatrie und Neurologie zum Thema „Muskeldystrophie und Trauma" [37]. Ebenfalls 1902 nimmt Kramer als Assistenzarzt seine Tätigkeit bei Wernicke in der „Königlichen Universitäts-Poliklinik für Nervenkranke zu Breslau" auf. Kramer trifft auf einen Kliniker und Wissenschaftler, dessen Ideenreichtum, Produktivität und Konstruktivität ihn ebenso tief beeindrucken, wie die dort tätigen Kollegen seines zukünftigen Faches der Psychiatrie und Neurologie. Kramer nimmt Anteil und ist selbst Teil einer als Breslauer Schule unter Wernicke genannten Institution. Kolle [36] hat in seiner Genealogie der Nervenärzte des deutschen Sprachgebietes diejenigen aufgeführt, die aus der Schule von Wernicke, der selbst aus der „ersten Berliner Schule" von Carl Westphal stammte, hervorgegangen sind:

▌ K. Bonhoeffer, Berlin 1868–1948
▌ O. Foerster, Breslau 1873–1941
▌ E. Forster, Greifswald 1878–1933
▌ R. Gaupp, Tübingen 1870–1953
▌ K. Goldstein, Frankfurt 1878–1965
▌ K. Heilbronner, Utrecht 1869–1914
▌ M. Kauffmann, Halle 1871–1932
▌ K. Kleist, Frankfurt 1879–1961
▌ F. Kramer, Berlin 1878–1967
▌ H. Liepmann, Berlin 1863–1925
▌ H. Lissauer, Breslau 1861–1891
▌ L. Mann, Breslau 1866–1936
▌ B. Pfeifer, Nietleben 1871–1942
▌ M. Sachs, USA 1858–1944
▌ G. P. Schröder, Leipzig 1873–1941
▌ E. Storch, Breslau 1866–1916.

Carl Wernicke hatte mit 26 Jahren als junger „Assistenzarzt an der Irrenstation des Allerheiligen-Hospitals zu Breslau" seine Monografie „Der aphasische Symptomencomplex. Eine psychologische Studie auf anatomischer Basis" geschrieben und 1874 im Verlag Max Cohn & Weigert in Breslau herausgebracht. 13 Jahre nach Paul Broca (1824–1880) beschrieb Wernicke ein Syndrom mit aphasischer Sprachproduktion, Schreibstörung und mangelndem Sprachverständnis, das zudem mit einer Hemiplegie einherging und bis dahin als Verwirrtheitszustand, als Verrücktheit verkannt wurde. Er konnte die dazu gehörigen anatomischen Befunde in der linken ersten Schläfenwindung aufzeigen und das Syndrom auf eine Läsion bestimmter Assoziationsfasern, d. h. einer Leitungsaphasie zurückführen, das noch heute als sensorische Aphasie seinen Namen trägt. Es war für Wernicke die Geburtsstunde fortwährender klinisch-psychiatrisch-neurologischer Beobachtungen, Untersuchungen und Forschungen am einzelnen Kranken mit entsprechenden Publikationen (Abb. 2), (siehe Anhang 1).

Kramer trifft in der Wernicke'schen Klinik zwischen 1902 und 1903 zunächst noch kurzzeitig auf einen Mitarbeiter, der seine Zukunft mit bestimmen sollte, Karl Bonhoeffer (s. Anhang 2). Mit der Übernahme der Breslauer Klinik 1904 übernahm Bonhoeffer auch den unter Wernicke tätigen Assistenten Kramer. Einem anderen Bekannten aus der Breslauer Zeit bot er zum Oktober 1904 eine Oberarztstelle an: Paul Schröder. Er habilitierte sich 1905 bei Bonhoeffer (siehe Anhang 3).

Abb. 5.2. Carl Wernicke (1848–1905)

Zwei Jahre nach Schröders Habilitation realisierte Kramer 1907 ebenfalls bei Bonhoeffer seine Habilitation mit einem Thema aus dem Gebiet der Neurologie und Neurophysiologie „Elektrische Sensibilitätsuntersuchungen mittels Kondensatorentladungen" [39]. Bei seinem öffentlichen Vortrag in der berühmten Aula Leopoldina der Universität ist der Privatdozent Dr. Paul Schröder sein Opponent. Am 18.12.1907 erhält Kramer vom amtierenden Dekan der medizinischen Fakultät K. Bonhoeffer die Bestallung als Privatdozent für Psychiatrie und Neurologie. Damit tritt Kramer in den Kreis des Lehrkörpers der Medizinischen Fakultät der Breslauer Universität ein. Sie galt als eine hoch angesehene Bildungsstätte deutscher und ausländischer universitärer Einrichtungen sowohl im naturwissenschaftlichen als auch im geisteswissenschaftlichen Bereich. Erweitert wurde das universitäre Spektrum durch das jüdisch-theologische Seminar, das 1854 eröffnet wurde. Namhafte Kliniker und Wissenschaftler verliehen nicht nur der Medizinischen Fakultät Anerkennung und Ruhm [28]. Bei den Medizinern waren es u. a. Johannes von Mikulicz-Radecki (1850–1905), seit 1890 Chef der Chirurgischen Klinik, Stammvater der Mikulicz-Schule, Entdecker und Förderer von Ferdinand Sauerbruch (1875–1951), der ab 1903 in Breslau als Volontärarzt begann, 1905 dort habilitierte und im gleichen Jahr nach Greifswald wechselte.

Kramer und Sauerbruch arbeiteten in Breslau zusammen. Sauerbruch war es, der Kramer dann 1938 bei dessen Emigration behilflich sein sollte. Ein weiterer Berühmter der Breslauer Universität war der Dermatologe Albert Neisser (1855–1916), Begründer der „Neisser Dynastie", Entdecker des Micrococcus gonorrhoeae und Beschreiber der „Neisseria gonorrhoica". Zu nennen ist weiterhin der Pädiater Albert Czerny (1863–1941), der die Kinderklinik in Breslau von 1894–1910 leitete, dann an die Berliner Charité ging und der dortigen Kinderklinik bis 1932 vorstand.

Durch Wernicke kam Kramer mit dem ebenfalls aus Breslau stammenden Otfrid Foerster in Kontakt, der wie Kramer Schüler des St. Maria-Magdalena Gymnasiums war und dort 1892 sein Abitur ablegte. Foerster wurde durch Wernicke gefördert und blieb auch nach seiner Habilitation bei Wernicke stets mit der Klinik in Kontakt [25, 143, 144]. Die vielfältige Interessenlage Kramers findet seinen Ausdruck in der Kontaktierung zu einem Vertreter der wissenschaftlichen Psychologie Hermann Ebbinghaus (1850–1809), der 1894 nach Breslau kam. Mit seinen Werken über Psychophysik, Experimentalmethoden, vor allem mit dem zweibändigen Werk Grundzüge der Psychologie war er auch über die Grenzen Deutschlands hinaus bekannt [92]. 1895 traten die Breslauer Schulbehörden an Ebbinghaus heran, um die Belastung des schulischen Unterrichts untersuchen zu lassen. Ebbinghaus entwickelte zu diesem Zweck eine „Combinationsmethode", die zu den ersten brauchbaren Intelligenztests für Kinder gehörte. 1902 wird er in den Vorstand des Vereins für Kinderforschung gewählt und ist aktives Mitglied in der Schlesischen Gesellschaft für vaterländische Cultur [122]. Die 1803 als privater Verein gegründete Gesellschaft blickte bereits nach der Jahrhundertwende auf eine Mitgliederzahl von 1000, zu denen auch jüdische Mitglieder gehörten.

Die Gesellschaft wurde von der breiten Öffentlichkeit angenommen. Durch rege Vortrags- und Forschungstätigkeit ersetzte diese Gesellschaft die fehlende Akademie in Schlesien. In mehreren Sektionen, so der naturwissenschaftlichen Sektion, der hygienischen Sektion und der philosophisch-psychologischen Sektion, die u. a. 1907–1914 von William Stern geleitet wurde, existierte auch eine mathematische Sektion, eine evangelische und katholisch-theologische Sektion, währenddessen eine jüdisch-theologische Sektion nie realisiert wurde [102, 120]. William Stern (1871–1938) entstammte einem jüdischen Elternhaus, studierte und promovierte 1893 an der Philosophischen Fakultät der Universität Berlin unter Ebbinghaus. Ihm folgte er 1897 nach Breslau, um sich dort zu habilitieren. Er blieb bis 1916 [123]. Bekannt wurde Stern u. a. mit seinen Büchern über die Kindersprache zusammen mit Clara Stern 1907 [132] und die Psychologie der frühen Kindheit 1914 [133]. Kramer publizierte mit W. Stern, der auch die Zeitschrift für angewandte Psychologie herausgab, in dieser Zeitschrift 1908 eine aufschlussreiche Arbeit über die „Psychologische Prüfung eines elfjährigen Mädchens mit besonderer mnemotechnischer Fähigkeit" [40]. An Hand umfangreicher leistungspsychologischer Parameter, u. a. mechanische Reproduktion, Kombination, experimentelle Gedächtnisprüfung und der „Ebbinghausschen Kombinationsmethode …, die ja bekanntlich darin besteht, dass in Prosatexten ausgelassene Worte ergänzt werden müssen", gingen die Autoren bei dem Mädchen der Frage nach, ob „die Produktionen" eine außergewöhnliche Leistung darstellen oder auf „Dressur" beruhen. In Fortführung solcher Einzelfallstatistiken, deren Bedeutung Kramer und Stern für die „differentielle und generelle Psychologie" herausstellten, setzte sich Kramer auch schon in Breslau mit Mängeln der „Intelligenzprüfungsmethoden" und Differenzen zwischen „dem Intelligenzalter und dem wirklichen Alter" in Zusammenarbeit mit Schröder auseinander. Die von beiden untersuchten Kinder rekrutierten sich aus Patienten der Klinik und der „Breslauer Zentrale für Jugendfürsorge" [46] und später der „Heilpädagogischen Beratungsstelle der Ortsgruppe Breslau des Deutschen Vereins zur Fürsorge für jugendliche Psychopathen" [97]. Im Ergebnis wurde festgehalten, „… dass die Schulleistungen in hohem Maße von der Intelligenz des Kindes abhängen; sie werden jedoch in einer Reihe anderer Faktoren so erheblich beeinflusst, dass von einem strengen Parallelismus nicht die Rede sein kann". Als Faktoren werden benannt „… die Unfähigkeit, die Aufmerksamkeit dauernd zu konzentrieren, übermäßige Affekterregbarkeit … Neigung zu Disziplinverletzung"!

Seit Eintritt in die Breslauer Klinik für Nervenkranke hatte Kramer dort bei Wernicke promoviert, bei Bonhoeffer habilitiert, vielfach publiziert und Vorträge gehalten [38–44]. Der gegenüber Kramer fünf Jahre ältere Schröder hatte ebenfalls bei Bonhoeffer habilitiert. Es ist bei dieser Konstellation nicht verwunderlich, dass Bonhoeffer beide Mitarbeiter seiner Breslauer Klinik Schröder und Kramer mit nach Berlin nahm als er den Ruf dorthin erhielt. Am 01. April 1912 trat Bonhoeffer sein Amt als Direktor der „Klinik für Psychische- und Nervenkrankheiten in der Königlichen Charité der Friedrich-Wilhelms-Universität zu Berlin" an. Schon vorab aus

Breslau in einem Schreiben vom 15.3.1912 hatte er die Verwaltungsdirektion der Charité gebeten, entsprechende Stellen für Schröder, der gerade in Breslau zum Titularprofessor ernannt worden war, und für Kramer einzurichten. In Berlin strukturiert Bonhoeffer seine Gesamtklinik und weist Schröder in der Psychiatrischen Klinik die „ruhige Frauenabteilung" und das anatomische Laboratorium zu. Kramer wird die Nerven-Poliklinik und das psychologische Laboratorium übernehmen. Mit einem Vortrag in der Aula der Berliner Universität am 02.07.1912 über „Psychologische Untersuchungs-Methoden bei kindlichen Defektzuständen" wird Kramer für das Fach Psychiatrie und Neurologie umhabilitiert [1]. Schröder bleibt allerdings nur kurz in Berlin, da er mit Bonhoeffers Unterstützung im gleichen Jahr den Ruf als Professor und Lehrstuhlinhaber für Psychiatrie und Neurologie an der Universität Greifswald erhält und annimmt.

In Berlin verläuft Kramers Weg fachlich und persönlich in anderen Bahnen. Die Berliner Zeit umfasst die Jahre 1912–1938, dem Jahr der Flucht, der Emigration. Es sind politisch bewegte und von Katastrophen gekennzeichnete Jahre. Das Kaiserreich steuert auf die „Urkatastrophe Deutschlands", den 1. Weltkrieg, zu. Zuerst mit Jubel begrüßt, erschütterte er die Menschen nicht nur in Deutschland zutiefst, offenbart massive gesellschaftspolitische Widersprüche, führt zu Revolutionen und veränderten Einstellungen der Menschen. Die Ereignisse machen vor der Berliner Universität, vor der Charité, vor der Psychiatrischen- und Nervenklinik, vor derem Direktor Bonhoeffer keinen Halt. Bonhoeffer ist u.a. damit beschäftigt, „dem Wunsch des Herrn Kriegsministers" noch im Mai 1918 zu widerstehen, Assistenten seiner Klinik, speziell Kramer, als kriegsverwendungsfähig zu „deklarieren" und „abzutreten", da „unter den Ärzten des Feldheeres durch die letzte Offensive große Verluste eingetreten sind". Bonhoeffers Antwort: „Prof. Kramer untersteht die Nerven-Männerstation und die Männer-Poliklinik. Der Letzteren gehen täglich zahlreiche Nervenkranke und hirnverletzte Soldaten zu dem Zweck der Befundaufnahme und Beurteilung seitens der Lazarette zu. Er ist außerdem fachärztlicher Beirat des III. Korps und unterstützt mich in der Begutachtung von Nervenfällen und im wissenschaftlichem Unterricht." An den Themen und Inhalten der fachlichen Aufarbeitung sowohl von Bonhoeffer, der u.a. das Kapitel über Geistes- und Nervenkrankheiten im Handbuch der ärztlichen Erfahrung im Weltkriege 1914/1918 verfasst [17], als auch von Kramer über die unterschiedlichen neurologischen Auswirkungen von Schussverletzungen [47, 49, 50, 56, 57, 59, 62], lässt sich ablesen und nachvollziehen, welche psychisch-psychiatrischen und neurologischen Folgen der Krieg auslöste und nach sich zog. Kramer galt nicht zuletzt auch wegen seiner neurologischen Kenntnisse als geschätzter Gutachter, z.B. für das Militärversorgungsgericht in Berlin [2]. Offizielle Anerkennung fanden diese Aktivitäten in der Verleihung „Rote Kreuz Medaille dritter Klasse" auf „Befehl seiner Majestät des Königs" am 21.1.1918.

Als Bonhoeffer am 16. März 1921 eine „Kinder-Kranken- und Beobachtungsstation" in seiner Klinik eröffnet, da die Aufnahmezahl von Kindern mehr und mehr angestiegen war und eine Unterbringung bei den erwachsenen Patienten nicht mehr zu rechtfertigen war, übertrug er Kramer wegen dessen Kenntnissen und Erfahrungen im Umgang mit Kindern und Jugendlichen schon aus der Breslauer Zeit die Leitung dieser Abteilung. Als Stationsarzt wurden Rudolf Thiele [1888–1960] und eine „heilpädagogisch vorgebildete Jugendleiterin" eingesetzt [11, 105, 107]. Die von Bonhoeffer etablierte Station umfasste 12 Plätze für Mädchen und Jungen bis zu 14 Jahren. Die Beobachtungsdauer lag bei sechs Wochen bis sechs Monaten. Der Tagessatz betrug je Kind 4,50 M (Abb. 3, Abb. 4). Die stationären Aufnahmen erfolgten durch die Klinik bzw. Poliklinik und durch den Deutschen Verein zur Fürsorge für jugendliche Psychopathen, der seinen Sitz in Berlin Mitte am Monbijouplatz 3 hatte (Abb. 5). Kramer betreute zudem noch das Heilerziehungsheim der Stadt Berlin für 32 psychopathische Kna-

Abb. 5.3. Karl Bonhoeffer (rechts mit Kittel) im Gespräch mit Rudolf Thiele (dunkler Anzug). Auf dem Weg zur Frauenabt. 4, 5 und Kinderabteilung 7 ins Hinterhaus der Psychiatrischen- und Nervenklinik der Charité, ca. 1930.

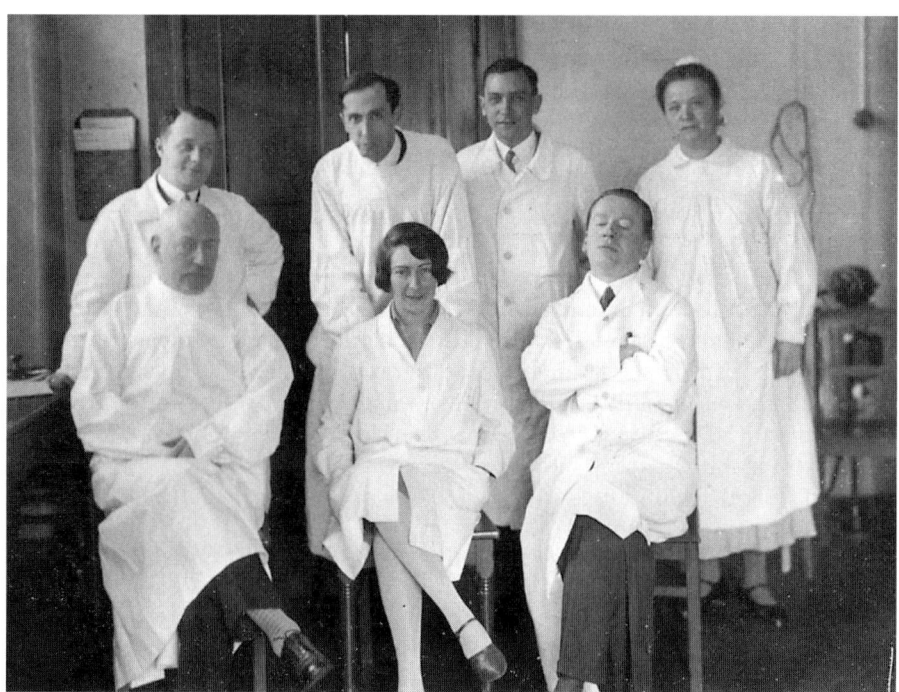

Abb. 5.4. Franz Kramer und Mitarbeiter der „Kinder-Kranken- und Beobachtungsstation" an der Psychiatrischen- und Nervenklinik der Charité um 1929. Vordere Reihe von links: Franz Kramer, Ruth von der Leyen, Rudolf Thiele. Hintere Reihe: – , Hanns Schwarz, Hans Pollnow, –

Abb. 5.5. Informationsblatt des Deutschen Vereins zur Fürsorge für jugendliche Psychopathen

Deutscher Verein zur Fürsorge für jugendliche
Psychopathen erteilt

Rat in allen Fällen

von psychopatischen Kindern u. Jugendlichen.

Sprechstunde Dienstag und Freitag von 11—1 Uhr.
Monbijouplatz 3, II Trp., nahe Stadtbahnhof Börse.
Zimmer Nr. 15.

ben bis zu 14 Jahren mit angeschlossener Heimschule in Templin, Thiele außerdem das Heilerziehungsheim und heilpädagogische Erholungsheim des Vereins im Schloss Ketschendorf bei Fürstenwalde. Ruth von der Leyen, die Geschäftsführerin des Vereins, legte für das Jahr 1925 eine Bestandsaufnahme aller „Stätten der Beratung, Beobachtung und Unterbringung psychopathischer Kinder und Jugendlicher" in Deutschland vor [97]. Allein in Berlin wurden neben der Station in der Charité Nervenklinik noch Heime in Lichtenberg, Lichtenrade, Zehlendorf, Wuhlgarten und Wilhelmshagen geführt und seit 1923 Beratungsstellen „für abnorme Kinder" in den 20 Groß-Berliner Bezirksjugendämtern besetzt. In ihrer Auflistung weist sie auch auf die ersten derartigen in Deutschland gegründeten Institutionen hin. Es war dies die heilpädagogische Beratungsstelle, die in den Räumen der Ambulanz der Universitätskinderklinik in Heidelberg durch August Homburger (1873–1931) eröffnet wurde. Homburger selbst hat über die Heidelberger Einrichtung und über die Notwendigkeit „größten Wert … auf eine enge Verbindung und eine dauernde Zusammenarbeit zwischen Arzt und Schule" … sowie die Tatsache, dass an der „Haltung des Arztes als Erzieher … durchaus festgehalten werden muss", ausführlich berichtet [32]. Bei der Institutionalisierung folgte die mit 30 Betten ausgestattete und von Werner Villinger (1887–1961) geführte Beobachtungsabteilung für Kinder und Jugendliche an der von Robert Gaupp (1870–1953) geleiteten Universitätsklinik für Gemüts- und Nervenkrankheiten zu Tübingen [137]. In der Chronologie folgt die von Paul Schröder kurz nach dessen Wechsel von Greifswald nach Leipzig 1926 eröffnete „Beobachtungsabteilung für jugendliche Psychopathen an der Universitätsnervenklinik" [127]. Hier konnten anfangs „20 männliche Jugendliche" aufgenommen werden, später entstand eine „gleiche Abteilung für Mädchen". Von Juni 1926 bis Juni 1927 wurden bereits „151 Kinder und Jugendliche beobachtet". Bonhoeffer, Schröder und Gaupp, alle aus der Breslauer Schule von Wernicke kommend, können von daher auch als Schöpfer der deutschen Kinder- und Jugendpsychiatrie benannt werden. Es war Bonhoeffer, der seinem Freund Gaupp 1894 empfahl, eine Stelle bei Wernicke in Breslau anzutreten, wo dieser bis 1897 blieb!

Wer nach der Machtergreifung der Nationalsozialisten 1933 aus Deutschland zu internationalen Kongressen reisen durfte und wer nicht, lässt sich an Hand von Archivmaterialien [4] exakt verfolgen. So hatte auch Kramer rechtzeitig einen entsprechenden Antrag zum Besuch des Internationalen Kongresses für Kinderpsychiatrie, der vom 24.07. bis 01.08.1937 in Paris stattfinden sollte, gestellt. Die Antwort des Ministeriums an Kramers Privatadresse lautete: „… auf Ihre Rückfrage vom 18.07.1936 teile ich mit, dass Sie zum Beitritt in das Ehrenkomitee des Congrés International de Psychiatrie infantile meiner Genehmigung nicht bedürfen, da Sie meiner Hochschulverwaltung nicht mehr unterstehen"! Dies war die juristisch verklausulierte Ablehnung, da Kramer als Jude ab 1933 nach dem Gesetz zur Wiederherstellung des Berufsbeamtentums aus dem Lehrkörper der Universität entfernt wurde. Ein weiteres Beispiel ist die Person Gustav Aschaffenburg (1866–1944), seit 1919 Ordinarius für Psychiatrie an der Kölner Universität, bekannt durch das von ihm von 1911–1929 herausgegebene erste „Handbuch der Psychiatrie" der Welt. Die breit gefächerte Interessenlage Aschaffenburgs umfasste auch kinder- und jugendpsychiatrische Fragestellungen, so Publikationen über die Fürsorge Verwahrloster oder nervöser Kinder, über Schlafstörungen oder epileptoide Zustände im Kindesalter [18]. Aschaffenburgs Antrag, zum Internationalen Kongress für Kinderpsychiatrie nach Paris fahren zu wollen, wurde immerhin auch von seinem Nachfolger im Amt Maximinian de Crinis (1889–1945), der wiederum die Nachfolge Bonhoeffer in der Charité antrat, befürwortet. Die Antwort des Ministers bestand aus einem Satz: „Nichtariern wird die Teilnahme an internationalen Kongressen grundsätzlich nicht gestattet" [4]. Unter den 350 Teilnehmern aus 49 Ländern, die am Kongress in Paris teilnahmen, befanden sich dennoch 12 offizielle deutsche Delegierte. Schröder referierte u.a. über die „charakterlich Abartigen" und über die Tatsache, dass man Intelligenzstörungen quantitativ klassifizieren könne, währenddessen sich Charakterstörungen qualitativ unterscheiden lassen [19].

Für Kramer ging am 31.08.1921 ein besonderer Wunsch in Erfüllung. Vom Preußischen Minister für Wissenschaft, Kunst und Volksbildung wird „dem Privatdozenten in der Medizinischen Fakultät der Universität zu Berlin Professor Dr. Franz Kramer die Dienstbezeichnung außerordentlicher Professor beigelegt". Der Titel stellt die wohlverdiente Anerkennung der vielfältigen bis dahin erbrachten Leistungen [45, 46, 48, 51–55, 58, 60, 61] gegenüber der Klinik in der Charité und der Medizinischen Fakultät vor allem auch auf dem Gebiet der Lehrtätigkeit dar. Im Vorlesungsverzeichnis ist Kramer ausgewiesen mit Vorlesungen über die „Psychopathologie des Kindesalters mit Krankenvorstellungen", „Kriminalität und Verwahrlosung im Jugendalter vom Standpunkt der Psychiatrie mit Demonstrationen", weiterhin mit praktischen Kursen, so der „Diagnostik der Nervenkrankheiten einschließlich der Elektrodiagnostik".

Am 09.10.1924 geht Kramer auf dem Standesamt in Berlin-Wilmersdorf die Ehe mit der ebenfalls in Breslau am 25.02.1896 geborenen Luise Emma Josefine Scheffels ein, Tochter des aus dem Rheinland nach Breslau gezogenen Kaufmanns Alfons Scheffels „katholischer Religion" und seiner Ehefrau Luise, Breslauerin, „evangelische Religion". Am 28.08.1925 wird die Tochter Gabriele Anna Luise geboren, die später in Utrecht Medizin studiert, in der Chirurgie arbeitet und den Biochemiker Rutger Matthijsen heiraten wird. Gabriele A. L. Matthijsen-Kramer stirbt am 08.07.1996. Am 17.10.1928 wird der Sohn Karl Ulrich Kramer geboren, Taufpate und Namensgeber für Karl ist Franz Kramers Chef, „Geheimrat Prof. Dr. Karl Bonhoeffer". Sohn Karl Ulrich wird Botanik studieren, promovieren, 1970 in Utrecht die Schweizer Diplompsychologin Margrit Ziegle heiraten und als außerordentlicher Professor für systematische Botanik an der Universität Zürich tätig sein. Er stirbt am 11.07.1994.

Als Franz Kramer 1912 von Breslau nach Berlin kam, wohnte er zunächst in der Victoriastraße 28 in Berlin-Charlottenburg, zog nach der

Heirat in die Budapester Straße 13 und bewohnte ab 1931 eine komfortable Wohnung mit Privatpraxis in der Burggrafenstraße 17, ebenfalls in Berlin-Charlottenburg. Zur Wohnung, zum Haushalt und zur Familie gehörten ein Kindermädchen, eine Köchin, ein Zimmermädchen, eine Putzfrau und eine Näherin!

So wie sich die persönlichen Verhältnisse Kramers veränderten, erweiterte sich zunehmend die berufliche Ebene. Bei Abwesenheit Bonhoeffers wurde er mit der Leitung der Klinik beauftragt, in der mit nunmehr 240 stationären Betten und einer umfangreichen Poliklinik mehr und mehr Aufgaben zu bewältigen waren [107, 109]. Unterstützung fand er in der Person von Hans Gerhard Creutzfeldt (1885–1964), den Bonhoeffer im Oktober 1924 nicht nur wegen seiner Kenntnisse sowie Publikationen auf dem Gebiet der Neuroanatomie und Neuropathologie von Kiel nach Berlin geholt hatte [21]. Creutzfeldt leitete das anatomische Laboratorium der Klinik, hielt Vorlesungen zur Neuropathologie des Kindesalters und beschäftigte sich u. a. mit Fragen der Encephalitis epidemica, der Demenz und den Epilepsien (142). Kramer, Creutzfeldt und weitere Mitarbeiter der Bonhoefferschen Klinik (Abb. 6) referierten regelmäßig über aktuelle neurologisch-

Abb. 5.6. Karl Bonhoeffer und Mitarbeiter im Hörsaal der Psychiatrischen- und Nervenklinik der Charité (Januar 1932): Vordere Reine von links nach rechts: Herta Seidemann, Paul Jossmann, Kurt Pohlisch, Rudolf Thiele, Karl Bonhoeffer, Franz Kramer, Hans-Gerhard Creutzfeldt. 2. Reihe von links:–, Kurt Albrecht, Jürg Zutt, Gustav Donalies, Arno Kipp, Hanns Schwarz, –, Heinrich Schulte, Ruth von der Leyen. 3. Reihe von links: –, –, –, Hans Pollnow, –, –, –, Fred Quadfasel, –, –. Letzte Reihe rechts: Heinrich Christian Roggenbau

psychiatrische Themen und Grenzgebiete mit Patientendemonstrationen im Rahmen der traditionsreichen, von Griesinger 1867 gegründeten Berliner Gesellschaft für Psychiatrie und Nervenkrankheiten. Für den Zeitraum 08.02.1932–23.11.1933 war Kramer deren 1. Vorsitzender.

Als Sachverständiger beriet Kramer die „Strafrechts-Kommission des Deutschen Reichstages", war durch seine Mitgliedschaft im gerichtsärztlichen Ausschuss Obergutachter in Straf- und Zivilprozessen. Als anerkannter Spezialist in neurologisch-psychiatrischen Fragestellungen wurde er zu Konsultationen ins Ausland gerufen, seine Privatpraxis wurde entsprechend frequentiert. Eines der Hauptarbeits- und Interessengebiete Kramers waren, nicht zuletzt durch die Gründung der Kinderbeobachtungsstation 1921, Kinder und Jugendliche mit psychiatrischen und neurologischen Auffälligkeiten (Abb. 7). Vor allem die Diagnostik und soweit möglich die therapeutische Intervention sowie die heilpädagogische Eingliederung, Fürsorge und die Entwicklungsverläufe von nach der damaligen Terminologie psychopathischen Kindern und Jugendlichen standen im Mittelpunkt seines Aufgabengebietes [60, 61, 63–65, 67, 68]. Die Mitgliedschaft im „Deutschen Verein zur Fürsorge für jugendliche Psychopathen", dessen Mitbegründer er am 18.10.1918 ebenfalls war und in dessen Vorstand sich Kramer bis 1933 aktiv einbrachte, war das Verbindungsglied zur klinischen Arbeit. Mit der Geschäftsführerin des Vereins Ruth von der Leyen verband ihn eine intensive fachliche und publizistische Zusammenarbeit. Als diese 1935 starb, würdigte Kramer ihr Wirken in der Zeitschrift für Kinderforschung [83], dem 1923 gegründeten Publikationsorgan des Vereins. Die Zielstellung des Vereins und der Zeitschrift bestand in der wissenschaftlichen Erforschung der Schwererziehbarkeit, der jugendlichen Kriminalität, der jugendlichen Psychopathie sowie der Heilpädagogik in Theorie und Praxis. Ab 1921 wurden auf Initiative des Vereins regelmäßig Tagungen und Sachverständigenkonferenzen in Deutschland durchgeführt, in denen u.a. Kramer, Thiele, aber auch Homburger, Theodor Heller (1869–1938), Wilhelm Weygandt (1870–1939) und Villinger teilnahmen. Ruth von der Leyen publizierte aus ihrer Sicht zu dem Themenkreis ebenso unermüdlich [95–98] wie Kramer. 1931 [99] resümierte sie „Die Fürsorge für psychopathische Kinder hat ihrem innersten Wesen nach die Aufgabe, Einzelarbeit an dem Kind zu leisten, das Schwierigkeiten hat oder macht. Ihr Fluch in Bezug auf Anerkennung ihrer Bedeutung für Jugendwohlfahrtspflege und Erziehung ist ihr Name: Psychopathenfürsorge"! Richtungweisend fährt die Autorin bei der Frage nach dem Wesen der psychopathischen Konstitution, der psychopathischen Reaktion im gleichen Artikel fort: „Diese Forschungsarbeit hat sich, so scheint es uns, im Laufe der Jahre verdichtet zu der Erforschung des Problems Anlage – Umwelt"! Das aktuelle Schwergewicht bei der Beurteilung von Kindern und Jugendlichen sollte sich also in den Bereich der Anlage – Umwelt, Erlebnis – und Erziehungsfaktoren verlagern, um einer zunehmenden ideologisch negativen und sozialdarwinistischen Ausrichtung zu entgehen, wie sie u.a. durch die Publikation von Koch über die psychopathischen Minderwertigkeiten 1891 in Gang gesetzt

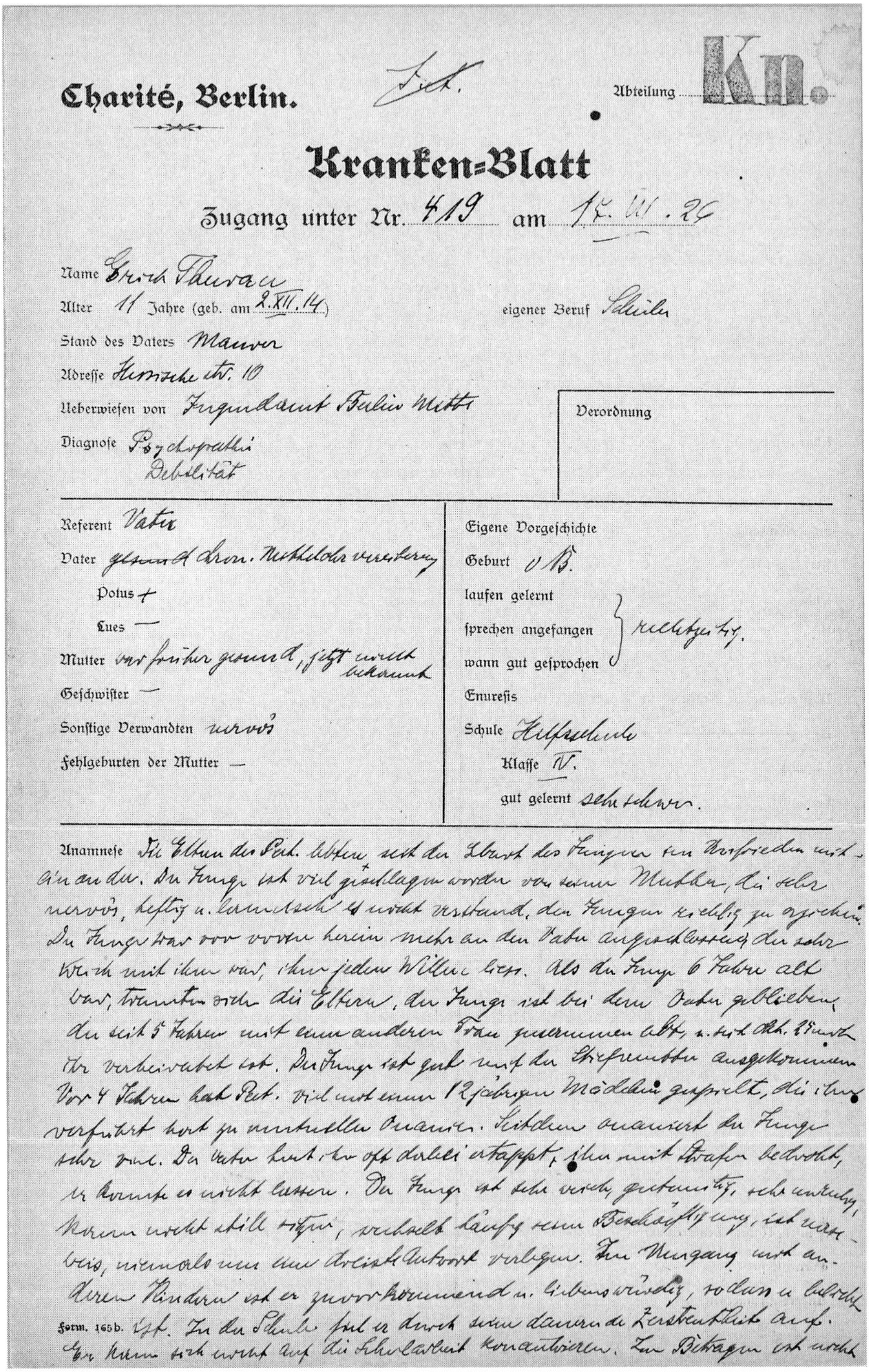
Charité, Berlin.

Abteilung Kn.

Kranken=Blatt

Zugang unter Nr. 419 am 17.III.26

Name Groch Theodor

Alter 11 Jahre (geb. am 2.XII.14) eigener Beruf Schüler

Stand des Vaters Maurer

Adresse Hirtzsche Str. 10

Ueberwiesen von Jugendamt Berlin Mitte

Diagnose Psychopathie
Debilität

Verordnung

Referent Vater

Vater ~~gesund~~ chron. Nikotinvergiftung

Potus +

Lues —

Mutter war früher gesund, jetzt nicht bekannt

Geschwister —

Sonstige Verwandten nervös

Fehlgeburten der Mutter —

Eigene Vorgeschichte

Geburt o. B.

laufen gelernt
sprechen angefangen
wann gut gesprochen } rechtzeitig.

Enuresis

Schule Hilfsschule

Klasse IV.

gut gelernt sehr schwer.

Anamnese Die Eltern des Pat. lebten seit der Geburt des Jungen in Unfrieden miteinander. Der Junge ist viel geschlagen worden von seiner Mutter, die sehr nervös, heftig u. launisch ist und nicht verstand, den Jungen richtig zu erziehen. Der Junge war von vorne herein mehr an den Vater angeschlossen, der sehr weich mit ihm war, ihm jeden Willen liess. Als der Junge 6 Jahre alt war, trennten sich die Eltern, der Junge ist bei dem Vater geblieben, der seit 5 Jahren mit einer anderen Frau zusammen lebt, u. seit Okt. 25 mit ihr verheiratet ist. Der Junge ist gut mit der Stiefmutter ausgekommen. Vor 4 Jahren hat Pat. viel mit einem 12jährigen Mädchen gespielt, die ihn verführt hat zu unsittlichen Onanie. Seitdem onaniert der Junge sehr viel. Der Vater hat ihn oft dabei ertappt, ihm mit Strafen bedroht, er konnte es nicht lassen. Der Junge ist sehr weich, gutmütig, sehr unruhig, kann nicht still sitzen, wechselt häufig seine Beschäftigung, ist naseweis, niemals um eine drollige Antwort verlegen. Im Umgang mit anderen Kindern ist er zuvorkommend u. liebenswürdig, so dass er beliebt ist. In der Schule fiel er durch seine dauernde Zerstreutheit auf. Er kann sich nicht auf die Schularbeit konzentrieren. Im Betragen ist nicht

Form. 165b.

Abb. 5.7. Handgeschriebenes Krankenblatt von Franz Kramer vom 17.3.1926

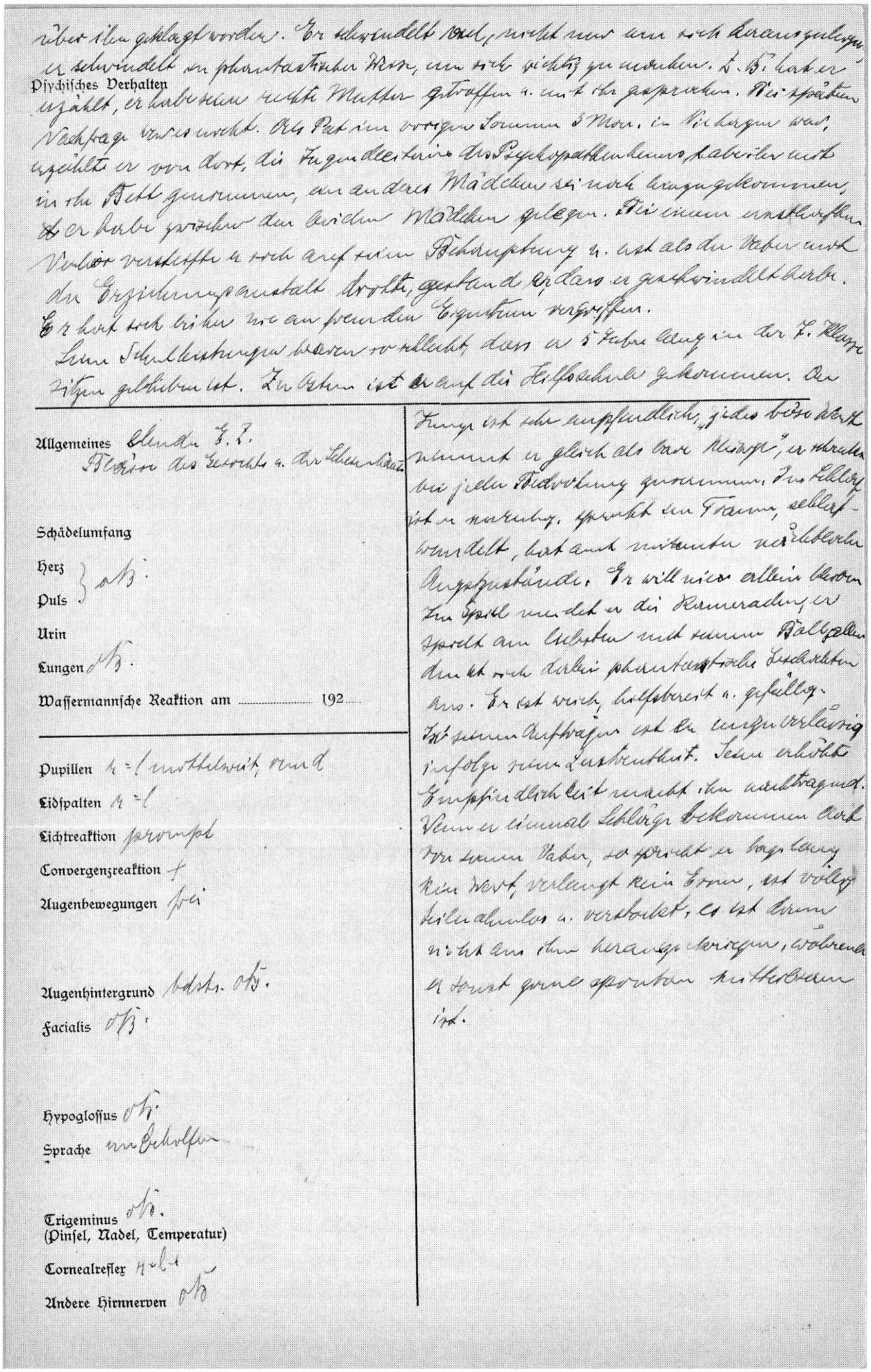

Psychisches Verhalten

über ihn geklagt worden. Er schwindelt viel, nicht nur um sich herauszulügen, er schwindelt in phantastischer Weise, um sich wichtig zu machen. Z. B. hat er erzählt, er habe seine rechte Mutter getroffen u. mit ihr gesprochen. Bei späterer Nachfrage verneint er es nicht. Als Pat. im vorigen Sommer 3 Mon. in Viehagen war, erzählte er von dort, die Jugendleiterin des Psychopathenheims habe ihn mit in ihr Bett genommen, ein anderes Mädchen sei noch hinzugekommen, u. er habe zwischen den beiden Mädchen gelegen. Bei einem ernsthaften Verhör versteifte er sich auf seine Behauptung u. erst als der Vater mit der Erziehungsanstalt drohte, gestand er, dass er geschwindelt habe. Er hat sich bisher nie an fremdem Eigentum vergriffen. Seine Schulleistungen waren so schlecht, dass er 5 Jahre lang in der 7. Klasse sitzen geblieben ist. Zu Ostern ist er auf die Hilfsschule gekommen. Der Junge ist sehr empfindlich, jedes böse Wort nimmt er gleich als „bare Münze“, er weint bei jeder Bedrohung ... Im Schlaf ist er unruhig, spricht im Traum, schlafwandelt, hat auch mitunter nächtliche Angstzustände. Er will nicht allein bleiben. Im Spiel meidet er die Kameraden, er spielt am liebsten mit seinem Ballspiel, denkt sich dabei phantastische Geschichten aus. Er ist weich, hilfsbereit u. gefällig. Bei seinen Aufträgen ist er unzuverlässig infolge seiner Zerstreutheit. Seine erhöhte Empfindlichkeit macht ihn nachtragend. Wenn er einmal Schläge bekommen hat von seinem Vater, so spricht er tagelang kein Wort, verlangt kein Essen, ist völlig teilnahmslos u. verstockt, es ist kaum etwas aus ihm herauszukriegen, während er sonst gerne spontan mitteilsam ist.

Allgemeines Elender E.Z.
Blässe des Gesichts u. der Schleimhäute

Schädelumfang

Herz } o.B.
Puls }

Urin

Lungen o.B.

Wassermannsche Reaktion am .... 192....

Pupillen R=L mittelweit, rund

Lidspalten R=L

Lichtreaktion prompt

Convergenzreaktion +

Augenbewegungen frei

Augenhintergrund bdsts. o.B.

Facialis o.B.

Hypoglossus o.B.

Sprache unbeholfen

Trigeminus o.B.
(Pinsel, Nadel, Temperatur)

Cornealreflex R=L+

Andere Hirnnerven o.B.

wurde [35]. Die Bedeutung der Faktoren Milieu und Anlage wurde daher von Kramer und von der Leyen zunehmend in die Betrachtung mit einbezogen. Dass die Sichtweisen und Beurteilungen auf diesem Gebiet von Kramer und Schröder später divergierten, zeigt sich in der 1935 mit Schröder [82] geführten Auseinandersetzung in Reaktion auf den 1934 erschienenen Artikel über die „Entwicklungsverläufe anethischer, gemütloser psychopathischer Kinder" [81]. Während es Kramer und von der Leyen darauf ankam zu zeigen, dass u.a. „die brutal-egoistischen Verhaltensweisen keinen Rückschluss auf angeborene Gemütsarmut zulassen, dass es sich im Gegenteil bei scheinbar Gemütsarmen lediglich um Verhaltensweisen handelt", dass solche Kinder, wie der Langzeitverlauf (z.T. über 15 Jahre!) aufweist, eben nicht „einer einheitlichen Psychopathiegruppe angehören", stellte Schröder seine Position dahingehend dar, „hinter den äußeren Verhaltensweisen" doch die „seelischen Anlagen" höherwertig einzustufen [82].

Was Kramer und von der Leyen bei den „psychopathischen Kindern" realisieren konnten, sorgfältige Nacherhebungen bis zu 15 Jahren zu erheben – leider sind diese bedeutsamen katamnestischen Studienergebnisse in Vergessenheit geraten – konnten dies Kramer und Pollnow mit ihrer 1932 erschienenen Arbeit „Über eine hyperkinetische Erkrankung im Kindesalter" [78] auf Grund der politischen Ereignisse und Verhältnisse ab 1933 nicht erreichen.

Am 7.4.1933 trat das Gesetz zur Wiederherstellung des Berufsbeamtentums in Kraft. Vom 23.11.1933 ist das Schreiben des zuständigen Preußischen Ministers (Abb. 8) datiert, wonach „dem nichtbeamteten außerordentlichen Professor" Kramer die Lehrbefugnis an der Universität Berlin entzogen wird. In der Bonhoeffer'schen Klinik waren neben Pollnow und Kramer auch weitere Mitarbeiter betroffen [27, 106]. Als Ergebnis nicht nur dieses Gesetzes [124] verlor allein die medizinische Fakultät 135 Hochschullehrer. Bonhoeffer kann trotz seines Einsatzes nicht verhindern, dass sein jüdischer Mitarbeiter wie andere auch am 31.3.1935 „aus dem Beschäftigungsverhältnis bei der Psychiatrischen- und Nervenklinik ausscheiden" muss. Die Charité-Direktion weist mit Schreiben vom 2.4.1935 die Charité-Kasse an, die Zahlung der Vergütung „mit Ablauf des Monats März 1935 einzustellen" [6]. Kramer muss sich persönlich und existenziell neu orientieren. Für seine Aktivitäten auf einen Lehrstuhl für Neurologie in Istanbul hofft er auf Unterstützung des an der Charité tätigen Chirurgen Ferdinand Sauerbruch, beide kennen sich aus der Breslauer Zeit. Am 12.8.1933 schreibt er an Bonhoeffer (Abb. 9), dass dies nicht gelingen wird und dass „jetzt … Adolf Meyer meine letzte Hoffnung" ist. Meyer (1866–1950), seit 1910 Professor für Psychiatrie an der renommierten Johns Hopkins Universität in Baltimore, galt als einflussreicher Protagonist bei der Unterstützung jüdischer Emigranten. Bis Anfang 1938 konnte Kramer den Lebensunterhalt durch seine Privatpraxis, für deren Erhalt sich Bonhoeffer ebenfalls eingesetzt hatte, realisieren. Bis Oktober 1938 befanden sich von ehemals 3000–3500 Berliner Ärztinnen und Ärzten jüdischer Herkunft noch ca. 1500–1800 Betroffene in Berlin, wohl auch im Zusam-

Der Preußische Minister
für Wissenschaft, Kunst und
Volksbildung

U I   Nr. 8368

Bei Beantwortung wird um Angabe
der Geschäftsnummer gebeten.

Berlin den 23. N o v e m b e r 1933.
W 8 Unter den Linden 4
Fernsprecher: A 1 Jäger 0030
Postscheckkonto: Berlin 14402 } Bürokasse d. Pr. M.
Reichsbank-Giro-Konto } f. W., K. u. V.
— Postfach —

159

Fakultät

Eingeg. *25. XI. 33*
No. ___ *112*

Auf Grund von § 3 des Gesetzes zur Wiederherstellung

des Berufsbeamtentums vom 7.April 1933 entziehe ich Jhnen

hiermit die Lehrbefugnis an der Universität Berlin.

Berlin den 23.November 1933.
(Siegel)
Der Preußische Minister

für Wissenschaft, Kunst und Volksbildung

Jn Vertretung
gez.Jäger.

An

den nichtbeamteten außerordent-

lichen Professor

Herrn Dr. Franz K r a m e r

in B e r l i n W 50

Budapester Straße 13.

U I Nr.8368

– – – – – – – – – –

Abschrift zur Kenntnisnahme.

Jn Vertretung

gez.Jäger.

Beglaubigt.

An

die Medizinische Fakultät

der Universität

hier.

Abb. 5.8. Brief an Kramer vom 23.11.1933 mit der Mitteilung über den Entzug der Lehrbefugnis

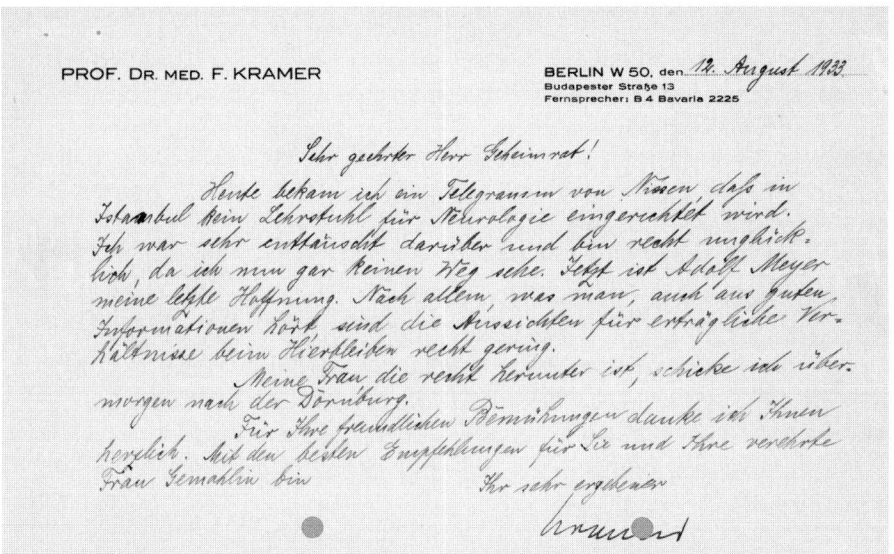

Abb. 5.9. Handgeschriebener Brief von Kramer an Bonhoeffer vom 12. 8. 1933

menhang mit den Olympischen Spielen 1936, die eine vorübergehende Reduzierung der antijüdischen Maßnahmen nach sich zog. Mit Wirkung vom 01. 10. 1938 wurde auch diesem Personenkreis die Approbation und damit die Lebensgrundlage entzogen. Von nun an galt es für Kramer alles daran zu setzen, Deutschland zu verlassen; sein Ziel war Holland, nachdem für ihn die USA nicht in Betracht kam. Unterstützung fand er in seinem Vorhaben bei Adolf Friedrich, Großherzog zu Mecklenburg, der weit reichende Beziehungen zum Sozial-, Kultur- und Unterrichtsminister von Holland unterhielt, sowie von Sauerbruch und Bonhoeffer, die entsprechende Empfehlungsschreiben bzw. Bescheinigungen im Mai bzw. Juni 1938 an diesen Adressaten schickten (Abb. 10, 11). Im gleichen Jahr erhielt Kramer und seine Familie von den „deutschen Behörden ein Auswanderungsvermerk". Kramer verließ Deutschland am 3. 8. 38, die Familie folgte kurz nach der so genannten Kristallnacht im November 1938. Als Jude in Mischehe musste er den „Judenstern" tragen (Abb. 12) und unterstand dem „Befehlshaber der Sicherheitspolizei und des SD für die besetzten niederländischen Gebiete" (Abb. 13). Zunächst fand er bei H. C. Rümke eine Anstellung in Utrecht, musste hier am 1. 3. 1940 sein niederländisches Arztexamen ablegen, erhielt aber „nur die Erlaubnis, in Niederländisch Ostindien zu praktizieren" (heute Indonesien), wurde von der niederländischen Kinderärztin Cornelia de Lange (1871–1950) als für die Tropen dienstunfähig eingestuft und ließ sich daraufhin als Neurologe in Amsterdam nieder, eine Tätigkeit, die er bis 1947 ausführte. Focke [23] zitiert ein Schreiben von Bonhoeffer an Herta Seidemann (1900–1984) vom 25. 10. 1947, in dem er seiner ehemaligen jüdischen Mitarbeiterin in der Charité, die in die USA emigriert war,

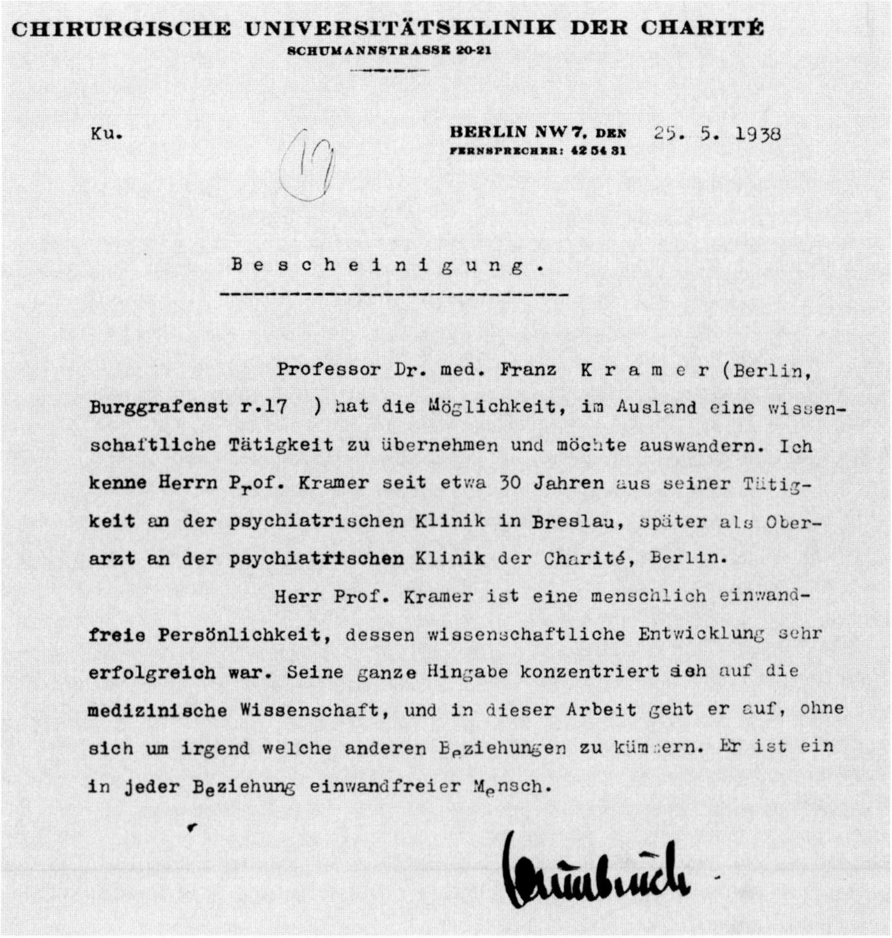

CHIRURGISCHE UNIVERSITÄTSKLINIK DER CHARITÉ
SCHUMANNSTRASSE 20-21

Ku.   BERLIN NW 7, DEN 25. 5. 1938
                                       FERNSPRECHER: 42 54 31

                    B e s c h e i n i g u n g .

              Professor Dr. med. Franz K r a m e r (Berlin,
Burggrafenstr.17) hat die Möglichkeit, im Ausland eine wissenschaftliche Tätigkeit zu übernehmen und möchte auswandern. Ich
kenne Herrn Prof. Kramer seit etwa 30 Jahren aus seiner Tätigkeit an der psychiatrischen Klinik in Breslau, später als Oberarzt an der psychiatrischen Klinik der Charité, Berlin.

              Herr Prof. Kramer ist eine menschlich einwand-
freie Persönlichkeit, dessen wissenschaftliche Entwicklung sehr
erfolgreich war. Seine ganze Hingabe konzentriert sich auf die
medizinische Wissenschaft, und in dieser Arbeit geht er auf, ohne
sich um irgend welche anderen Beziehungen zu kümmern. Er ist ein
in jeder Beziehung einwandfreier Mensch.

Abb. 5.10. Empfehlungsschreiben für Kramer vom Direktor der Chirurgischen Universitätsklinik der Charité Ferdinand Sauerbruch vom 25.5.1938

mitteilt, dass Kramer für eine Berufung in Jena zur Diskussion stand. „Er hätte", so Bonhoeffer, „Jena unbesehen annehmen müssen. Das hat er offenbar nicht riskiert". Der Grund: Kramers Ausreise nach Deutschland wäre genehmigt worden, eine etwaige Rückreise nach Amsterdam jedoch nicht. In dieser Zeit war Kramer ständig auf finanzielle Hilfen angewiesen. Die Situation entspannte sich durch die Anstellung in einer Abteilung für „Psychopathen" von 1947–1951 und durch Zuwendungen über das Bundesentschädigungsgesetz. Ab 1951–1957 war er als Arzt in Den Dolder tätig. Einige Publikationen aus dieser Zeit offenbaren sein unverändertes Interesse an wissenschaftlicher Tätigkeit [88–90]. Bis zu seinem Tode am 29.6.1967 widmete er sich seiner Familie, er galt bis ins hohe Alter als gebildeter und vielseitig interessierter Mensch.

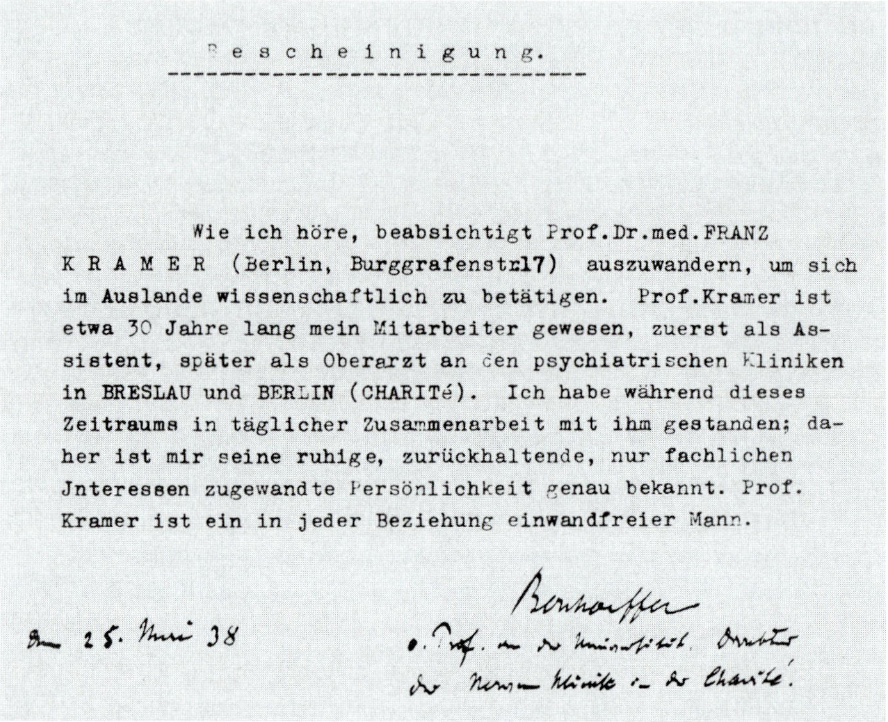

Bescheinigung.

Wie ich höre, beabsichtigt Prof.Dr.med.FRANZ K R A M E R (Berlin, Burggrafenstr.17) auszuwandern, um sich im Auslande wissenschaftlich zu betätigen. Prof.Kramer ist etwa 30 Jahre lang mein Mitarbeiter gewesen, zuerst als Assistent, später als Oberarzt an den psychiatrischen Kliniken in BRESLAU und BERLIN (CHARITé). Ich habe während dieses Zeitraums in täglicher Zusammenarbeit mit ihm gestanden; daher ist mir seine ruhige, zurückhaltende, nur fachlichen Jnteressen zugewandte Persönlichkeit genau bekannt. Prof. Kramer ist ein in jeder Beziehung einwandfreier Mann.

Bonhoeffer

den 25. Mai 38

o. Prof. an der Universität, Direktor der Nervenklinik in der Charité.

Abb. 5.11. Empfehlungsschreiben für Kramer von Bonhoeffer vom 25.6.1938

Der einzige Nachruf für Franz Kramer aus der Fachwelt stammt aus der Feder von Herman Stutte (1902–1982). Er wurde in der Acta Paedopsychiatrica 1967 abgedruckt. Stutte schrieb:

„In memoriam Prof. Dr. Franz Kramer †

Die Deutsche Vereinigung für Jugendpsychiatrie betrauert das Ableben ihres korrespondierenden Mitgliedes Prof. Dr. Franz Kramer, früher Berlin, der – noch vor dem Kriege nach Holland emigriert – am 29. Juni 1967 im 89. Lebensjahr in Bilthoven gestorben ist.

Prof. Kramer hat in zahlreichen nach dem ersten Weltkrieg erschienenen Arbeiten sich um eine genetische Aufhellung kindlicher Schwererziehbarkeitszustände und jugendlicher Anpassungsstörungen unter einem mehrdimensionalen, eklektisch-klinischen Aspekt bemüht. In seinen (mit Ruth v.d. Leyen durchgeführten) Longitudinalstudien an angeblich „gemütlosen" Kindern hat er als einer der ersten auf den Prägungseinfluss ungünstiger

Abb. 5.12. Franz Kramer als Neurologe in Amsterdam, um 1941

Erziehungs- und Pflegeverhältnisse in der frühen Kindheit für die Charakterentwicklung hingewiesen – Erkenntnisse, die von späteren Bearbeitern des Problems kaum beachtet wurden.

Prof. Kramer hat sich außerdem große Verdienste erworben um die Reform der Erziehungsfürsorge, die heilpädagogische Behandlung geistig behinderter Kinder und eine psychologisch orientierte forensische Behandlung jugendlicher Rechtsbrecher in Deutschland.

Zusammen mit Pollnow hat er 1932, mit dem sicheren Blick des erfahrenen Klinikers, jenes eigenartige „hyperkinetische Syndrom" der frühen Kindheit herausgestellt, das nach diesen beiden Autoren benannt ist (Kramer-Pollnow-Syndrom) und dessen nosologische Stellung bis heute noch nicht restlos abgeklärt werden konnte. Kramer war ein Neurologe von hohen Graden und hat im Handbuch der Neurologie (v. Bumke-Förster) das Kapitel über die allgemeine Symptomatologie der Rückenmarkserkrankungen bearbeitet (1937).

Die europäische Kinderpsychiatrie hat allen Anlass, sich dieses Pioniers, dem durch die apokalyptischen Zeitumstände die Weiterführung seiner wissenschaftlichen Arbeiten unterbunden wurde und dem auch die gebührende Anerkennung versagt blieb, in Verehrung und mit Dankbarkeit zu erinnern" [134].

Abb. 5.13. Franz Kramer: Niederländischer Ausweis mit Stempel der Deutschen Sicherheitspolizei und des SD

Dem Lübecker Arzt und Medizinhistoriker Peter Voswinckel ist es zu danken, dass er sich im Rahmen seiner monumentalen Arbeit, das Biographische Lexikon hervorragender Ärzte von Isidor Fischer (1932/33) mit Nachträgen und Ergänzungen versehen (Band 1: Aba–Kom. Georg Olms Verlag, Hildesheim, Zürich, New York 2002) herauszubringen, auch um aktualisierte Angaben zu Franz Kramer bemühte. Der vorläufige Arbeitstext von Voswinckel, der hierzu umfangreich recherchierte, soll an dieser Stelle im Wortlaut (Kopie) beigefügt werden, da das Erscheinen des 2. Bandes (Kon–Zweig) noch unbestimmt ist.

Kramer, Franz, Neurologe in Berlin, * 24.4.1878 in Breslau; + 29.6.1967 in Utrecht (89).

(11.813) Auf Grund des "Gesetzes zur Wiederherstellung des Berufsbeamtentums" verlor K. im November 1933 seine Lehrbefugnis an der Universität Berlin und schied aus der Charité aus, wo er zuletzt als Stellvertreter >Bonhoeffers und Leiter der Poliklinik gewirkt hatte. Er fand vorübergehend eine Tätigkeit am Rudolf Virchow Krankenhaus und führte unter erschwerten Bedingungen seine Praxis in Berlin-Tiergarten weiter. Das Erscheinen seines Beitrags im Handbuch der Neurologie von >Bumke/Foerster 1937 konnte nicht darüber hinwegtäuschen, daß sich die Situation in Berlin weiter zuspitzte. Unter tatkräftiger Vermittlung von >Bonhoeffer und >Sauerbruch gelang ihm im August 1938 die Auswanderung in die Niederlande, seine "arische" Frau und zwei Kinder folgten nach dem Novemberpogrom 1938 nach. Im März 1940 erwarb K. das niederländische Arztexamen. Nur mit Unterstützung von Freunden konnte die Familie die Besatzungs-und Nachkriegszeit in Utrecht überstehen, zum Teil im Untergrund. Der Versuch einer Praxiseröffnung in Amsterdam scheiterte an der ausgeprägten anti-deutschen Stimmung. K. wurde wissenschaftlicher Mitarbeiter des "Rijksasyls voor Psychopathen" und arbeitete bis etwa 1958 in der psychiatrischen "Willem Arntsz Stichting". Seine letzten Publikationen erschienen in der Ned Tijdschr Geneesk, darunter eine der ersten Arbeiten über das Karpaltunnel-Syndrom ("Die partielle Daumenballen-Atrophie", 74: 245-260, 1955). Seinen Lebensabend verbrachte er in Bilthoven. (Sein Sohn Karl war Botanik-Professor in Zürich, die Tochter Gabriele Ärztin in den Niederlanden). Das 1932 von ihm beschriebene "Hyperkinetische Syndrom" trägt bis heute den Namen "Kramer-Pollnow-Syndrom". Sein "Lehrbuch der Nervenkrankheiten" erschien in spanischer Übersetzung (Barcelona 1932). Zusätzlich zu seinem Renommee als Neurologe und Elektrophysiologe erwarb K. große Anerkennung als Kinderpsychiater und Reformer der Erziehungsfürsorge. Er war Mitbegründer des "Deutschen Vereins zur Fürsorge für jugendliche Psychopathen" und Mitherausgeber der "Zeitschrift für Kinderforschung". 1937 gehörte er dem "Ehrenkomite" des "Internationalen Kongresses für Jugend-Psychiatrie" in Paris an. Von seinen monographischen Werken sind zu ergänzen: "Symptomatologie der Erkrankungen des V, VII, IX, X, XI und XII Hirnnerven" (im Hdb Neurol Bumke/Foerster, Bd. 4) Berlin 1936; "Allgemeine Symptomatologie der Rückenmarkserkrankungen" (ebenda, Bd.3) Berlin 1937;

Prof. Dr. P. Voswinckel
IMWG, Univ. Lübeck

Literatur: Univ.-Kurator, Personalia K 294. Archiv Humboldt-Universität;: *Wer ist's? 10. Ausgabe.* Berlin 1935, S. 877; Nekrolog: *Acta Paedopsychiatrica* 34: 182, 1967 (H. Stutte) ; K.J. Neumärker: Der Exodus von 1933 und die Berliner Neurologie und Psychiatrie. *Charité Ann* 8: 224-9, 1988 ; : *Auskunft des Landesverwaltungsamtes Berlin, Entschädigungsbehörde.* ; :*Monatsschr Psychiatr Neurol* 87: 252, 1933 ; :*Fortschritte der Therapie* 12: 521, 1936 ; : *Zeitschrift für Kinderforschung* 44: 307, 1935 ; :*Pflügers Archiv ges Physiol* 242: 234, 1939 ; : *Quellenmaterial aus Familienbesitz (Dr. R. Matthijsen [Schwiegersohn], Oss/Niederlande); darunter Schreiben von K. Bonhoeffer an Herzog Adolf Friedrich zu Mecklenburg (8.11.1937), F. Sauerbruch an den Kultusminister der Niederlande, Slotemaker (11.5.1938); Herzog Adolf Friedrich zu Mecklenburg an Kultusminister Slotemaker (28.6.1938)..* [Portr Schriftenverz.] ;

Im Gegensatz zu Kramer ist die Datenlage zur Person **Hans Pollnow** spärlich und unvollständig. Im Archiv der Humboldt-Universität zu Berlin [7] finden sich die Meldung zur Promotionsprüfung vom 11.03.1929 nach erfolgter Approbation am 10.12.1927, das Protokoll der mündlichen Prüfung („Colloquium") vom 26.03.1929 mit der Gesamtzensur „Sehr gut" und den Unterschriften der Examinatoren Bonhoeffer, Fritz Strassmann (1858–1940) – Gerichtliche Medizin – und Martin Hahn (1865–1935) – Hygiene – sowie Pollnows eigener Lebenslauf in der gedruckten, 22 Seiten umfassenden Inauguraldissertation „Zur Psychotherapie des Asthma bronchiale". Da diese vorerst die einzigen Aussagen zur Person sind, sollen sie im Wortlaut wiedergegeben werden:

> „Am 07. März 1902 wurde ich zu Königsberg i. Pr. als Sohn des Augenarztes Dr. Leo Pollnow geboren, ging ins Collegium Fridericianum zur Schule und legte dort Ostern 1920 die Reifeprüfung ab. In München, Heidelberg und Königsberg studierte ich Philosophie und Medizin. Ostern 1923 bestand ich in Heidelberg die ärztliche Vorprüfung, Ostern 1925 wurde ich in Königsberg zum philosophischen Doktor promoviert und absolvierte dort im Sommer 1926 das medizinische Staatsexamen. Mein praktisches Jahr verbrachte ich zunächst an der II. Medizinischen Klinik der Berliner Charité (Dir.: Geh.-Rat Prof. Dr. Kraus), dann an der I. Medizinischen Klinik der Charité (Dir.: Geh. Med.-Rat Prof. Dr. His), wo diese Arbeit auf Anregung des Herrn Priv.-Doz. Dr. Petow entstand. Am 10. Dezember 1927 wurde ich approbiert. Seitdem bin ich als Volontär-Assistent an der Psychiatrischen- und Nervenklinik der Charité (Dir. Geh. Med.-Rat Prof. Dr. Bonhoeffer) tätig."

Die Geburtsstadt Pollnows, Königsberg i. P., wurde 1255 durch den Deutschen Orden gegründet. Von 1287–1292 erfolgte der Schlossbau, von 1325–1572 der Bau des Königsberger Doms. 1807 floh der „preußische Hof" vor Napoleon dorthin. Von hier aus setzten Heinrich Friedrich Karl Reichsfreiherr vom und zum Stein (1757–1831), Karl August Fürst von Hardenberg (1750–1822) und Karl Wilhelm Freiherr von Humboldt (1767–1835) ihre Reformbestrebungen für Preußen in Gang. Königsberg gilt als „Weltbürgerrepublik" [103], wurde 1945 zerstört und 1946 nach Michael Iwanowitsch Kalinin (1875–1946) benannt. Er war ein enger Mitarbeiter von Lenin und Stalin, ab 1912 der erste Redakteur der Prawda, ab 1919 bis 1946 Staatsoberhaupt der Sowjetunion. Kaliningrad liegt heute auf russischem Territorium (= Oblast).

Noch in der Königsberger Zeit heiratete Pollnow eine bereits wie er zum Dr. phil. promovierte Medizinalpraktikantin, die bei dem damaligen Direktor der Psychiatrischen- und Nervenklinik der Universität Königsberg „Geh. Rat. Prof. Dr. E. Meyer" eine Publikation über die Schriftuntersuchung bei Schizophrenen erstellt hatte [119].

Nach den Archivunterlagen tritt Pollnow am 1.12.1927 eine Stelle als „Volontärassistent" in der Bonhoeffer'schen Klinik an. Vom 1.11.1932 zunächst bis zum 30.4.1933 wird ihm von der Charité-Direktion auf Antrag Bonhoeffers eine „freie außerplanmäßige Assistentenstelle übertragen". „Das Dienstverhältnis", so die Verwaltung, „erlischt ohne besondere Kündigung mit Ablauf des 30. April 1933" [8]. Die zeitliche Abfolge des Vertrages und die Tatsache, dass Pollnow nach dem Erlass des Gesetzes zur Wiederherstellung des Berufsbeamtentums zum 31.3.1933 „als Nichtarier aus seiner Stellung aus der Klinik" sofort ausscheiden musste und im Mai 1933 mit seiner Frau nach Paris emigrierte, offenbart mit großer Eindringlichkeit die damaligen Verhältnisse für jüdische Mitarbeiter nicht nur an der Charité. In Paris findet er als wissenschaftlicher Assistent ohne erteilte Approbation (!) bei dem 1886 geborenen französischen Psychiater Eugéne Minkowski, einem Schüler von Eugen Bleuler (1857–1939), Bruder des in Zürich tätigen Neurologen und Hirnforschers Mieczyslaw Minkowski (1884–1972), in einem Beobachtungs- und Heilerziehungsheim für schwierige Kinder „bei kleinem Gehalt" eine Anstellung. Seinen weiteren Lebensunterhalt verdient er mit seiner Frau Lucie durch Übersetzungen philosophischer Texte, u.a. des französischen Philosophen Nicolas de Malebranche (1638–1715) sowie des Titels „Descartes et la philosophie" ins Deutsche und durch literarische Arbeiten wie die Übersetzung von Novellen des französischen Schriftstellers Honoré de Balzac (1799–1850) ins Deutsche. Die Arbeiten erscheinen 1938 im Pariser Verlag Alcan.

An Karl Jaspers (1883–1969) wandte er sich in einem Brief vom 20.5.1936 aus Paris und berichtet auf zwei Seiten über seine aktuelle Situation. Er bittet Jaspers um ein Empfehlungsschreiben über seine philosophischen Studien, die er bei ihm in den Jahren 1921–1923 absolviert hatte. Jaspers antwortete prompt aus Heidelberg am 23.5.1936 mit folgenden Zeilen:

> *„Zeugnis*
> Herr Dr. Hans Pollnow hat in den Jahren 1921–1923 an meinem philosophischen Seminar teilgenommen und meine Vorlesungen über Philosophie und empirische Psychologie gehört. Später hat er mich über seine Arbeit auf dem Laufenden gehalten. Seine Publikationen haben einen wissenschaftlichen Wert. Ich kenne Herrn Pollnow persönlich als einen ernst arbeitenden und lebendig interessierten, geistigen Menschen" [9].

Mit der Bitte um Unterstützung wandte sich Pollnow auch an seinen ehemaligen, kurz vor der Emeritierung stehenden Chef Bonhoeffer. Dieser schrieb, obwohl ein Briefwechsel ins Ausland verboten war, am 28.3.1938:

> „Herr Dr. med. et phil. Hans Pollnow ist an der mir unterstellten Klinik am 1.12.1927 als Volontärassistent eingetreten und am 1.11.32 als Assistent angestellt worden. Er hat hier seine neurologisch-psychiatrische Fachausbildung abgeschlossen. Sein besonderes Interesse lag auf dem Gebiet der Kinderpsychopathologie. Er hat 1 Jahr selbständig die Kinderstation geleitet und hat in mehrjähriger Zusammenarbeit mit Jugendämtern und als Sachverständiger für das Jugendgericht vielfach Gelegenheit gehabt, sich mit der Kriminalität der Jugendlichen und der Fürsorge für psychopathische Kinder wissenschaftlich und praktisch zu beschäftigen. Es liegen von ihm eine Anzahl bemerkenswerter Arbeiten auf diesem und anderen Gebieten der neurologisch-psychiatrischen Wissenschaft vor. Bei der Neigung und Befähigung, die Herr Dr. Pollnow gerade für das Gebiet der Jugendpsychologie und Psychopathologie hat, und nach seiner psychologischen und medizinischen Vorbildung wäre er, wie ich glaube, in besonderem Masse geeignet, eine wissenschaftliche Stellung auf diesem Gebiete auszufüllen.

Dr. Hans Pollnow ist auf Grund des Gesetzes zur Wiederherstellung des Berufsbeamtentums als Nichtarier aus seiner Stellung in der Klinik ausgeschieden".

Bonhoeffer umreißt mit diesem Empfehlungsschreiben den Werdegang und
die unterschiedlichen wissenschaftlichen Qualifikationen Pollnows.

Von Pollnows Publikationen ist eine breit angelegte Studie zur Physiognomik bemerkenswert, die er 1928 im Jahrbuch der Charakterologie publizierte [111]. In dieser Arbeit dokumentiert er sein philosophisches, na-
turwissenschaftliches und medizinisches Grundverständnis. Die Abhandlung besteht aus zwei Teilen. In einer Problemgeschichte, die bis auf die
aristotelische Semiotik zurückführt, gibt Pollnow einen umfassenden und
vergleichenden Überblick über die Mimik in der Aufklärung, die Physiognomik in der Zeit des Sturm und Drang bis hin zur romantischen Symbolik. Im zweiten Teil der Abhandlung zeichnet Pollnow eine Systematik
und Methodologie des menschlichen Ausdrucks, wobei er sich analysierend
und kritisch mit den Arbeiten von Ludwig Klages (1872–1956), vor allem
die Ausdrucksbewegungen – d.h. die „Bewegungsphysiognomik" – betref-
fend, auseinandersetzt. Pollnows Aussage, dass eine allgemeine Charakte-
ristik der Ausdruckssphäre „vom Verhältnis des Leibes zu seiner Seele" …
handelt, dass dies „nicht durch rationales Erkennen zu fassen, sondern nur
durch metaphorische Darstellung zu veranschaulichen ist", gipfelt in dem
Ergebnis seiner Studie, „dass die von Semiotik, Mimik, Physiognomik und
Symbolik vertretenen partikularen und dogmatischen Aspekte in einer kritischen, mithin gegenstandsadäquaten Ausdruckswissenschaft nicht als Ver-
einzelungen belassen, sondern zu Momenten einer höheren Einheit auf-
gehoben werden sollen"!

Pollnows medizinische Dissertation [112] zur Psychotherapie des Asthma Bronchiale von 1929 stellte eine, wie im Untertitel ausgeführt, „kritische Durchsicht der bisher publizierten Kasuistik" dar. Im Ergebnis wurden psychotherapeutische Verfahrensweisen, ihre Indikationen, Mechanismen und Erfolge beschrieben und 1929 einer breiteren Öffentlichkeit vorgestellt [114]. 1929 berichtete Pollnow im Nervenarzt [113] über die Jahresversammlung des Deutschen Vereins für Psychiatrie vom 23.–25. 5. 1929 in
Danzig. Bonhoeffer leitete diesen 1891 gegründeten Verein als Vorsitzender
in den Jahren 1920–1923, 1924–1930 und von 1931–1934. Im Mai 1934 erfolgte die politisch gewollte Zwangsvereinigung „auf Wunsch des Reichsministerium des Innern" [22] mit der 1907 gegründeten Gesellschaft Deutscher Nervenärzte zur „Gesellschaft Deutscher Neurologen und Psychiater".
Der Vorsitzende nannte sich nunmehr „Reichsleiter" und hieß Ernst Rüdin
(1874–1952), zum neuen „Reichsgeschäftsführer der DGNP" wurde Paul
Nietzsche ernannt (1876 – Todesurteil und Hinrichtung 1948 wegen seiner
aktiven Beteiligung an der T4-Euthanasie-Aktion) [33].

Pollnows Tagungsbericht reflektiert an Hand der einzelnen Vorträge u.a.
die damalige Situation und die sozialen Probleme der Anstaltspsychiatrie
im Hinblick auf die Hospitalisierung und „Frühentlassung von Schizophrenen", für die „eine nachfolgende Betreuung durch offene Fürsorge" not-

wendig ist. „Dem rassenhygienischen Bedenken", so Pollnows Einschätzung von Referat und Korreferat zum Themenkreis, „das übrigens nicht überschätzt werden darf, ist durch Volksbelehrung, durch psychiatrische Eheberatung und ggf. durch Sterilisation Rechnung zu tragen" [113]. Man kann aus der Referatenliste ablesen, dass die Veranstaltung durch Bonhoeffers Mitarbeiter dominiert wird: Es sprechen Thiele, Heinrich Christel Roggenbau (1896–1970), Heinrich Schulte (1898–1983), Jürg Zutt (1893–1980) zu psychiatrischen Themen, „neuropathologische Referenten gaben konkret-empirische Resultate", so Kurt Albrecht (1894–1945) über Kreislauf und Gehirn, Creutzfeldt über Pseudosklerose und Linsenkernerweichung, Kramer über Gefäße und Hirnentwicklung sowie Paul Jossmann (1891–1978), der „kinematographische Filme" über Bulbusbewegungen zeigte.

Ein Jahr später ist es wieder Pollnow, der einen Tagungsbericht liefert, diesmal vom V. Allgemeinen ärztlichen Kongress für Psychotherapie, der vom 26.–29. 4. 1930 in Baden-Baden abgehalten wurde [115]. Hauptthema des Kongresses: Zwangsneurosen. Pollnows wohl auch heute noch als aktuell zu bezeichnender Kommentar: „Eine kritische Überprüfung der Gesamtleistung des Kongresses bestätigt den unmittelbaren Eindruck, dass die wissenschaftliche Position der psychotherapeutisch wirkenden Ärzte insofern vielfach eine bedenkliche ist, als ihnen sowohl der diagnostisch schulende Kontakt mit der nüchternen Empirie der Klinik fehlt wie auch – nach den Geisteswissenschaften hin – die Solidität und Strenge tatsächlicher und begrifflicher Bildung. Es ist zu bequem, in einer Einstellung zu theoretisieren, die sich gleichermaßen von der naturwissenschaftlichen Exaktheit wie von der Weite des historischen Horizontes fernzuhalten versteht. Das trifft ebenso die Abseitigen, deren jeder sein eigenes System repräsentiert, als auch besonders die Anhänger der organisatorisch geschlossen auftretenden Schulen, von denen nach Freud, Adler, Jung den diesjährigen Kongress die Stekelianer zahlenmäßig und ideologisch bestimmten. Allerdings scheint es, dass die Forderungen nach Abkürzung der Behandlungszeit und nach Aktivierung der ärztlichen Haltung, die immer wieder durchklangen, als Symptome einer Wendung wenigstens zur realitätsangepassten Praxis bewertet werden können."

Der 1931 erschienene Beitrag zum Leib-Seele-Problem [117] dokumentiert nochmals Pollnows beeindruckende Sachkenntnis sowohl was den naturwissenschaftlichen Anteil angeht – hier „die psychophysischen Korrelationen" – als auch sein philosophisches Grundverständnis. Unabhängig von traditionellen Lehrmeinungen systematisiert Pollnow die methodischen, kategorialen und empirischen Fragestellungen einer der Menschheit, „der Person", immer wiederkehrenden Problematik.

Gesellschaftsberichte der Berliner Gesellschaft für Psychiatrie und Nervenkrankheiten wurden regelmäßig im Zentralblatt für die Gesamte Neurologie und Psychiatrie publiziert. Auf der Sitzung vom 9. 3. 1931 referierte u. a. Pollnow über ein „manisches Zustandsbild im Kindesalter mit Pseudologie". Es handelte sich um ein 12-jähriges Mädchen der „Kinderstation der Charité-Nervenklinik", „deren Mutter und deren Großmutter mütterlicherseits charakterlich zum zyklothymen Formenkreis gehören". Das Verhalten der Patientin war durch ein „überlebhaftes Temperament" bestimmt, wies „Betriebsamkeit, Unternehmungslust" auf. Beschrieben wird weiterhin die „enorme Ablenkbarkeit", die die schulischen Leistungen mindert, weiterhin wird sie als laut charakterisiert. Die Auffälligkeiten, vor allem die Steigerung ihrer Lebhaftigkeit über einige Tage hin, die in Abständen von mehreren Wochen immer wieder auftraten, waren schon seit dem 6. Lebensjahr festgestellt worden. Pollnow analysiert den „nach Beginn und Ende zeitlich scharf abgegrenzten, zu einer defektlosen Heilung gelangten Verlauf … als eine in diesem Alter sehr seltene manische Phase, die sich auf dem Boden einer hyperthymischen Konstitution entwickelt hatte". Er führt aus: „Es ist möglich, dass es sich auch bei den periodisch beobachteten Verhaltensschwankungen um Exacerbationen nach der manischen Seite hin handelte. Bemerkenswert ist die Produktion phantastischer Pseudologien in deutlichem Zusammenhang mit der manischen Störung" [116].

Diese Pollnow'sche Fallbeschreibung ist inhaltlich eingebettet in die seit 1921 mit der Gründung der Kinderstation der Charité-Nervenklinik von Kramer, ab 1927 zusammen mit Pollnow, gesammelten Fälle „hyperkinetischer Zustandsbilder im Kindesalter", über die Kramer und Pollnow bereits am 16.6.1930 in der Berliner Gesellschaft und 1931 erweitert um Symptombild und Verlauf auf der Jahresversammlung des Deutschen Vereins für Psychiatrie in Breslau berichtet hatten. 1932 erfolgte dann von beiden jene denkwürdige Publikation, die Gegenstand des nächsten Kapitels ist.

Seit der Emigration von Pollnow 1933 nach Paris gab es bis vor kurzem keine weiteren biografischen Hinweise. Die damalige deutsche Besetzung Frankreichs 1940 und die Kriegs- und Nachkriegsjahre verhinderten entsprechende Informationen. Nach den Archivunterlagen [9] meldete sich jedoch am 4.5.1947 die zweite Ehefrau Louise Pollnow in einem Brief an Jaspers und füllt die Lücke an Informationen: Danach war Pollnow noch Angehöriger der französischen Armee, konnte sich aber nicht entschließen, nach England zu dem dort agierenden Charles de Gaulle (1890–1970) zu gehen, wurde demobilisiert, floh im Februar 1943 nach Südfrankreich, wurde dort von der Gestapo gefasst, in Bordeaux inhaftiert und danach ins KZ Mauthausen verschleppt. Am 21.10.1943 wurde er dort ermordet.

Kramer und Pollnow gehören einer Arzt- und Forschergeneration an, die sich nicht ausschließlich mit kinder- und jugendpsychiatrischen Fragestellungen beschäftigte. Dennoch haben sie, vor allem Kramer, dem Fachgebiet wichtige Impulse vermittelt, die u.a. weit über die damals vorherrschende Auffassung über die Psychopathie zur psychopathischen Konstitution bei Kindern und Jugendlichen hinausreicht. Das nach ihnen benannte Syndrombild der hyperkinetischen Erkrankung im Kindesalter mit den Grundelementen der heutigen ADHS, die schon frühzeitig erkannte Notwendigkeit und Bedeutung von Katamnesen, der Stellenwert von Anlage und Umwelt, d. h. der Einfluss von „Erziehung und Pflege", von „Reifungsvorgängen" für Diagnose und Prognose, sowie detaillierte Fallbeschreibungen sind Themen, die an Aktualität nichts eingebüßt haben und über das hinausreichen, was gegenwärtig zum Kramer-Pollnow-Syndrom in lexikalischen Werken zu lesen ist oder was von Fachvertretern in Büchern abgehandelt wird.

Anhang 1

Carl Wernicke, am 15.05.1848 in Tarnowitz, einem kleinen Ort in Oberschlesien, geboren, studierte in Breslau Medizin, promovierte 1870 und trat am 01.04.1871 als Assistent in die von Heinrich Neumann (1814–1884) geleitete Irrenanstalt des Breslauer Allerheiligen-Hospitals ein. Ab 1875 ist Wernicke Assistent bei Carl Westphal (1833–1890), dem Nachfolger von Wilhelm Griesinger (1817–1868) als Direktor der Psychiatrischen- und Nervenklinik der Charité in Berlin von 1869–1889. Bei ihm habilitiert sich Wernicke 1876. Wegen Auseinandersetzungen mit der Charité-Direktion [108] verlässt er 1878 die Charité und ist als Privatdozent, d.h. praktischer Nervenarzt in Berlin tätig. 1885 erfolgt seine Berufung nach Breslau. Nahezu 20 Jahre bis 1904 ist er hier tätig. Wernickes Beitrag ist für die Psychiatrie mit der Einführung bzw. Beschreibung der autochtonen Idee, der überwertigen Idee, der Merkfähigkeit, des Erklärungswahns, der Angstpsychose, Motilitätspsychose, der Halluzinose, Presbyophrenie (Wernicke-Demenz) ebenso bedeutend wie für die Neurologie mit der Beschreibung der zerebralen Hemiplegie (Wernicke-Mann'scher Prädilektionstyp), der akuten hämorrhagischen Polioencephalitis superior (Wernicke-Enzephalopathie) oder der Tastlähmung. Die Herausgabe von Büchern wie das 3-bändige Lehrbuch der Gehirnkrankheiten, vor allem aber der Grundriss der Psychiatrie [139, 140] geben Einblick in die Gedankenwelt und Auffassung, die Wernicke den Bewegungsstörungen in der Psychiatrie und Neurologie unermüdlich entgegengebracht hat. Für Wernicke waren neurologische Bewegungsstörungen Störungen der Motilität, die der Psychosen motorische oder psychomotorische Störungen. Er differenzierte und beschrieb verschiedene Arten von Bewegungen wie Ausdrucksbewegungen, Reaktivbewegungen, Initiativbewegungen, Expressivbewegungen. Er untergliederte die psychomotorischen Veränderungen in Akinese, Hyperkinese und Parakinese [91, 108]. Erstmals beschrieb er im III. Teil seines Grundrisses über „acute Psychosen" in der 32. Vorlesung eine puerperale und „menstruell bedingte hyperkinetische Motilitätspsychose" sowie die Symptome des psychomotorischen Rededrangs, des choreatischen Bewegungsdrangs, der ratlosen Bewegungsunruhe oder des hypermetamorphotischen Bewegungsdrangs. Wernicke generalisierte seine Position wie folgt: „Und je mehr Sie Geisteskrankheiten wirklich sehen und ihre Symptome kennen lernen werden, desto mehr werden Sie sich überzeugen, dass schließlich nichts Anderes zu finden und zu beobachten ist als Bewegungen, und dass die gesamte Pathologie der Geisteskrankheiten in nichts Anderem besteht, als den Besonderheiten ihres motorischen Verhaltens. Sind diese Bewegungen Sprach-

bewegungen, so tritt uns nur dieselbe Tatsache viel greifbarer und augen-
fälliger entgegen wie bei allen anderen Bewegungen" [139]. Vor diesem
Hintergrund wundert es nicht, dass sich seine Mitarbeiter im Rahmen von
Publikationen, u. a. 1897 die erste Arbeit von Bonhoeffer [14] als Assistent
in der Wernicke'schen Klinik über choreatische Bewegungen und deren
hirnlokalisatorische Zuordnung zu den Bindearmen (s. g. Bindearm-Cho-
rea), die Habilitationsschrift von Otfrid Foerster bei Wernicke und die Publikation über Mitbewegungen bei Gesunden, Nerven- und Geisteskrankheiten [24], ebenso Foersters Antrittsvorlesung zur Habilitation als Privatdozent am 10.08.1903 in Breslau zum Thema „Vergleichende Betrachtun-
gen über Motilitätspsychosen und über Erkrankungen des Projektionssys-
tems" [144] bis zu Hugo Liepmanns (1863–1925) Ausführungen über die
Störungen des Handelns bei Gehirnkranken [100]. Anlässlich des Nach-
rufes auf Foerster formulierte dessen Nachfolger in Breslau Victor von
Weizsäcker (1886–1957) diese gesamte Wernicke'sche Ideengestaltung am
Beispiel Foerster mit den Worten „Struktur in Bewegung" [138].

Auseinandersetzungen mit den Breslauer Behörden veranlassten Wernicke 1904 einen Ruf nach Halle anzunehmen. Dort verblieb ihm nur eine
kurze Zeitspanne im Rahmen seiner klinisch-universitären Tätigkeit. Am
15.06.1905 verstirbt er an den Folgen eines Fahrradunfalls im Thüringer
Wald [30]. Über Wernickes Einfluss auf die Psychiatrie und Neurologie berichteten seine Schüler, so 1905 Karl Kleist [34], Hugo Liepmann [101, 102]
oder Paul Schröder [129]. Aber auch zu anderen Anlässen, wie dem 50.
oder 60. Todestag Wernickes wurden wie von Hans Walter Gruhle
(1880–1958) 1955 [29] oder von Karl Leonhard 1966 [93, 94] Wernickes
historische und zeitgenössische Einflüsse auf das Fachgebiet dargelegt. Die
konstruktive Auseinandersetzung mit seinen Beschreibungen und seinem
Werk hält auch aktuell z. B. im Rahmen der „Wernicke-Kleist-Leonhard
School of Psychiatry" unverändert an [136].

Anhang 2

Karl Bonhoeffer wurde am 31.03.1868 im Württembergischen Neresheim
geboren. Ab 1887 studierte Bonhoeffer in Tübingen, Berlin und München
Medizin. 1890 promoviert er bei dem Tübinger Physiologen Paul Grützner
(1847–1919). Durch Vermittlung seines Doktorvaters, der Wernicke kannte
und der über eine vakante Assistentenstelle verfügte, wird Bonhoeffer ab
02.01.1893 Mitarbeiter in dieser Klinik. Mit diesem Schritt beginnt auch
für Bonhoeffer bei Wernicke eine lebenslange Laufbahn auf dem Gebiet der
Psychiatrie und Neurologie. Auch der junge Assistent Bonhoeffer wurde
von der Denk- und Arbeitsweise Wernickes nicht nur inspiriert, er übernahm sie und entwickelte sie in seiner klinischen und wissenschaftlichen
Praxis. Dazu gehörte die gewissenhafte Untersuchung der Kranken, die Do-
kumentation, die Interpretation psychopathologischer und neurologischer

Befunde ebenso wie die Gehirnsektion und die hirnpathologisch-naturwissenschaftliche, d. h. Inbeziehungsetzung der psychisch-psychopathologischen und neurologischen Befunde zu den einzelnen Gehirnregionen im Sinne einer Ursache-Wirkungs- bzw. Struktur-Funktions-Analyse.

Weder Wernicke noch Bonhoeffer noch Kramer blieben die sozialen Situationen verborgen, denen die Menschen in Breslau und in der Provinz Schlesien ausgesetzt waren [20]. Armut, Unterernährung, Infektionskrankheiten, Kindersterblichkeit, Alkoholismus, Dissozialität, Kriminalität und schlechte Wohnverhältnisse waren bei den Menschen, insbesondere bei den psychisch Kranken, nicht nur in Breslau weit verbreitet. Wernickes engagierter Einsatz für die Verbesserung der Aufenthaltsbedingungen psychisch Kranker in der „Irrenanstalt" in Breslau mit den Worten „Für ein Kriegsschiff werden ohne weiteres 12 Millionen bewilligt, aber die kleine Million für eine Klinik ist nicht zu haben" zogen für ihn universitäre und politische Konsequenzen und Auseinandersetzungen nach sich. Die tagtäglich und nachts zu betreuenden Patienten von Bonhoeffer – sofort nach seinem Eintritt in die Klinik übernahm er eine Station von 60 Betten! – waren ein Spiegelbild dieser Zustände. Der Alkoholkonsum erschien maßlos, der von Wernicke beschriebene Folgezustand des „Alkoholwahnsinns" nicht zu übersehen. Über die gesamte schlesische Provinz war die Herstellung von Branntwein und Likören verbreitet. Der unbestrittene Schwerpunkt der Herstellung lag aber in Breslau. Wernicke war es, der Bonhoeffer aufforderte, das Krankheitsbild des „Alkoholwahnsinns" im Rahmen einer Habilitation umfassend zu analysieren und zu beschreiben. 1897 erscheint in gedruckter Form sein Ergebnis „Der Geisteszustand des Alkoholdeliranten. Klinische Untersuchungen". Als Privatdozent an der ehrwürdigen, 1811 gegründeten Breslauer Friedrich-Wilhelms-Universität endete die Zeit bei Wernicke. Bonhoeffer orientierte sich beruflich und persönlich neu. Für fünf Jahre übernahm er die Leitung der Beobachtungsstation für geisteskranke Gefangene der Stadt Breslau. Am 05.03.1898 heiratete er die am 30.12.1876 in Königsberg geborene Paula von Hase, Tochter des in Breslau tätigen Professors für Theologie Karl Alfred von Hase. Sieben der acht Kinder der Bonhoeffers werden in Breslau geboren, so auch die Zwillinge Dietrich und Sabine am 04.02.1906. Wegen seiner klinisch-wissenschaftlichen Erfahrungen und seiner Publikationen galt Bonhoeffer als Anwärter für einen Lehrstuhl an preußischen Universitäten. 1903 nimmt er einen Ruf nach Königsberg, kurz darauf nach Heidelberg an. Am 01.10.1904 kehrt Bonhoeffer als Ordinarius nach Breslau auf die Stelle seines Lehrers zurück, der ja inzwischen nach Halle berufen worden war. 1907 konnte Bonhoeffer den Neubau der Psychiatrischen- und Nervenklinik der Universität Breslau eröffnen [107]. Als Höhepunkt seiner fachlichen und wissenschaftlichen Laufbahn galt zweifellos die Beschreibung der symptomatischen Psychosen. Ein Thema, das er erstmals im Rahmen eines Vortrags am 16.10.1908 vor der traditionsreichen, 1803 gegründeten „Schlesischen Gesellschaft für vaterländische Cultur" abhandelte, 1908 in der Berliner Klinischen Wochenschrift publizierte [15] und 1910 als Monografie herausgab [16].

Anhang 3

Paul Schröder spielt in der Beziehung zu Kramer und Bonhoeffer und in der Beziehung zur deutschen Kinder- und Jugendpsychiatrie sowie Psychiatrie und Neurologie eine bedeutsame Rolle. Geboren wurde Ferdinand Gottlob Paul Schröder am 19.05.1873 als Sohn eines Volksschullehrers in Berlin. Er besuchte eines der traditionsreichen Gymnasien der Stadt, das evangelische „Zum grauen Kloster„ und nahm 1891 nach dem Abitur das Medizinstudium an der Friedrich-Wilhelms-Universität zu Berlin auf. 1897 promoviert er und arbeitet bis 1900 als Assistenzarzt bei Wernicke in Breslau. 1901 wechselt Schröder zu Emil Kraepelin (1856–1926) nach Heidelberg, geht 1903 zu Bonhoeffer nach Königsberg, arbeitet 1904 wieder einige Zeit in Heidelberg bei Franz Nissl (1860–1919), bis ihn Bonhoeffer nach Breslau holt. Bei ihm habilitiert sich Schröder 1905 mit einer Arbeit „Über chronische Alkoholpsychosen". 1909 erfolgte die Ernennung zum außerordentlichen Professor an der Breslauer Universität [10]. Mit dem Wechsel von Bonhoeffer 1912 nach Berlin folgt auch Schröder, der noch im gleichen Jahr den Lehrstuhl des Faches in Greifswald übernimmt.

Schröders Greifswalder Jahre bis Anfang 1925 waren verbunden mit wissenschaftlichen Aktivitäten, so die bedeutsamen Publikationen über die periodischen Psychosen [125] oder die Arbeit über die hyperkinetische Motilitätspsychose bei Hirntumor [126], die alle den nachhaltigen Einfluss Wernickes erkennen lassen, und mit Hochschulaktivitäten, 1924 die Wahl zum Rektor der Universität. Am 01.04.1925 übernimmt Schröder in Leipzig den psychiatrisch-neurologischen Lehrstuhl und die Leitung der Psychiatrischen und Nervenklinik.

Die Leipziger Jahre Schröders bis zu seiner Emeritierung 1938 zeichneten sich durch ein nachhaltiges Interesse, Engagement und wissenschaftliche Aktivität gegenüber der Kinder- und Jugendpsychiatrie aus. Angermeyer und Steinberg [10] benennen Schröder und Leipzig als „Mittelpunkt der europäischen Kinder- und Jugendpsychiatrie". Immerhin wurde Schröder im Juli 1937 in Paris zum ersten Präsidenten des Internationalen Komitees für Kinderpsychiatrie gewählt und drei Jahre später Vorsitzender der Deutschen Gesellschaft für Kinderpsychiatrie und Heilpädagogik. Am 07.06.1941 starb Schröder überraschend an den Folgen einer Leistenbruchoperation [131].

Anhang 4

Zusammen mit **Hans Heinze** (1895–1983), der von 1925 bis 1934 Assistent bei Schröder war (Abb. 14), 1926 die Leitung der Poliklinik und der Beobachtungsabteilung für psychopathische Jugendliche übernommen hatte, sich 1932 habilitierte, legte Schröder eine Monografie vor, um, wie es

Abb. 5.14. Paul Schröder (Mitte) und Mitarbeiter vor der Leipziger Psychiatrischen- und Nerven-klinik um 1932. Rechts neben Schröder: Erwin Gustav Niessl von Mayendorf (1873–1943); Links Hans Bürger-Prinz (1897–1976). Rechts hinter Schröder: Johannes Suckow (1896–1994); links hinter Suckow: Johannes Julius Schorsch (1900–1992); links hinter Schröder mit Brille: Hans Heinze (1895–1983). (Für die Personenangaben danke ich Herrn Dr. H. Steinberg, Archiv für Leipziger Psychiatriegeschichte)

Wieck [141] formulierte, „Pädagogen, Psychologen und vor allem Juristen eine vom psychiatrischen Standpunkt erarbeitete Studie über die Charakterologie abartiger Kinder in die Hand zu geben, um den genannten Personenkreis mit der Vielschichtigkeit der abnormen Verhaltensweisen praxisbezogen und theoretisch fundiert vertraut zu machen". Den heute für uns schwer zugänglichen Begriff „abartig" benutzte Schröder, wie Wieck weiter ausführt, bewusst, „da er ihn abgrenzt gegenüber Krankheit und der großen Spielbreite des Durchschnitts der sogenannten Norm". Schröders wissenschaftlich-publizistischer Ertrag klinischer und Forschungsarbeit auf dem Gebiet der Kinder- und Jugendpsychiatrie in Leipzig ist das 1931 erschienene Buch über „Kindliche Charaktere und ihre Abartigkeiten" [128].

Bei dem Namen Heinze und dessen Karriere wird die gesamte Spannbreite des nationalsozialistischen Gedankengutes und Praxis zur Sterilisation, Zwangssterilisation, T4-Aktion, Euthanasie, Kinder- und Jugendlicheneuthanasie [13, 26] und die Verstrickung der Person Heinze und des Fachgebietes mit beklemmender Deutlichkeit offenkundig. Heinze, 1933 Mitgliedschaft in der Nationalsozialistischen Deutschen Arbeiterpartei (NSDAP), übernahm 1934 die Leitung der Landesheilanstalt (LHA) in Potsdam, übte ab

1938 diese Funktion in der LHA Brandenburg-Görden aus. Ab 1939 war er Dozent in Berlin und T4-Gutachter sowie Mitarbeiter an der NS-Euthanasie-Gesetzgebung. 1946 wurde Heinze von einem sowjetischen Militärgericht zu sieben Jahren Haft verurteilt, im Oktober 1952 entlassen. Ab 1953 war er Assistent in der LHA Münster-Marienthal, ab 1954 Leiter der Jugendpsychiatrischen Klinik beim Niedersächsischen Landeskrankenhaus Wunstorf. Er starb am 04.02.1983 [31, 33]. Benzenhöfer hat über Heinze und die geschilderte Situation ausführlich recherchiert und publiziert [12, 13].

Literatur

1. Archiv der Humboldt-Universität zu Berlin, Med Fak, Urkunde Franz Kramer vom 2.7.1912. 1353, Bl 1
2. Archiv der Humboldt-Universität zu Berlin, Med Fak, Nervenklinik-Gutachten. Akte 38 – Prof. Kramer 1918–1922
3. Archiv der Humboldt-Universität zu Berlin: Bestand: Charité, Band 9/4; Blatt 93, 99, 120. Akte 39: Nervenklinik. Gutachter Prof. Kramer 1918–1922
4. Geheimes Staatsarchiv Preußischer Kulturbesitz, Berlin, Akte 2947: Reichsministerium für Wissenschaft, Erziehung und Volksbildung, Bl 12 ff
5. Archiv der Humboldt-Universität zu Berlin, Med Fak, Personalakte Prof. Dr. K. Bonhoeffer. Nr. 378, Bl 4 ff
6. Archiv der Humboldt-Universität zu Berlin, Med Fak, Bestand Nervenklinik Nr. 3. Schreiben der Charité-Direktion vom 2.4.1935
7. Archiv der Humboldt-Universität zu Berlin, Med Fak, 964: Hans Pollnow Meldung zur Promotionsprüfung, Protokoll, Promotionsschrift (Bl 94–99 ff)
8. Archiv der Humboldt-Universität zu Berlin, Med. Fak., Nervenklinik Nr. 12. Vorgang Pollnow
9. Archiv: Deutsches Literaturarchiv Marbach. Schriftwechsel Karl Jaspers, Zug Nr. 75.9130/Z
10. Angermeyer MC, Steinberg H (Hrsg) (2003) Bilder zur Geschichte der Leipziger Universitätspsychiatrie. Klinik und Poliklinik für Psychiatrie der Universität Leipzig. Leipzig
11. Beddies T (2004) Kinder in der Nervenklinik der Berliner Charité. In: Beddies T, Hübner K (Hrsg) Kinder in der NS-Psychiatrie. Schriftenreihe zur Medizin-Geschichte des Landes Brandenburg 10. Institut für Geschichte der Medizin, Berlin, S 109–124
12. Benzenhöfer U (2003) Hans Heinze: Kinder- und Jugendpsychiatrie und „Euthanasie". In: Arbeitskreis zur Erforschung der nationalsozialistischen „Euthanasie" und Zwangssterilisation (Hrsg Beiträge zur NS-„Euthanasie"-Forschung 2002. Fachtagungen vom 24. bis 26. Mai 2002 in Linz und Hartheim/Alkoven und vom 15. bis 17. November 2002 in Potsdam. Berichte des Arbeitskreises, Bd 3. Klemm & Oelschläger, Ulm, S 9–51
13. Benzenhöfer U (2003) Genese und Struktur der „NS-Kinder und Jugendlicheneuthanasie". Monatsschr Kinderheilkd 10:1012–1019
14. Bonhoeffer K (1897) Ein Beitrag zur Lokalisation der choreatischen Bewegungen. Monatsschr Psychiatr Neurol 1:6–41
15. Bonhoeffer K (1908) Zur Frage der Klassifikation der symptomatischen Psychosen. Berlin Klin Wochenschr 45:2257–2260

16. Bonhoeffer K (1910) Die symptomatischen Psychosen im Gefolge von akuten Infektionen und inneren Erkrankungen. Deuticke, Leipzig, Wien

17. Bonhoeffer K (Hrsg) (1922) Geistes- und Nervenkrankheiten. Handbuch der Ärztlichen Erfahrungen im Weltkriege 1914/1918, Bd 4. Barth, Leipzig

18. Busse F (1991) Gustav Aschaffenburg (1866–1944). Leben und Werk. Med Dissertation, Universität Leipzig

19. Castell R, Nedoschill J, Rupps M, Bussiek D (2003) Geschichte der Kinder- und Jugendpsychiatrie in Deutschland in den Jahren 1937 bis 1961. Vandenhoeck & Ruprecht, Göttingen

20. Conrads N (Hrsg) (1994) Deutsche Geschichte im Osten Europas. Schlesien. Siedler, München

21. Creutzfeldt HG (1920) Über eine eigenartige herdförmige Erkrankung. Z Neurol Psychiatr 57:1–18

22. Ehrhardt HE (1972) 130 Jahre Deutsche Gesellschaft für Psychiatrie und Nervenheilkunde. Steiner, Wiesbaden

23. Focke W (1986) Begegnung. Herta Seidemann Psychiatrin-Neurologin 1900–1984 ein biografischer Essay. Hartung-Gorre, Konstanz

24. Foerster O (1903) Die Mitbewegungen bei Gesunden, Nerven- und Geisteskranken. Fischer, Jena

25. Gagel (1941) Otfrid Foerster 1873–1941. Klin Wochenschr 20:799–800

26. Gerrens U (1996) Medizinisches Ethos und theologische Ethik. Karl und Dietrich Bonhoeffer in der Auseinandersetzung um Zwangssterilisation und „Euthanasie" im Nationalsozialismus. In: Bracher KD et al. (Hrsg) Schriftenreihe der Vierteljahreshefte für Zeitgeschichte, Bd. 73. München, R. Oldenbourg

27. Gerrens U (2001) Psychiater unter der NS-Diktatur. Karl Bonhoeffers Einsatz für rassisch und politisch verfolgte Kolleginnen und Kollegen. Fortschr Neurol Psychiatr 69:330–339

28. Gottwald W (1967) Hervorragende Vertreter der Breslauer Medizinischen Fakultät. Schlesien. Eine Vierteljahresschrift für Kunst Wissenschaft und Volkstum 12:70–77

29. Gruhle HW (1955) Wernickes psychopathologische und klinische Lehren. Nervenarzt 26:505–507

30. Heilbronner K (1905) Nekrolog C. Wernicke. Allg Z Psychiatr 62:881–897

31. Heinze H (1895–1983) – ein deutscher Kinder- und Jugendpsychiater im Nationalsozialismus. In: Castell R et al. Geschichte der Kinder- und Jugendpsychiatrie in Deutschland in den Jahren 1937 bis 1961. Vandenhoeck & Ruprecht, Göttingen, S 340–366

32. Homburger A (1924) Die heilpädagogische Beratungsstelle in Heidelberg. Z Kinderforsch 29:261–274

33. Klee E (2003) Das Personenlexikon zum Dritten Reich. Wer war was vor und nach 1945? Fischer, Stuttgart

34. Kleist K (1905) Nachruf Carl Wernicke. Münch Med Wochenschr 52:1402–1404

35. Koch JLA (1891) Die psychopathischen Minderwertigkeiten. Maier, Ravensburg

36. Kolle K (1964) Genealogie der Nervenärzte des deutschen Sprachgebietes. Fortschr Neurol Psychiatr 32:512–538

37. Kramer F (1902) Muskeldystrophie und Trauma. Monatsschr Psychiatr Neurol 12:199–209

38. Kramer F (1906) Die kortikale Tastlähmung. Monatsschr Psychiatr Neurol 19:129–159

39. Kramer F (1907) Elektrische Sensibilitätsuntersuchungen mittels Kondensatorentladungen. Habilitationsschrift, Breslau

40. Kramer F, Stern W (1908) Psychologische Prüfung eines elfjährigen Mädchens mit besonderer mnemotechnischer Fähigkeit. Z Angew Psychol 1:291–312

41. Kramer F (1909) Die spinale Kinderlähmung. Fortbildungsvortrag. Med Klin 52: 1–10

42. Curschmann H, Kramer F (Hrsg) (1909) Lehrbuch der Nervenkrankheiten. Springer, Berlin (Zweite Aufl 1925, span. 1932)

43. Kramer F (1912) Wirbelsäulenverletzung und hysterische Lähmungen. Vortrag Medizinische Sektion der schlesischen Gesellschaft für vaterländische Kultur zu Breslau 1.12.1911. Berlin Klin Wochenschr 49: 138

44. Kramer F, Selling L (1912) Die myotonische Reaktion (myographische Untersuchungen). Monatsschr Psychiatr Neurol 32:283–301

45. Kramer F (1913) Die funktionellen Neurosen in der Poliklinik. Charité-Annalen 37:116–133

46. Kramer F (1913) Intelligenzprüfungen an abnormen Kindern. Monatsschr Psychiatr Neurol 33:500–519

47. Kramer F (1915) Lähmungen der Sohlenmuskulatur bei Schussverletzungen des Nervus tibialis. Monatsschr Psychiatr Neurol 37:11–17

48. Kramer F (1915) Paralysis agitans-ähnliche Erkrankung. Monatsschr Psychiatr Neurol 38:179–184

49. Kramer F (1916) Schussverletzungen peripherer Nerven. (1. Mitteilung.) Monatsschr Psychiatr Neurol 39:1–19

50. Kramer F (1916) Schussverletzungen peripherer Nerven. (2. Mitteilung.) Nervus Musculocutaneus. Monatsschr Psychiatr Neurol 39:193–198

51. Kramer F (1917) Langdauernder Priapismus (Demonstration). Berliner Gesellschaft für Psychiatrie und Nervenkrankheiten, Sitzung vom 19.VI.1916. Z Gesamte Neurol Psychiatr 13:35–36

52. Kramer F (1917) Unklare Spinalerkrankung bei einem Kinde (Demonstration). Berliner Gesellschaft für Psychiatrie und Nervenkrankheiten, Sitzung vom 19.VI.1916. Z Gesamte Neurol Psychiatr 13:38

53. Kramer F (1917) Sensibilitätsstörung im Gesicht bei corticaler Läsion. Berliner Gesellschaft für Psychiatrie und Nervenkrankheiten, Sitzung vom 13.IX.1916. Z Gesamte Neurol Psychiatr 13:400–401

54. Kramer F, Henneberg R (1917) Über disseminierte Encephalitis. Berliner Gesellschaft für Psychiatrie und Nervenkrankheiten, Sitzung vom 13.IX.1916. Z Gesamte Neurol Psychiatr 13:436–438

55. Kramer F (1917) Bulbärapoplexie (Verschluss der Arteria cerebelli posterior inferior) mit Alloästhesie. Berliner Gesellschaft für Psychiatrie und Nervenkrankheiten, Sitzung vom 8.I.1917. Z Gesamte Neurol Psychiatr 14:58–60

56. Kramer F (1917) Paradoxe Hitzeempfindung bei Verletzung des Großhirns durch Kopfschuss. Berliner Gesellschaft für Psychiatrie und Nervenkrankheiten, Sitzung vom 12.III.1917. Z Gesamte Neurol Psychiatr 14:158–160

57. Axhausen G, Kramer F (1917) Die Kriegsschussverletzungen des Hirnschädels. In: Borchard A, Schmieden V (Hrsg) Lehrbuch der Kriegschirurgie. Barth, Leipzig, S 359–452

58. Kramer F (1917) Reine Agraphie. Berliner Gesellschaft für Psychiatrie und Nervenkrankheiten, Sitzung vom 14. Mai 1917. Z Gesamte Neurol Psychiatr 14:411–413

59. Kramer F (1919) Lähmungen der peripheren Nerven. In: Borchardt M (Hrsg) Ersatzglieder und Arbeitshilfen für Kriegsbeschädigte und Unfallverletzte. Springer, Berlin, S 845–855

60. Kramer F (1920) Psychopathische Veranlagung und Straffälligkeit im Jugendalter. Beiträge zur Kinderforschung und Heilerziehung: Beiheft zur Z Kinderforsch 162:5–15

61. Kramer F (1921) Die wechselseitige Zusammenarbeit zwischen Psychiater und Jugendwohlfahrtspflege in Ermittlung und Heilerziehung. Bericht über die zweite

Tagung über Psychopathenfürsorge Köln a. Rh. 17. und 18. Mai 1921. Springer, Berlin, S 1–12

62. Kramer F (1922) Symptomatologie peripherer Lähmungen auf Grund der Beobachtungen bei Kriegsverletzungen. Karger, Berlin

63. Kramer F (1923) Die Bedeutung von Milieu und Anlage beim schwererziehbaren Kind. Z Kinderforsch 28:25–36

64. Kramer F (1924) Eingliederung des Unterrichts über die Psychopathologie des Kindes- und Jugendalters in das akademische Studium. Z Kinderforsch 29:12–13

65. Kramer F (1925) Übersicht über die Fürsorge für geistig und körperlich abnorme Kinder und Jugendliche in verschiedenen Ländern. Z Kinderforsch 31:1–2

66. Kramer F (1925) Hugo Liepmann †. Monatsschr Psychiatr Neurol 59:225–232

67. Kramer F (1926) Beziehungen der Geschlechtskrankheiten im Kindesalter zu psychischen Anomalien. In: Buschke A, Gumpert M (Hrsg) Geschlechtskrankheiten bei Kindern. Ein ärztlicher und sozialer Leitfaden für alle Zweige der Jugendpflege. Springer, Berlin, S 46–52

68. Kramer F (1927) Haltlose Psychopathen. In: Bericht über die vierte Tagung über Psychopathenfürsorge Düsseldorf 24.–25. September 1926 (S. 35–94). Springer, Berlin

69. Kramer F (1928) Beitrag zur Lehre von der Alexie und der amnestischen Aphasie. Monatsschr Psychiatr Neurol 67:346–360

70. Kramer F (1928) Elektrodiagnostik der Muskelkrankheiten. In: Boruttau H, Mann L (Hrsg) Handbuch der gesamten medizinischen Anwendungen der Elektrizität. Ergänzungsband zu Bd. I, II. Thieme, Leipzig, S 282–283

71. Kramer F (1929) Elektrodiagnostik und Elektrotherapie der Nerven. In: Bethe A (Hrsg) Handbuch der normalen und pathologischen Physiologie. 9. Allgemeine Physiologie der Nerven und des Zentralnervensystems. Springer, Berlin, S 339–364

72. Kramer F, Pollnow H (1930) Hyperkinetische Zustandsbilder im Kindesalter. Berliner Gesellschaft für Psychiatrie und Nervenkrankheiten, Sitzung vom 16.VI.1930. Zentralbl Gesamte Neurol Psychiatr 57:844–845

73. Kramer F (1930) Psychopathische Konstitutionen. In: Clostermann L, Heller T, Stephani P (Hrsg) Enzyklopädisches Handbuch des Kinderschutzes und der Jugendfürsorge. Akademische Verlagsgesellschaft, Leipzig, S 577–587

74. Kramer F (1930) Die Ursachen der Schwersterziehbarkeit, beurteilt vom psychopathologischen und charakterologischen Standpunkt. Z Kinderforsch 37:131–138

75. Kramer F (1931) Die Mitwirkung des Psychiaters im Vormundschafts- und Jugendgerichtsverfahren. Schriftenreihe der Deutschen Vereinigung für Jugendgerichte und Jugendgerichtshilfen, H. 13. Herbig, Berlin

76. Kramer F (1932) Psychiatrische Gutachten über kriminelle Jugendliche (Minderjährige) und jugendliche Zeugen. III. Gutachten im F.-Prozess. Z Kinderforsch 39:331–346

77. Kramer F, Pollnow H (1932) Symptomenbild und Verlauf einer hyperkinetischen Erkrankung im Kindesalter. Allg Z Psychiatr 96:214–216

78. Kramer F, Pollnow H (1932) Über eine hyperkinetische Erkrankung im Kindesalter. Monatsschr Psychiatr Neurol 82:1–40

79. Kramer F (1933) Psychopathische Konstitutionen und organische Hirnerkrankungen als Ursache von Erziehungsschwierigkeiten. Z Kinderforsch 41:306–322

80. Kramer F, Quadfasel F (1933/34) Die doppelte Reaktion des Muskels bei Myotonie. (Elektrische Untersuchungen). Monatsschr Psychiatr Neurol 87:252–276

81. Kramer F, Leyen R von der (1934) Entwicklungsverläufe „anethischer, gemütloser" psychopathischer Kinder. Z Kinderforsch 43:305–422

82. Kramer F, Leyen R von der (1935) Entwicklungsverläufe „anethischer, gemütloser" psychopathischer Kinder. Briefwechsel mit Herrn Prof. Dr. P. Schröder. Z Kinderforsch 44:224–228

83. Kramer F (1935) Ruth v. der Leyen †. Z Kinderforsch 44:307–310

84. Kramer F (1936) Symptomatologie der Erkrankungen des V., VII., IX., X., XI. und XII. Hirnnerven. In: Bumke O, Foerster O (Hrsg) Handbuch der Neurologie, Bd 4: Hirnnerven, Pupille. Springer, Berlin S 340–358

85. Kramer F (1937) Allgemeine Symptomatologie der Rückenmarkserkrankungen. In: Bumke O, Foerster O (Hrsg) Handbuch der Neurologie, Bd 3 Quergestreifte Muskulatur, Rückenmarksnerven, Sensibilität, Elektrodiagnostik. Springer, Berlin, S 640–700

86. Kramer F (1938) Über ein motorisches Krankheitsbild im Kindesalter. Monatsschr Psychiatr Neurol 99:294–300

87. Holtz F, Kramer F, Schröder W (1939) Über die Wirkung des intermittierenden Gleichstromes auf den quergestreiften Muskel. Pflügers Arch Gesamte Physiol Menschen Tiere 242:234–254

88. Lups S, Kramer F (1940) Das Verhalten der Reflexe im Insulinkoma. Schweiz Arch Neurol Psychiatr 45:213–229

89. Kramer F (1955) Die partielle Daumenballenatrophie. Schweiz Arch Neurol Psychiatr 74:245–260

90. Kramer F (1957) Status dysraphicus bei Geisteskranken. Schweiz Arch Neurol Psychiatr 79:44–60

91. Lanczik M (1988) Carl Wernicke und die Breslauer Psychiatrische Schule. Fundamenta Psychiatrica 2:45–52

92. Lander H-J (1985) Hermann Ebbinghaus, ein problemgeschichtlicher Beitrag zur Entwicklung der Gedächtnispsychologie. Z Psychol 193:9–25

93. Leonhard K (1966) Psychiatrie auf dem klinischen Boden Wernickes. In Gedenken an Wernicke als Kliniker aus Anlass der 60. Wiederkehr seines Todestages (15. Juni 1905). Psychiatr Neurol Med Psychol 18:165–171

94. Leonhard K (1966) Hatte Wernicke mit seiner Lokalisationslehre unrecht? J Neurol Sci 3:434–438

95. Leyen R von der (1923) Wege und Aufgaben der Psychopathenfürsorge. Z Kinderforsch 28:37–49

96. Leyen R von der (1924) Die Eingliederung der Psychopathenfürsorge in die Ausbildung der Jugendwohlfahrtspflegerinnen. Z Kinderforsch 29:17–23

97. Leyen R von der (1927) Stätten der Beratung, Beobachtung und Unterbringung psychopathischer Kinder und Jugendlicher. Z Kinderforsch 33:311–328

98. Leyen R von der (1927) Wege und Aufgaben der Psychopathenfürsorge IV. Z Kinderforsch 33:527–541

99. Leyen R von der (1931) Die Eingliederung der Fürsorge für jugendliche Psychopathen in Jugendrecht und Erziehung. Z Kinderforsch 38:625–671

100. Liepmann H (1908) Die Störungen des Handelns bei Gehirnkranken. Karger, Berlin

101. Liepmann H (1911) Über Wernickes Einfluss auf die klinische Psychiatrie. Monatsschr Psychiatr Neurol 30:1–32

102. Liepmann H (1924) Carl Wernicke (1848–1905). In: Kirchhoff T (Hrsg) Deutsche Irrenärzte. Einzelbilder ihres Lebens und Wirkens, Bd 2. Springer, Berlin, S 238–250

103. Manthey, Z (2005) Königsberg. Geschichte einer Weltbürgerrepublik. Hanser, München

104. Meister K (1964) Die medizinische Sektion der Schlesischen Gesellschaft für vaterländische Cultur. Deutsches Ärzteblatt – Ärztliche Mitteilungen 61:2440–2443 u. 2492–2496

105. Neumärker K-J (1982) Zur Geschichte der Abteilung für Kinderneuropsychiatrie an der Berliner Charité. Acta paedopsychiatr 48:297–305

106. Neumärker K-J (1989) Der Exodus von 1933 und die Berliner Neurologie und Psychiatrie. In: Großer J (Hrsg) Charité-Annalen, Neue Folge, Bd 8/1988. Akademie-Verlag, Berlin, S 224–229

107. Neumärker K-J (1990) Karl Bonhoeffer. Leben und Werk eines deutschen Psychiaters und Neurologen in seiner Zeit. Springer, Berlin, Heidelberg, New York, London, Paris, Tokyo, Hong Kong, und Hirzel, Leipzig

108. Neumärker K-J (1994) Carl Wernicke und Karl Kleist. Zwei Biographien – eine Richtung in ihrer Entwicklung. Fundamenta Psychiatrica 8:176–184

109. Neumärker K-J (2001) Bonhoeffer und seine Schüler – Spannungsfeld zwischen Neurologie und Psychiatrie. In: Holdorff B, Winau R (Hrsg) Geschichte der Neurologie in Berlin. De Gruyter. Berlin, New York, S 175–192

110. Neumärker K-J (2005) Karl Bonhoeffers Entscheidungen zur Zwangssterilisation und Euthanasie. Versuch einer ethischen Beurteilung unter Berücksichtigung D. Bonhoeffers. In: Gestrich, C (Hrsg) X. Dietrich Bonhoeffer Vorlesung. Vom Schutz des Lebens (im Druck)

111. Pollnow H (1928) Historisch-kritische Beiträge zur Physiognomik. I. Zur Problemgeschichte. II. Zur Systematik und Methodologie. In: Utitz E (Hrsg) Jahrbuch der Charakterologie, Bd V. Pan-Verlag Rolf Heise, Berlin, S 157–206

112. Pollnow H (1929) Zur Psychotherapie des Asthma Bronchiale. Kritische Durchsicht der bisher publizierten Kasuistik. Inauguraldissertation zur Erlangung der Doktorwürde der Hohen Medizinischen Fakultät an der Friedrich-Wilhelms-Universität zu Berlin. Springer, Berlin

113. Pollnow H (1929) Tagungsbericht. Jahresversammlung des Deutschen Vereins für Psychiatrie in Danzig. Nervenarzt 2:415–418

114. Pollnow H, Petow H, Wittkower, E (1929) Beiträge zur Klinik des Asthma bronchiale und verwandter Zustände. IV. Teil: Zur Psychotherapie des Asthma bronchiale. Z Klin Med 110:701–721

115. Pollnow H (1930) Tagungsbericht. V. Allgemeiner ärztlicher Kongress für Psychotherapie in Baden-Baden. 26. bis 29. April 1930. Nervenarzt 3:354–356

116. Pollnow H (1931) Manisches Zustandsbild im Kindesalter mit Pseudologie. Zentralbl Gesamte Neurol Psychiatr 60:864–866

117. Pollnow H (1931) Das Leib-Seele-Problem und die psychophysischen Korrelationen. In: Brugsch T, Lewy FH (Hrsg) Die Biologie der Person. Ein Handbuch der allgemeinen und speziellen Konstitutionslehre. Bd. II: Allgemeine somatische und psychophysische Konstitution. Urban & Schwarzenberg, Berlin, Wien, S 1061–1092

118. Pollnow H, Minkowski E (1937) Psychose hallucinatoire: évolution intermittente, élimination d'idées de persécution. Annales medico-psychologiques 95:787–792

119. Pollnow L (1927) Beitrag zur Schriftuntersuchung bei Schizophrenen. Arch Psychiatr Nervenkr 80:352–366

120. Rahden T van (2000) Juden und andere Breslauer. Die Beziehungen zwischen Juden, Protestanten und Katholiken in einer deutschen Großstadt von 1860 bis 1925. In: Berding H et al. (Hrsg) Kritische Studien zur Geschichtswissenschaft. Vandenhoeck & Ruprecht, Göttingen

121. Sauerbruch F (1956) Das war mein Leben. Bertelsmann, Gütersloh

122. Sprung L (1985) Hermann Ebbinghaus 1850–1909. Z Psychol 193:2–8

123. Schmidt W (2002) William Stern [29.4.1871–28.3.1938]. In: Lück HE, Miller R (Hrsg) Illustrierte Geschichte der Psychologie. Beltz, Weinheim, Basel

124. Schottlaender R (1988) Verfolgte Berliner Wissenschaft. Edition Hentrich, Berlin

125. Schröder P (1918) Ungewöhnliche periodische Psychosen. Monatsschr Psychiatr Neurol 44:261–287

126. Schröder P (1923) Hyperkinetische Motilitätspsychose bei Hirntumor. Monatsschr Psychiatr Neurol 53:1–10

127. Schröder P, Heinze H (1928) Die Beobachtungsabteilung für jugendliche Psychopathen in Leipzig. Allg Z Psychiatr 68:189–197
128. Schröder P (1931) Kindliche Charaktere und ihre Abartigkeiten. Mit erläuternden Beispielen von Dr. med. Hans Heinze. Hirt, Breslau
129. Schröder P (1938) Die Lehren Wernickes und ihre Bedeutung für die heutige Psychiatrie. Z Gesamte Neurol Psychiatr 165:38–47
130. Schröder P (1939) Kinderpsychiatrie. Allg Z Psychiatr Grenzgeb 69:54–57
131. Steinberg H (1999) Rückblick auf die Entwicklungen der Kinder- und Jugendpsychiatrie: Paul Schröder. Praxis Kinderpsychol Kinderpsychiatr 48:202–206
132. Stern W, Stern C (1907) Die Kindersprache. Barth, Leipzig
133. Stern W (1914) Psychologie der frühen Kindheit bis zum sechsten Lebensjahr. Quelle & Meyer, Leipzig
134. Stutte H (1967) In memoriam Prof. Dr. Franz Kramer†. Acta Paedopsychiatr 34:182
135. Thiele R (1926) Zur Kenntnis der psychischen Residuärzustände nach Encephalitis epidemica bei Kindern und Jugendlichen, insbesondere der weiteren Entwicklung dieser Fälle. Monatsschr Psychiatr Neurol Beih 36
136. Ungvari GS (1993) The Wernicke-Kleist-Leonhard School of Psychiatry. Biol Psychiatry 34:749–752
137. Villinger W (1923) Die Kinder-Abteilung der Universitätsnervenklinik Tübingen. Zugleich ein Beitrag zur Kenntnis der Enzephalitis epidemica und zur sozialen Psychiatrie. Z Kinderforsch 28:128–160
138. Weizsäcker V von (1941) Nachruf auf Otfrid Foerster gesprochen bei seiner Bestattung am 19.VI.1941. Nervenarzt 14:385–386
139. Wernicke C (1894) Grundriss der Psychiatrie in klinischen Vorlesungen. Teil I Psycho-physiologische Einleitung, Teil II Die paranoischen Zustände. Thieme, Leipzig
140. Wernicke C (1900) Grundriss der Psychiatrie in klinischen Vorlesungen. Teil III Die acuten Psychosen und die Defektzustände. Thieme, Leipzig
141. Wieck C (1978) Gegenwärtige Stellungnahme zur Monographie Paul Schröders „Kindliche Charaktere und ihre Abartigkeiten". Psychiatr Neurol Med Psychol 30:263–269
142. Wolf JH (2003) Hans Gerhard Creutzfeldt (1885–1964) – klinischer Neuropathologe und Mitbegründer der biologischen Psychiatrie, Berichte aus den Sitzungen der Joachim Jungius-Gesellschaft e. V., Jg 21, H 5. J. Jungius-Gesellschaft der Wissenschaften, Hamburg
143. Wroński J (1991) Foerster's Activity and Neurosurgery in Wrocław (Breslau). Zentralbl Neurochir 52:153–163
144. Zülch KJ (1966) Otfrid Foerster – Arzt und Naturforscher 9.11.1873–15.6.1941. Springer, Berlin, Heidelberg, New York

▐ Danksagung

Für die Bereitstellung von Briefen, Bildmaterialien und Informationen über F. Kramer danke ich der Schwiegertochter Frau Dipl.-Psych. Margrit Kramer (Uerikon/Schweiz) und dem Schwiegersohn Herrn Dr. R. Matthijsen (Oss/Niederlande). Herrn Dr. U. Gerrens (Wuppertal) und Prof. Dr. P. Pichot (Paris) verdanke ich Hinweise über den Aufenthalt von Pollnow in Paris nach seiner Emigration und dem im Schillermuseum Deutsches Literaturarchiv in Marbach vorhandenen Schriftwechsel Karl Jaspers und Pollnow aus den Jahren 1936 bis 1938.

6 Faksimile der Arbeit von F. Kramer und H. Pollnow von 1932 *

MONATSSCHRIFT

FÜR

PSYCHIATRIE UND NEUROLOGIE

BEGRÜNDET von C. WERNICKE und TH. ZIEHEN

UNTER MITWIRKUNG VON

K. KLEIST   O. PÖTZL   P. SCHRÖDER
FRANKFURT A. M.   WIEN   LEIPZIG

HERAUSGEGEBEN VON

K. BONHOEFFER
BERLIN

Bd. LXXXII

Mit zahlreichen Abbildungen im Text

BERLIN 1932
VERLAG VON S. KARGER
KARLSTRASSE 39

* Nachdruck mit freundlicher Genehmigung der S. Karger AG, Basel

I.

(Aus der Psychiatrischen und Nerven-Klinik der Charité in Berlin
[Direktor: Geh. Med.-Rat Prof. Dr. *Bonhoeffer*].)

Über eine hyperkinetische Erkrankung im Kindesalter.

Von

Prof. Dr. FRANZ KRAMER u. Dr. med. et. phil. HANS POLLNOW.

Im folgenden soll ein im Kindesalter vorkommendes Krankheitsbild dargestellt werden[1]), das — obschon es durchaus
nicht etwa besonders selten ist — bisher in seiner Eigenart
gegenüber einer Reihe scheinbar ähnlicher Symptomenkomplexe
noch nicht hinreichend abgegrenzt wurde, wie eine Durchsicht
der Literatur zeigt. Das Symptomenbild ist jedem wohl bekannt, der Gelegenheit hat, ein großes Material von abnormen
Kindern zu sehen; es wird in erster Linie durch eine oft erstaunliche Bewegungsunruhe charakterisiert. Bei den ausgesprochenen Fällen der Erkrankung, die wir meinen, ist die
Anamnese ohne wesentliche Variationen in den Grundzügen
immer wieder dieselbe: in den ersten Lebensjahren sei das Kind
ruhig gewesen, dann habe — häufig im Anschluß an epileptische
Anfälle — die Unruhe ziemlich plötzlich eingesetzt und seitdem ständig zugenommen. Meist kommt der Beginn der Unruhe
zwischen dem dritten und vierten Jahre, selten später. Ihr
Höhepunkt scheint um das sechste Lebensjahr herum zu liegen;

---

[1]) Vgl. auch unsere Demonstration „hyperkinetischer Zustandsbilder im Kindesalter" in der Berliner Gesellschaft für Psychiatrie und
Nervenkrankheiten am 16. VI. 1930 und unseren Vortrag auf der Breslauer Jahresversammlung des Deutschen Vereins für Psychiatrie (9. bis
10. IV. 1931) über „Symptomenbild und Verlauf einer hyperkinetischen
Erkrankung im Kindesalter".

Monatsschrift für Psychiatrie und Neurologie. Bd. 82. Heft 1/2.   1

danach pflegen die Angehörigen ein allmähliches Abklingen zu berichten. Frühzeitig fällt auf, daß diese Kinder in geistiger Hinsicht nicht der Norm der Altersgenossen entsprechend heranreifen. Damit wiederum in engem Zusammenhang steht die Beobachtung, daß sich bei den meisten Kindern, die von dieser krankhaften Hyperkinese betroffen werden, auch Störungen der Sprachentwicklung finden.

Eine genauere Beschäftigung mit Fällen dieser Art und insbesondere die Nachuntersuchungen, die wir in den letzten Jahren an früher schon beobachteten Kranken durchgeführt haben, bestätigten nicht nur immer wieder die übereinstimmende Einheitlichkeit des Symptomenbildes, sondern auch die Gemeinsamkeit eines charakteristischen Verlaufes und brachten uns dadurch zu der Überzeugung, daß wir es mit einem Krankheitsprozeß eigener Prägung zu tun haben und daß man mit keiner der bisher üblichen klinischen Einordnungen diesem Symptomenkomplex gerecht wird. —

Man findet zwar auch in der *Literatur* gelegentlich Hinweise auf das eben erwähnte Syndrom, nirgends aber eine einheitliche Herausarbeitung seiner Besonderheit. In der Regel wird es als agile Idiotie behandelt oder der sogenannten erethischen Form des Schwachsinns zugerechnet; man findet seine Beschreibung auch im Zusammenhang mit den motorischen Anomalien der Psychopathen, manchmal schließlich im Kapitel über die psychischen Störungen der Epilepsie. —

Als historischer Beleg dafür, daß Bilder dieser kindlichen Erkrankung schon längst gesehen und ganz prägnant dargestellt wurden, sei ein Fall zitiert, den *Maudsley* beschreibt (Physiologie und Pathologie der Seele. Dtsch. Würzburg 1870):

„Bei einem achtjährigen Mädchen von guter physischer Konstitution, das in meine Behandlung kam, schien die Epilepsie eine Hemmung der psychischen Entwicklung zur Zeit des sensoriellen Stadiums erzeugt zu haben. Sie war eine höchst unartige kleine Maschine, die nie zur Ruhe kam und alles ergriff, was ihr zu Gesicht kam; doch gab sie sich damit nicht zufrieden, sondern warf alles sofort wieder zu Boden, um gleich wieder nach etwas Anderem zu suchen. Sie war keiner Verbesserung oder Erziehung zugänglich und erforderte beständig die ganze Energie einer Person zu ihrer Aufsicht. Sie war einer automatischen Maschine vergleichbar, die durch Sinneseindrücke zu verderblicher und zerstörender Tätigkeit angeregt wurde."

Eine anschauliche Skizze des Symptomenkomplexes gibt *Emminghaus* (Die psychischen Störungen des Kindesalters. Tü-

im Kindesalter. 3

bingen 1887) bei der Schilderung „aufgeregter Idioten", ohne doch Unterschiede in den Verläufen zu berücksichtigen. Weder bei *Weygandt* (Idiotie und Imbezillität. Leipzig und Wien 1915) noch in *Strohmayers* Arbeiten (Die Psychopathologie des Kindesalters, München 1923[2], und: Angeborene und im frühen Kindesalter erworbene Schwachsinnszustände. Handb. d. Geisteskrkh., Bd. X, Berlin 1928) finden sich Mitteilungen über das gar nicht seltene Krankheitsbild. *Kraepelin* zeichnet wohl sehr sinnfällig die „ziellose, quecksilbrige Beweglichkeit" im Verhalten der erethischen Debilen (Psychiatrie. Leipzig 1915[8], S. 2143 f.), eine klinische Differenzierung der von motorischer Unruhe bestimmten Zustandsbilder wird ihm nicht zum Problem. Trotz der Vollständigkeit und systematischen Geschlossenheit seines Werks hat auch *Homburger* (Psychopathologie des Kindesalters. Berlin 1926.) die Eigenart der Erkrankung von den Formen der Bewegungsstörungen, die man bei „agilen Idioten" beobachtet, nicht abgegrenzt. Aber kaum treffender als mit seinen Worten kann das Symptom der Hyperkinese, die wir meinen, analysiert werden (S. 73):

„Es wechseln . . . von dem Zufall der wechselnden Blickrichtung geleitet, die in dem abnormen Bewegungsdrang immer bereitliegenden Antriebe planlos Gegenstand und Richtung; in unverbundenen Einzelhandlungen wird ein augenblickliches Begehren befriedigt, ohne daß irgendeine von ihnen in ihrem Erfolg Befriedigung gewährte . . . Allen Bewegungen ist eine gewisse Heftigkeit eigen und das ganze Bewegungsbild ist durch den Mangel regelnder Abmessungen gekennzeichnet . . . In alledem liegt weder Sinn noch Ordnung."

Den Überblick über die dürftige literarische Behandlung, die diese hyperkinetische Erkrankung seitens der Psychiatrie bisher erfahren hat, möchten wir mit der ausführlichen Wiedergabe des einzigen hierher gehörigen Falles abschließen, dessen Publikation außer dem Symptomenbild auch den Verlauf berücksichtigt hat: *Buser* (Beitrag zur Kasuistik der Kinderpsychosen. Diss. Basel 1903) berichtet von einem vier Jahre alten Jungen, der trotz einer körperlich durchaus normalen Entwicklung mit 1 3/4 Jahren erst laufen und zunächst gar nicht sprechen lernte (S. 32ff.).

„Von jeher fielen an ihm auf motorische Unruhe, mangelnde Aufmerksamkeit." Mit etwa zwei Jahren trat zum erstenmal ein Krampfanfall auf, der 20 Minuten gedauert haben soll, — „vielleicht im Anschluß an einen verdorbenen Magen". Solche Anfälle wiederholten sich zunächst in größeren Abständen, wurden dann häufiger, blieben aber ganz fort,

1*

4   K r a m e r u. P o l l n o w , Über eine hyperkinetische Erkrankung

als das Kind drei Jahre alt war. Mit vier Jahren mußte man den Jungen
in eine Anstalt überführen, „da der Kleine wegen seines ungestümen
Bewegungsdranges und seiner Zerstörungssucht nicht mehr zu bändigen
war. Bei der Aufnahme stärkste motorische Erregung, läuft im Aufnahmezimmer von einem Stuhl zum anderen und kann vom Wärter
nur mit Mühe auf die Abteilung gebracht werden." Die körperliche
Untersuchung ergab nichts Auffallendes. Das psychische Verhalten
wird anfangs folgendermaßen beschrieben: „Hochgradige motorische Unruhe; singt zuweilen vor sich hin, reagiert nicht auf Anreden, jedoch
sehr lebhaft auf metallische Klänge. Kaut an seinen Fingern herum.
Steckt Sachen, die er bekommt, in den Mund, wirft sie dann fort, wie
ein einjähriges Kind." Fünf Monate später: „Stets motorisch sehr aufgeregt. Morgens muß eine Wartperson am Bette des Pat. bleiben, da
er sonst infolge seines Tanzens und Springens im Bett Gefahr läuft,
auf den Boden zu fallen (was auch einmal in einem unbewachten Augenblick geschah). Oft lautes monotones, sehr störendes Schreien." —
Noch ein Vierteljahr später wird vermerkt: „Im Laufe der Monate ließ
der anfänglich ungestüme Bewegungsdrang entschieden nach, Pat. stört
weniger auf der Abteilung", kann jetzt einzelne Worte aussprechen,
differenziert sein Verhalten gegenüber verschiedenen Personen. „Zum
Gehorsam scheint der Kranke nicht zu erziehen zu sein; stellt man ihn
von einem Platz noch so oft beiseite, so kommt er doch immer wieder
zu derselben Stelle zurück. Er ist völlig von blinder Triebhaftigkeit
beherrscht . . . An Spielsachen verschiedener Art findet der Kranke
keinen Gefallen, nur Schlüssel machen ihm Freude, diese sucht er dem
Arzte und den Wärtern sogar aus der Tasche zu nehmen. Um das Kind
zu beruhigen, bindet ein Wärter sein Schlüsselbund an einen Baum,
Pat. bleibt dann am Platze, bis die Schlüssel weggenommen werden." —
Nach einem weiteren Monat meldet die Krankengeschichte: „In der
letzten Zeit ist das Kind ganz bedeutend ruhiger, als während seines
ganzen bisherigen Aufenthaltes. Ist viel folgsamer, geht auf Geheiß
zu Bett, kommt, wenn man es ruft. Erwähnt sei noch, daß das monotone Schreien in den letzten Wochen nie mehr gehört worden ist."

Epikritisch wird der Fall als „Idiotie mittleren Grades"
gedeutet, und zwar als „erethische Form dieser Krankheit".
Wenn auch vom Autor gesagt wird: „Der Exaltationszustand,
der zur Aufnahme führte, trägt manischen Charakter. Seine
Entwicklung war eine allmähliche, sowie auch sein Abklingen",
so halten wir es doch für wahrscheinlich — wenn überhaupt
eine Krankengeschichte aus zweiter Hand solche Urteile erlaubt —, daß es sich bei dem *Buser*schen Fall um eine Erkrankung handelte, die nach Symptomenbild und Verlauf zu der
von uns beobachteten Gruppe phasenhafter Hyperkinesen des
Kindesalters gehört. Dieser Gesichtspunkt einerseits, auf der
anderen Seite die schwer zugängliche Publikationsstelle dieses
kasuistischen Beitrags scheinen uns die Ausführlichkeit der

im Kindesalter.   5

Wiedergabe zu rechtfertigen, zumal der Fall gerade auch in Einzelheiten mit unseren Befunden weitgehend übereinstimmt.

Bevor wir die typische Gestaltung und die besonderen Einzelzüge des Syndroms im Zusammenhang darstellen, indem wir das Resumé unserer Erfahrungen ziehen, soll zunächst ein konkreter Fall unseres Gesamtmaterials die anamnestischen und klinischen Tatbestände des Krankheitsbildes veranschaulichen:

Fall 1. Heinz H. Er war bei der Aufnahme auf die Kinderbeobachtungsstation der Charité-Nervenklinik 2¾ Jahre alt. Seine Mutter gab an: ihr Mann sei ein meist ruhiger, gelegentlich sehr reizbarer Mensch. In der Familie bestünden sonst keine Besonderheiten. Die Geburt des Jungen sei leicht gewesen. Er habe sich körperlich gut entwickelt, sah stets frisch aus, habe außer Masern keine Kinderkrankheiten gehabt. In letzter Zeit sei starker Speichelfluß aufgefallen.

Als der Junge ein halbes Jahr alt war, traten zum erstenmal Krämpfe auf: er verdrehte die Augen, krampfte die Glieder zusammen, lag mehrere Sekunden — gelegentlich bis zu einer Minute — steif da, sah blaß aus und weinte meist, wenn er wieder zu sich kam. Solche Anfälle traten mehrmals am Tage auf. Der Hausarzt stellte Gehirnhaut-Entzündung fest. Fieber oder Erbrechen wurden nicht bemerkt. In einem Kinderkrankenhaus wurde Heinz lumbalpunktiert: es ergab sich nichts Pathologisches. Man hielt die Erkrankung für eine Epilepsie. Seit einem halben Jahre blieben die Anfälle fort.

Mit elf Monaten fing Heinz an zu laufen. Mit zwei Jahren erst konnte er Worte bilden; vorher lallte er nur unverständlich. Bisher könne er kaum mehr als Mama und Papa sagen. Er habe seit ¾ Jahren sprachlich nichts zugelernt. Bald nach dem Auftreten der Anfälle, etwa zur Zeit des Laufenlernens, sei Heinz, der früher ein stilles Kind war, sehr unruhig geworden. Er hielt sich nun ständig in Bewegung: er lief planlos im Zimmer herum, kletterte auf Stühle, Betten, Fensterbretter, auf die Waschtoilette und die Leiter. Er hatte keine Ausdauer beim Spiel. Er schob Stühle durch das Zimmer, kippte Möbel um, zerriß Papier, sofern es ihm in die Hände kam, hämmerte mit seinem Spielzeug rhythmisch auf den Fußboden, ohne jemals sich damit sinnvoll zu beschäftigen, knipste an den Lichtschaltern, hantierte an den Türdrückern, machte mit Vorliebe Türen auf und zu. So wenig, wie er allein spielen konnte, fand er auch mit anderen Kindern Kontakt im Spiel. Anscheinend hatte er kein Bedürfnis nach ihnen. Diese Unruhe sei in ständiger Zunahme begriffen. Heinz sei zu Hause erzieherisch nicht mehr zu halten. Gegenüber den Eltern sei er liebevoll, auch zutraulich zu Fremden. Er reagiere aber sehr empfindlich, wenn er festgehalten werde: er gerate dann in eine trotzige Abwehr, versuche beharrlich, sich loszumachen, und weine wütend, wenn ihm das mißlinge. Er spreche nicht nur schlechter als andere Kinder seines Alters, sondern fasse anscheinend auch schwerer auf. Kleine Aufträge verstehe er allerdings recht gut und führe sie richtig aus: etwa das Öffnen der Tür oder das

6   Kramer u. Pollnow, Über eine hyperkinetische Erkrankung

Herbeiholen von Gegenständen des Haushalts. Was man ihm vormache, ahme er gern und rasch nach. —

Beobachtung und Untersuchung ergaben keine organisch bedingten Ausfälle seitens des Zentralnervensystems, normale Befunde in Blut und Liquor, keine Auffälligkeiten im Röntgenbild des Schädels. Sprachlich stand Heinz hinter der Norm seines Alters zurück, besonders wegen des geringen Umfanges seines Wortschatzes und wegen der Undeutlichkeit seiner Artikulation. Da er kaum länger als einige Sekunden zu fixieren war, konnte eine systematische Prüfung des psychischen Verhaltens und der intellektuellen Fähigkeiten nicht vorgenommen werden. Er gab auf Aufforderung die Hand, griff bei der körperlichen Untersuchung nach Hörrohr und Reflexhammer, klopfte damit an seinen Schädel, gab rasch neuen Impulsen nach, entwand sich immer wieder dem Untersucher, lief — vor sich hinlallend — davon und versuchte zur Tür hinauszukommen. Einfache Melodien sang er einigermaßen erkennbar, aber ohne Text.

Auf der Station schien er unbeeindruckt durch die Trennung von der Mutter. An seiner Umgebung nahm er nur so weit Anteil, als sie ihm zum Spielraum seiner Unruhe dienen konnte: er warf Stühle um, rutschte auf Stuhlbeinen sitzend durch das ganze Zimmer, kletterte auf den Tisch, von dort auf das Fensterbrett, dann wieder hinunter, lief durch die Stube hin und her und warf bald dieses bald jenes Möbelstück um. Meist lief er auf Zehenspitzen, er ging nie im eigentlichen Sinne. Beim Klettern war er gar nicht ängstlich und zeigte sich recht geschickt. Wenn er sich einmal stieß, setzte er zum Weinen an, ließ es aber nicht dazu kommen, da er sich schon einer neuen Tätigkeit zugewandt hatte, bevor die ersten Tränen liefen. Seine Stimmung war meist vergnügt. Er begleitete seine Handlungen oft mit einem behaglichen Lallen. Er konzentrierte sich nie auf ein bestimmtes Spiel. Nur vorübergehend fesselten ihn Dinge, an denen er seine Unruhe betätigen konnte: etwa eine Nähmaschine oder die Räder eines umgestürzten Puppenwagens. — Wenn er von anderen Kindern im Leiterwagen gefahren wird, sitzt er ganz still da. Für eine Weile schwindet auch seine Unruhe, wenn er seinen Seifenlappen erwischt und daran saugen kann, oder wenn er sein Jäckchen vornimmt und daran lutscht. Wenn man ihn festhält, schreit er stets heftig. Wenn man ihn in seinem Bewegungsdrang hindern will, wird er wütend, schlägt, stößt und beißt. Läßt man ihn in einem Raum allein, dann fängt er bald an zu weinen und zu schreien, wirft sich auf die Erde, haut mit den Füßen gegen die Türe. Die Klinken verschlossener Türen reißt er auf und nieder.

Mittags und abends im Bett ist er nicht ohne weiteres ruhig, er klettert immer wieder hinaus, läuft durch das Zimmer, klettert in andere Betten, springt darauf herum und läßt sich von der Sprungfeder abschnellen. Er zieht aus anderen Betten die Decken heraus, faßt durch geöffnete Fenster an die Jalousien, um daran zu klappern, und bleibt erst nach einer Weile still liegen. Die Nächte schläft er ohne Unterbrechung durch. Bei den Mahlzeiten läßt er sich füttern. Brot nimmt er allein, tunkt es in die Milch, ißt ganz manierlich. Er sitzt beim Essen gern auf dem Schoß der Erzieherin. Überhaupt ist er recht anschmieg-

im Kindesalter.   7

sam. Nach Tisch klettert er über die Stühle der anderen Kinder, auch auf die Schultern der großen Jungen. Wenn er seine Bedürfnisse befriedigen will, meldet er sich nicht regelmäßig. Manchmal kotet er am Tage ein, schmiert Kot in der Stube herum, verunreinigt sich das Gesicht und steckt die beschmutzten Finger in den Mund. Wenn er auf dem Topf sitzt, greift er bisweilen mit den Händen hinein . Beim Waschen schreit er und bäumt sich auf. Beim Besuch der Eltern reagiert er erfreut, bevorzugt den Vater, ist sichtlich mißvergnügt und läuft suchend umher, sobald die Eltern wieder fort sind.

Er wurde nach Abschluß der Beobachtung in die Familie entlassen. Ein halbes Jahr später wurde er wieder vorgestellt. Die Unruhe hatte nicht in nennenswertem Maße nachgegeben. Inzwischen waren mehrfach epileptische Anfälle aufgetreten. Sprachliche und intellektuelle Entwicklung hatten nur geringe Fortschritte gemacht. Heinz stand noch merklich hinter der Altersnorm zurück. —

Wenn wir uns nun die Momente vergegenwärtigen, in denen die Gemeinsamkeit der *hyperkinetischen Zustandsbilder* gelegen ist, so möchten wir zunächst einmal feststellen, daß nach unseren Erfahrungen vorzugsweise bei einem ganz bestimmten körperlichen Habitus diese krankhafte Bewegungsunruhe zur Beobachtung kommt: es sind Kinder, die durch ein gesundes Aussehen, durch ein frisches, fast lebhaft wirkendes Gesicht, durch ausreichende Muskel- und Fettpolsterentwicklung gekennzeichnet sind. Die körperliche Gesamtkonstitution wirkt in der Regel kräftig; zarte und magere Körperbautypen scheinen verhältnismäßig selten zu sein.

Das Zustandsbild wird ganz beherrscht von dem Symptom der motorischen Unruhe, die schon im ersten Augenblick durchaus elementar und dranghaft wirkt und ebenso durch eine ausgesprochen lokomotorische Tendenz wie durch einen deutlichen Mangel an Zielgerichtetheit auffällt. Dadurch und vor allem, weil sie sich an jedem Objekt, das sich ihr als momentaner Reiz darbietet, wahllos auszuleben sucht, bekommt die Unruhe von vornherein eigentlich einen chaotischen Charakter. Die starke Bewegungsunruhe zeigt sich zunächst einmal darin, daß die Kinder nicht eine Sekunde stillstehen, daß sie versuchen, sich der Hand zu entwinden, die sie hält, und daß sie überhaupt bestrebt sind, sich jedem Fixiertwerden zu entziehen. Es scheint ihnen sehr unangenehm zu sein, durch irgendeinen Widerstand daran gehindert zu werden, ihren motorischen Impulsen nachzugehen. Werden sie losgelassen, so laufen sie planlos im Raume umher und fassen Stühle, Schränke und überhaupt alles an, was ihnen in den Weg kommt. Gegenstände, an denen

8   K r a m e r u. P o l l n o w , Über eine hyperkinetische Erkrankung

irgendein Effekt ausgelöst werden kann, bevorzugen sie: den Lichtschalter knipsen sie auf und zu, drehen am Wasserhahn, drücken auf die Klingel, klinken am Türdrücker, kippen Stühle um und schieben sie vor sich hin durch das Zimmer. Dieses Verhalten wird mit solcher Unbefangenheit produziert, daß es schon in den ersten Minuten einer poliklinischen Untersuchung zur Beobachtung zu kommen pflegt. Dazu bringen die Angehörigen immer wieder dieselben ergänzenden Berichte über Auffälligkeiten, die sie zu Hause bemerken: das Kind sitze keinen Augenblick still, es laufe oder krieche ständig herum, klettere auf Stühle, Tische, Schränke und Fenstersimse, springe im Bett wie toll herum und wippe auf der Chaiselongue auf und nieder, indem es sich von der Federung emporschnellen lasse. Gemeinsam ist allen diesen Unternehmungen der Charakter eines planlosen, aus flüchtigen Impulsen hervorgegangenen Handelns, das ohne Einhalt und ohne Ausdauer rasch abläuft, immer nur vom momentanen Umweltreiz bestimmt.

Es ist notwendig, diese Hyperkinese von den beiden Hauptformen der Bewegungsunruhe, die sich bei Psychopathen findet, abzugrenzen: von der motorischen Instabilität der Zappeligen und von der lebhaften Motorik der Hyperthymischen. Die Unruhe der hyperkinetisch erkrankten Kinder ist ein bloßer Bewegungsdrang; insofern ist ihr ganzes Verhalten von dem wesentlich geordneteren, zielgerichteteren, sinnvolleren Betätigungsdrang der hyperthymischen Kinder durchaus verschieden, bei denen man eine Abfolge planmäßiger Handlungen und nicht nur ein bloßes Nacheinander mehr oder weniger umweltbedingter Impulse beobachtet. Von den zappeligen Psychopathen hingegen unterscheidet sich die krankhafte Hyperkinese durch ganz grobe Merkmale qualitativer Art; sie ist in ihrer Dynamik ausgesprochen sthenisch und elementar und wirkt sich im Verhalten des Individuums zum umgebenden Raume aus, während die Zappeligkeit einen asthenischen Charakter trägt und überwiegend durch eine Bewegungsunruhe einzelner Gliedmaßen gegenüber dem ganzen Leibe zum Ausdruck kommt. In ausgeprägten Fällen erinnert die zappelige Unruhe ganz im Gegensatz zur Bewegungsform der Hyperkinetiker an isolierte Bewegungsstörungen, wie sie bei der Chorea minor oder auch bei ticartigen Erscheinungen auftreten. Schließlich ist die Frage zu erörtern, in welchem Maße Analogien zwischen dem hier beschriebenen Bewegungsdrange und den dranghaften Betäti-

im Kindesalter. 9

gungen bestehen, die sich bei Kindern mit postenzephalitischen Residuärzuständen finden. Es scheint, daß das Gesamtverhalten der Postenzephalitiker eher Ansätze zu eigentlichen Handlungen aufweist und dadurch bewirkt, daß es oft fälschlicherweise charakterologisch gedeutet wird, etwa im Sinne der Bösartigkeit. Jedenfalls steht dieses Symptomenbild dem von uns beobachteten besonders nahe. Wir werden in unseren Überlegungen darauf noch eingehen.

Bei der Bewegungsunruhe, die wir meinen, ist die kindliche Persönlichkeit offensichtlich nicht eine handelnde; die Gegenstände der Umwelt werden nur als Objekte benutzt, an denen sich Bewegungstendenzen verwirklichen können; sie interessieren nur, solange sie als Reize wirken; sie locken aber nicht als Gegenstände mit bestimmten objektiven Funktionen. Ihr Verhalten wird überwiegend von dem Bedürfnis beherrscht, immer wieder allerlei Dinge anzufassen, allerlei bewegliche Dinge heranzuschleppen und den Platz und die Lage transportabler Dinge zu ändern, ohne daß damit ein Zweck erreicht wird und ohne daß man ein Motiv erkennen kann. Hantierungen an Wasserhahn und Lichtschalter wurden schon erwähnt. Sie lassen sich beliebig ergänzen; Türen werden in den Angeln hin und her bewegt, die Tasten des Klaviers werden planlos angeschlagen, Schlüssel werden im Schlüsselloch herumgedreht, ohne daß dabei in sinnvoller Weise ein Auf- oder Zuschließen beabsichtigt wird. Die Eltern berichten, daß ihre Kinder jeden Hund, jede Katze am Schwanze fassen, daß sie in den Vogelbauer nach dem Kanarienvogel greifen, um ihn in die Hand zu nehmen und zu drücken, daß sie besonders gern nach Gegenständen langen, die erhöht gestellt sind. Sie klettern auf Tische, Schränke, Konsolen, um solche Sachen herunterzunehmen. In fast allen Fällen, die wir beobachteten, fand sich eine ausgesprochene Vorliebe für das Zerreißen von Papier und für sinnlose Kritzeleien mit dem Schreibstift. Manche Kinder betätigen sich motorisch am eigenen Körper, etwa im Sinne onanistischer Manipulationen. Oft kriechen die Kinder am Boden entlang, strecken dann die Beine in die Höhe und schlagen Purzelbäume; oder sie stellen sich plötzlich ins Zimmer, drehen sich rasch im Kreise um ihre eigene Achse, bis sie mit heftigem Schwunge im Schwindel auf ein Sofa stürzen. So turnen sie zu Hause in der ganzen Wohnung herum. Oft wird berichtet, daß sie nie gehen, sondern immer nur laufen,

10   K r a m e r u. P o l l n o w , Über eine hyperkinetische Erkrankung

und daß ihr Laufen nicht zielgerichtet sei, sondern mehr einem Hin- und Herlaufen gleiche.

Aus den Erzählungen der Eltern ergibt sich, daß auch das Verhalten der Kinder beim Spiele ganz von der motorischen Unruhe bestimmt wird. Das Spielzeug wird nicht seiner Bestimmung adäquat erfaßt, sondern tritt nur in dem Maße in Funktion, als es geeignet ist, der Verwirklichung motorischer Impulse zu dienen. Handliche Spielsachen halten daher meist dazu her, in rhythmischem Hämmern auf den Boden aufgeschlagen zu werden. Sie werden demoliert und zerbrochen. Alles Spielen geschieht planlos und ohne die geringste Ausdauer: bald wird das eine, dann rasch das andere angefangen und wieder liegen gelassen. Offenbar hat der Sinn des Spiels sich diesen Kindern meist noch nicht konstituiert. Fächer und Schränke, in denen die Spielsachen aufbewahrt sein sollen, werden durcheinandergewühlt; der Inhalt wird herausgenommen und auf dem Boden umhergestreut. Wenn die Kinder, wie wir erwähnten, vom Tisch oder von Schränken Dinge herunterholen, so können sie die gewagtesten Klettereien dabei ausführen, ohne daß man ihnen eine eigentliche Angst anmerkt. Meist klettern sie auffallend sicher. Sie klettern fast alle gern und bevorzugen bei ihrem motorischen Gesamtverhalten das Erklimmen hoher Möbelstücke.

Ein reguläres Spiel, dem sie mehrere Minuten zugewandt sind, kommt selten zustande. Recht charakteristisch zeigt sich ihr Benehmen, wenn man sie veranlaßt, sich mit Bauklötzen zu beschäftigen. Die Klötze werden dann planlos zu einem Haufen getürmt und bald wieder mit Gepolter durcheinander gestürzt. Der Effekt des Zusammenstürzens scheint sie zu locken; den systematischen Aufbau eines auch nur einfachen Bauwerkes bringen sie nicht zustande. Ebenso wie das Durcheinanderwerfen dient auch das Hinauswerfen dem Abreagieren motorischer Impulse: aus dem Bett werden Kissen und Bettdecke, aus dem Fenster Stiefel, Schulmappen, Frühstückstaschen hinausgeworfen. Von einem dreijährigen hyperkinetischen Jungen, der zum Fenster hinauszuwerfen suchte, was ihm nur erreichbar war, berichteten die Eltern, er habe auch seine kleine Schwester hinunterwerfen wollen. —

Wir haben geschildert, wie sich die hyperkinetischen Kinder beim Spielen benehmen. Durch dieses Verhalten werden sie daran gehindert, reibungslos mit andern Kindern zusammen

im Kindesalter.   II

zu sein. Oft besteht bei ihnen gar nicht die Tendenz dazu, den
Kontakt mit anderen Kindern zu suchen. In ihrer motorischen
Unruhe liegt begründet, daß sie sich gern in Aggressionen motorisch entladen. Wenn sich das hyperkinetische Bild hinreichend entwickelt hat, sind die erkrankten Kinder gegen andere häufig nicht nur abweisend, sondern greifen sie auch an,
spucken, schlagen, schimpfen, wenn andere Kinder von ihnen
etwas wollen, und stören ihre Spiele. Diese Aggressionen treten übrigens nicht nur reaktiv auf, wenn ihnen etwas nicht
paßt, sondern sie kommen auch spontan zustande. Eben darum,
weil sie auch ohne jeden äußeren Anlaß schlagen, stoßen und
knuffen, sind die Hyperkinetiker meist sehr unbeliebt bei anderen Kindern, die der elementaren Vehemenz, mit der die erkrankten Kinder ihren Impulsen folgen, leicht hilflos gegen-
überstehen.

   Die Mitteilungen über die affektive Eigenart der hyperkinetischen Kinder tragen keinen ganz einheitlichen Charakter.
Öfters wird ihre Stimmung als mürrisch und unfreundlich
geschildert. In den meisten Fällen besteht als Ausdruck einer
Stimmungslabilität eine besondere Neigung, aus geringfügigen
Anlässen zu weinen. Selten finden sich schüchterne und ängst-
liche Züge; vielmehr wird oft ausdrücklich eine affektive Unbefangenheit betont: sie gehen auf alle Menschen zu, an alle
Tiere heran. Eine große Zahl scheint ausgesprochen gesteigerte Reizbarkeit zu zeigen, die sie leicht zu Wutanfällen kommen läßt. Solche Entladungen pflegen besonders aufzutreten,
wenn die Kinder durch Festhalten oder überhaupt durch irgendwelche Zugriffe an ihren Bewegungen gehindert werden. Infolge dieser elementaren motorischen Äußerungen wird von den
Eltern häufig irrigerweise das pathologische Zustandsbild als
Symptom eines überlebhaften Temperamentes aufgefaßt. Immer
wieder finden sich in den Krankengeschichten Notizen, aus
denen hervorgeht, daß die Angehörigen die motorische Unruhe als ein expressives Phänomen deuten, das seine Gestaltung aus einer vergnügten Lebendigkeit empfängt. So etwa wird
von einem Jungen bald nach Beginn der hyperkinetischen Phase
angegeben: „In der letzten Zeit zappelte er viel mit Händen
und Füßen. Es sah immer aus, als wenn es der Ausdruck von
Freude wäre; er wirkte im ganzen lebendiger."

   Bei Kindern, deren Affektivität besonders stark in der
Richtung anschmiegsamer, empfindsam-liebevoller Züge geprägt

ist, scheint sich die motorische Unruhe in einem gesteigerten
Maße von Ausdrucksbewegungen auszuwirken: wahllos und
planlos klettern die Kinder dann jedem Beliebigen auf dem
Schoße herum, erweisen Zärtlichkeiten und Umarmungen, küs-
sen viel, aber ohne eigentlich affektiven Kontakt. Sie machen
dadurch häufig wohl einen liebevolleren und anschmiegsameren
Eindruck, als es der Wirklichkeit ihrer Gefühlsregungen entspricht. Diese Täuschung kommt um so leichter zustande, als
das frische Aussehen der Kinder und die von der motorischen
Unruhe bestimmte Mimik eine gewisse Lebhaftigkeit zu be-
zeugen scheinen. Tatsächlich aber sind doch die meisten Kinder dieser Art durch ihre Unruhe so sehr beansprucht, daß
ein eigentlicher Kontakt mit ihnen gar nicht möglich ist.

Solche lebhaften Züge täuscht auch die große Ansprechbar-
keit vor, die jedem Reiz gegenüber besteht: sie wollen alles
haben, was sie sehen, oft auch, wenn sie gar nicht wissen, was
sie damit anfangen sollen. Sie sprechen fremde Leute auf der
Straße an, fassen Fremde, die ihnen zufällig begegnen, an
Rockknöpfe, an die Klappen der Taschen oder langen auch in
die Taschen hinein. Das Durchstöbern von Taschen scheint
einen besonderen Reiz für sie zu bilden. Es wird immer wieder
in den Krankengeschichten eigens hervorgehoben.

Die scheinbare Vertraulichkeit, mit der sie sich fremden
Menschen nähern, ist in dem Augenblicke verschwunden, in
dem man die Kinder festhält. Während das wirklich zutrau-
liche Kind sich dann um so intensiver anschmiegt, setzt bei
den hyperkinetischen Kindern auf das Festhalten hin eine ausgesprochen negativistische Reaktion ein. Sie suchen sich dem
Festhaltenden zu entwinden, werfen sich auf den Boden, stram-
peln, stoßen mit den Beinen und verfallen meistens in ein
hemmungsloses Brüllen. Auch auf den Versuch einer körperlichen Untersuchung pflegen sie mit großer Übereinstimmung
durch solche Abwehrreaktionen zu antworten. Sie streben immer
wieder sich loszureißen, beißen häufig nach der Hand des
Arztes, die sie hält, und zeigen, wenn es gilt, eine Möglichkeit
zum Entwischen zu entdecken, oft eine recht gute Findigkeit,
bisweilen „ein ganz gerissenes Verhalten", immer eine gewisse
Gewandtheit. Diese negativistischen Züge scheinen nicht nur im
motorischen Verhalten vorhanden zu sein; ein Vater berichtete,
sein Sohn leide seit dem Bestehen der Unruhe an einer „Dackel-
manie"; das sei „eine Art Nichtmachen, was verlangt wird".

im Kindesalter. 13

Häufig wird ausdrücklich hervorgehoben, daß die Kinder vor dem Auftreten der Unruhe artig und folgsam waren, seit dem Bestehen der Unruhe aber ausgesprochen ungehorsam geworden seien. Nicht nur für den Einzelfall, sondern für den Typus ist charakteristisch, was von einem unserer hyperkinetischen Kinder berichtet wurde: „es ist auffällig, daß er Befehlen eher nachkommt, wenn man nicht auf ihre Ausführung wartet; sonst widerstrebt er, stampft mit den Füßen auf, kriecht unter Möbel, läuft aus dem Zimmer". Natürlich spricht beim Zustandekommen dieses Verhaltens häufig außer dem Negativismus auch noch ein anderes Moment mit, über das später eingehender zu reden ist: die gesteigerte Ablenkbarkeit; gestellte Aufgaben können nicht festgehalten werden. Oft hören die Kinder nicht auf Anruf, geben auf Fragen keine Antwort, auch wenn sie den Sinn verstehen und über die erforderlichen Fähigkeiten verfügen, sich sprachlich zu äußern. Von einem hyperkinetischen Kinde, bei dem die negativistischen Züge besonders ausgeprägt waren, berichtet die Krankengeschichte: der Junge spreche nicht, wenn man es von ihm fordere, dagegen spreche er, wenn er unbeobachtet sei, recht deutlich.

Im allgemeinen — darauf wurde schon mehrfach hingewiesen — trägt die Unruhe einen durchaus ungeformten Charakter. Sie zeigt aber eine Fülle von handlungsähnlichen Zügen und Ansätzen zu Handlungen dadurch, daß sich die Kinder, wenn auch planlos und ohne jede Beharrlichkeit, allen Dingen zuwenden, die dazu nur einigermaßen geeignet sind. Außer diesen inhaltlichen kommen allerdings auch immer wieder formale Gestaltungstendenzen in der Bewegungsunruhe zum Vorschein, etwa im Sinne einer Bevorzugung rhythmischer Abläufe. Manche Bewegungen werden ohne einsichtigen Anlaß stereotyp und monoton rhythmisiert fortgesetzt: so das Klopfen der Spielsachen gegen den Fußboden, das Pochen an irgendwelche Gegenstände, beispielsweise ein rhythmisches Hämmern mit dem Kochlöffel auf den Kochtopf oder das Öffnen und Schließen der Türen, das schon erwähnt wurde. Beim Herumlaufen im Zimmer kommt es vor, daß solche Kinder in einem Kreisbogen hin und her trippeln und daß sie dabei zehn- oder zwanzigmal dieselben Bewegungen ausführen. Bei diesem Übergehen zunächst formloser Bewegungsabläufe in irgendwie rhythmisch geformte handelt es sich durchaus nicht um seltenere Vorkommnisse. Wenn man solchen hyperkinetischen Kindern

14   K r a m e r u. P o l l n o w , Über eine hyperkinetische Erkrankung

Bleistift und Papier gibt, so kritzeln sie zunächst sinnlos herum — eine von ihnen bevorzugte Beschäftigung —, beharren aber leicht einmal beim stereotypen Wiederholen ganz einfacher zeichnerischer Formelemente, etwa beim Aneinanderreihen von Auf- und Abstrichen.

Es ist auffallend, daß trotz der Mitteilungen über einen ungewöhnlichen Mangel an Ausdauer, die sich in allen typischen Krankengeschichten finden, immer wieder berichtet wird, daß das sonst durch nichts zu fixierende Kind bei irgendeiner Beschäftigung stundenlang perseverieren kann. Ein ausgesprochen unruhiger Junge war beispielsweise ohne weiteres zum ausdauernden Stillsitzen zu bekommen, wenn er Figuren aus Blumendraht biegen konnte. Ein anderer ließ gern die Wasserleitung laufen und stand stundenlang daneben, oder einer goß mit derselben Ausdauer Wasser in kleinen Mengen auf die heiße Herdplatte, um sich am Zischen zu freuen. Ein Kind saß nur dann, und zwar bis zu einer Stunde, ruhig, wenn es Knöpfe auf einen Faden reihen konnte; eins nur, wenn es Puppenwäsche wusch. Ein sonst sehr unruhiger Junge zeigte schließlich nur Ausdauer, wenn er in der Werkstatt des Vaters allein mit den Hobelspänen spielte.

Es finden sich auch ausgesprochen pedantische Züge. Gerade dadurch fallen die Kinder den Eltern auf, daß sie trotz ihrer diffusen, kaum fixierbaren Aufmerksamkeit immer wieder dafür sorgen, daß bestimmte Dinge an ihrem Platz liegen. So sorgte etwa auf unserer Beobachtungsstation ein Kind regelmäßig dafür, daß die Suppenkelle im Schrank immer an den gleichen Platz gelegt wurde; ein anderes wischte stets sorgfältig alle Flecken und allen Staub ab. —

Die Neigung zum Imitieren scheint bei den hyperkinetischen Kindern häufig zu bestehen. Die Eltern berichten, daß sie anderen Kindern nachmachen; sie versuchen, bei der neurologischen Untersuchung die Reflexprüfungen zu kopieren; sie klopfen mit dem Hammer aufs Bein, aufs Gesicht oder gegen ihren Kopf.

Aus den dargelegten Momenten wird ersichtlich, daß die von der hyperkinetischen Erkrankung betroffenen Kinder erzieherisch enorme Schwierigkeiten bieten. Das zeigt sich natürlich besonders wenn diese Kinder in eine Vorklasse, in einen Kindergarten oder in die unterste Schulklasse kommen; sie sind kaum zu fixieren, sie stören durch ihre Unruhe Ordnung und Unterricht; sie

im Kindesalter. 15

laufen in der Stunde an die Tafel oder planlos im Raum herum, scheinen schwer aufzufassen, machen keine Fortschritte. Wenn nicht Auffälligkeiten der frühkindlichen Entwicklung die Eltern schon zum Arzte führten, so wird meist die mangelhafte Einordnung ins schulische Milieu ein Anlaß der ersten psychiatrischen Untersuchung. Dabei stellen sich dann in der Regel neben den vielfältigen Erscheinungsformen der Unruhe zwei deutlich umrissene Defekte heraus: eine erhebliche Beeinträchtigung der Sprachentwicklung und eine oft sehr bedenkliche Unzulänglichkeit der intellektuellen Leistungen.

Störungen der motorischen Sprachentwicklung zeigt der weitaus größte Teil hyperkinetischer Kinder. Dabei handelt es sich häufig zunächst einmal um einen verzögerten Beginn des Sprechens, dessen erste Worte bisweilen nicht vor dem Ende des zweiten oder im Laufe des dritten Jahres zustande kommen, manchmal aber auch im vierten Jahre noch nicht da sind. In anderen Fällen kann es sich bei diesen Störungen der Sprachentwicklung darum handeln, daß das Produzieren der ersten Worte zwar rechtzeitig zwischen dem zehnten und fünfzehnten Monat kommt, dann aber von einer sehr langsamen Weiterentwicklung gefolgt wird, so daß diese Kinder kaum vor dem fünften oder sechsten Jahre, manchmal noch später, richtig sprechen lernen.

Die Störungen der Sprache — das trifft in gleicher Weise für die Fälle mit verspätetem Beginn wie für die Fälle mit verzögertem Fortschritt des Sprechens zu — zeigen sich als unklare Artikulationen: dann sind die sprachlichen Äußerungen in schwereren Fällen oft ganz unverständlich und laufen auf ein unartikuliertes Lallen hinaus; ferner in mangelhaften Satzbildungen: zwischen dem dritten und fünften Jahre werden noch keine richtigen Sätze gebildet, sondern nur einzelne Worte ausgesprochen und gegebenenfalls isoliert nebeneinandergereiht; die Kindersprache bleibt lange bestehen; schließlich charakterisieren sich diese Sprachstörungen dadurch, daß der verfügbare Wortschatz sehr klein ist und, verglichen mit der normalen kindlichen Sprachentwicklung, nur sehr langsam an Umfang zunimmt. Auch wenn sich im allgemeinen etwa um das sechste oder siebente Jahr herum die Sprache zur normalen Reife entwickelt hat, bleiben oft noch einzelne Worte, die nur schlecht artikuliert und undeutlich gesprochen werden können, als Residuen des früheren Sprachdefekts über längere Zeit hin zu

16   K r a m e r u. P o l l n o w, Über eine hyperkinetische Erkrankung

hören. Ein typischer Vermerk in den Krankengeschichten der vier- oder fünfjährigen hyperkinetischen Kinder lautet: „Seit dem dritten Lebensjahre hat er begonnen, undeutlich zu sprechen; vorher sprach er nur einzelne Worte; sein Sprachschatz ist seitdem nicht größer geworden."

Öfters wird berichtet, daß die Kinder wohl ,wenig und nur schlecht spontan sprechen, aber ganz gut nachsprechen können. Eine ausgesprochene Neigung zu lautlicher Äußerung, etwa durch Schreien, wird immer wieder angemerkt. Aneinandergereihte sinnlose Silben sind häufig nur der Ausdruck eines motorischen Impulses. Wenn die Kinder erst einigermaßen sprechen können, so bevorzugen sie bisweilen gemeine Ausdrücke und häßliche Schimpfworte. Solche Äußerungen können anscheinend als Äquivalente einer motorischen Entladung fungieren, wie ja ähnliche Beobachtungen bei anderen motorischen Störungen gemacht wurden, so bei der Maladie de tic oder der Chorea minor[1]). Wie von idiotischen Kindern wird auch von den hyperkinetischen häufig berichtet, daß sie trotz unzulänglicher Sprachentwicklung eine verhältnismäßig gute Melodie-Auffassung haben, daß sie Melodien, etwa Schlager und Volkslieder, wenn auch ohne Text, gut wiedergeben, und daß sie manchmal beim Singen bessere sprachliche Leistungen produzieren als sonst in der Verständigungssprache. Oft wird beobachtet, daß in der Frühzeit der kindlichen Sprachentwicklung Singen und Plappern und bloßes Lallen als motorische Äußerungen dienen, die mit einer gewissen Ausdauer auch über eine längere Weile hin kundgegeben werden, ganz ohne Bekümmerung darum, ob jemand zuhört. —

Während die Mehrzahl der Fälle durch eine Entwicklung charakterisiert ist, die trotz verspäteter oder verzögerter Sprachbildung kontinuierlich und progressiv der Norm zustrebt, wird bei vereinzelten Kranken ausdrücklich eine Verschlechterung der Sprache, der Verlust einer bereits erworbenen Sprechfähigkeit, angemerkt. Bei diesen Fällen, die nach guten sprachlichen Anfängen einen mehr oder minder erheblichen Rückgang der sprachlichen Leistung aufweisen, scheint die Prognose nicht günstig zu sein: sie dürften ausnahmslos auch späterhin Defekte,

---

[1]) Vgl. *Erwin Straus*: Untersuchungen über die postchoreatischen Motilitätsstörungen, insbesondere die Beziehungen der Chorea minor zum Tic. Monatsschrift für Psychiatrie u. Neurol. Bd. LXVI (1927), S. 301 ff.

im Kindesalter. 17

und zwar nicht nur auf sprachlichem Gebiet gelegene, zu bieten haben. —

In auffallendem Gegensatz zu den Hemmungen, die sich im Bereich der motorischen Sprachentwicklung zeigen, steht fast stets die bessere und meist sogar überhaupt rechtzeitige Entwicklung des Sprachverständnisses. Viele Eltern kommen schon mit der Angabe, ihre Kinder seien „zwar im Sprechen, aber nicht im Denken" zurückgeblieben: sie verstünden alles, sie führten auch kompliziertere Aufträge richtig aus, obwohl sie sich noch gar nicht oder nur wenig sprachlich äußern könnten. Nur gut beobachtende Eltern werden allerdings den Grad des Sprachverständnisses beurteilen können, da ja die Kinder ihrer Eigenart gemäß auf viele Bemühungen, in eine sprachliche Kommunikation mit ihnen zu treten, gar nicht reagieren. Man macht daher in der Regel auch die Erfahrung, daß das Sprachverständnis im Einzelfalle bei näherer Prüfung besser ist, als man es dem ersten Eindruck nach vermuten möchte. —

Bei der Analyse des Gesamtstatus eines von der Hyperkinese betroffenen Kindes ist die Beurteilung der Intelligenz sicherlich der schwierigste Teil. Man wird zunächst einmal drei voneinander sehr verschiedene Momente gesondert bewerten müssen: die intellektuellen Fähigkeiten, die intellektuellen Leistungen beim Spontanverhalten und die Bewältigung der Aufgaben einer systematischen Intelligenzprüfung.

Eine exakte Prüfung der Intelligenz kann meist an diesen Kindern nicht durchgeführt werden. Sie wenden sich infolge ihrer Unruhe immer neuen Objekten zu und allen immer nur sehr flüchtig. Mithin ist ihre Fixierbarkeit außerordentlich beeinträchtigt. Die Unfähigkeit zur Konzentration, die in dieser gesteigerten Ablenkbarkeit begründet ist, läßt sich durch die Untersuchungssituation auch nicht vorübergehend beseitigen. Eine weitere Erschwerung für die systematische Prüfung der Intelligenz liegt darin, daß die Kinder oft infolge des ihnen eigenen Negativismus auf Fragen nur unzulängliche, ihr Leistungsvermögen nicht erschöpfende Antworten rasch geben, um sich der peinlichen Fixierung zu entziehen, als die sie das Befragtwerden empfinden: sie antworten daneben, ohne auf den Sinn der Frage einzugehen, weil sie hoffen, auf diese Weise am schnellsten aus der unbehaglichen Lage zu kommen; daher kann die Intelligenz*prüfung* nicht zur Beurteilung der Intelligenz bei ihnen dienen. Eine weitere Erschwerung des·Ver-

18   K r a m e r u. P o l l n o w , Über eine hyperkinetische Erkrankung

suchs, die intellektuellen Anlagen solcher Kranker klarzustellen, beruht darin, daß durch die Konzentrationsstörung der Erwerb von Kenntnissen und Fertigkeiten, und damit die Förderung der intellektuellen Reifung, in sehr erheblichem Maße behindert ist. Demnach kann also auch nicht die Intelligenz*leistung* in demselben Maße wie sonst als Kriterium des intellektuellen Vermögens verwertet werden.

Die hyperkinetischen Kinder *wirken* zwar hinsichtlich ihrer intellektuellen Fähigkeiten im allgemeinen ausgesprochen schwachsinnig, besonders wenn das Krankheitsbild sich auf der Höhe seiner Entwicklung befindet; sie *sind* es aber sicherlich nur zu einem Teil der Fälle. Man kann geradezu von einem psychomotorisch bedingten Schein-Schwachsinn sprechen. Es liegt auf der Hand, daß auch die mangelnde Sprachentwicklung diesen Eindruck verstärkt. Der Grad des intellektuellen Defektes entspricht selten dem meist ungünstigen Urteil über die Intelligenz der Kinder, dem man zunächst zuzuneigen pflegt; er ist wohl niemals auf Grund der Anamnese und der zur Zeit der Erkrankung produzierten Leistungen endgültig klarzustellen, sondern tritt erst nach dem Abklingen der Hyperkinese in seinen wirklichen, oft gar nicht bedeutenden Ausmaßen in Erscheinung, wie sich bei der Darstellung der Verläufe noch zeigen wird. Da die motorische Unruhe eine erhebliche Behinderung für die Beurteilung der geistigen Ausgereiftheit der Kinder mit sich bringt, wird sich bei echten hyperkinetischen Zuständen ein gewisses Bild der intellektuellen Fähigkeiten ehestens durch eine eingehende Beobachtung des Gesamtverhaltens, am besten bei stationärer Unterbringung ermöglichen lassen.

Bei genauer Beobachtung der hyperkinetischen Kinder auf der Station und bei Nachforschungen über ihr Verhalten in der Häuslichkeit ist in den meisten Fällen festzustellen, daß ihr spontanes praktisches Verhalten viele Intelligenzleistungen erkennen läßt, die man nach ihrem Benehmen bei der Untersuchung nicht erwarten würde. Wenn es auch schwer ist, den Hyperkinetikern etwas beizubringen, so eignen sie sich doch von selbst oft Fertigkeiten in überraschender Weise an. Sogar bei Kindern, die erheblich schwachsinnig wirken und die schon einfachen Aufträgen gegenüber versagen, finden sich verhältnismäßig gute Intelligenzäußerungen beim Spontanverhalten. Manchmal können sie recht komplizierte Handlungen richtig ausführen, wenn der Impuls nicht von außen kommt. Sie wissen in den häuslichen

im Kindesalter.   19

Verrichtungen Bescheid, holen ein Handtuch, wenn man sich wäscht, wischen auf, wenn man Wasser verschüttet hat, bringen die Pantoffeln, wenn der Vater sich auszieht. Bei diesen Spontanäußerungen überraschen sie auch oft durch das Maß ihrer Merkfähigkeit: wo irgendwelche Dinge im Haushalt liegen geblieben sind, wissen sie oft viel besser, als man es im Hinblick auf die Flüchtigkeit ihrer Aufmerksamkeit und die enorme Ablenkbarkeit annehmen möchte. Einmal Gesehenes machen sie nicht nur rasch und gut nach, sondern können es auch nach beträchtlichen Zeitspannen reproduzieren. Daß sie sich Melodien besonders leicht merken, wurde schon erwähnt. Im allgemeinen scheinen aber auch die spontanen, beim praktischen Verhalten zustandekommenden Intelligenzleistungen keineswegs die intellektuellen Fähigkeiten der Kinder zu erschöpfen. Insbesondere ergaben die Beobachtungen, die wir an den Verläufen der Erkrankung machen konnten, daß man das Verhalten dieser Kinder nicht zum Maßstab ihrer intellektuellen Fähigkeiten nehmen kann. Schließlich ist zu bemerken, daß die hyperkinetisch erkrankten Kinder trotz ihrer intellektuellen Unzulänglichkeit in der Regel keinen schwachsinnigen Gesichtsausdruck haben, sondern sich durch einen lebhaften Blick und durch eine einigermaßen gut komponierte Mimik auszeichnen.

In körperlicher Hinsicht bieten die von der Erkrankung betroffenen Kinder meist keine pathologischen Befunde. Manchmal erwähnen die Angehörigen besonders starken Speichelfluß; auch bei einigen stationär untersuchten Fällen konnte eine Steigerung der Speichelsekretion festgestellt werden. Lumbalpunktionen wurden nur an einer beschränkten Anzahl der Fälle vorgenommen; es ergaben sich gelegentlich Zellvermehrungen leichteren bis mittleren Grades im Liquor. Andere pathologische Veränderungen fanden sich nie. Bei einem erheblichen Teil unserer Fälle bestanden nach der Anamnese epileptische Anfälle, häufig große Anfälle, bisweilen nur Absencen. Der hohe Prozentsatz, zu dem Fälle mit epileptischen Symptomen in unserem Gesamtmaterial vertreten sind, ergibt sich im folgenden aus der statistischen Übersicht.

Zunächst soll noch durch die Mitteilung einiger Krankengeschichten die Schilderung des Zustandsbildes, die wir gegeben haben, in der weitgehenden Übereinstimmung der typischen Züge und in den individuellen Spielarten veranschaulicht werden:

2*

20   K r a m e r u. P o l l n o w , Über eine hyperkinetische Erkrankung

Fall 2. Ursula L. Sie wurde im Alter von $2\frac{1}{2}$ Jahren poliklinisch untersucht. Über Eltern und Geschwister ist nichts bekannt. Mit sieben Monaten kam sie in eine Pflegestelle, in der sie sich auch zur Zeit der Untersuchung noch befand. Zunächst entwickelte sie sich unauffällig. Mit $1\frac{1}{2}$ Jahren hatte sie öfters Fieber, dessen Ursache nicht geklärt werden konnte. Mit zwei Jahren fiel auf, daß sie noch nicht sprechen konnte. Sie wirkte verändert, wurde „komisch": spielte nicht wie andere Kinder, zerrte, kratzte und schlug, wurde sehr unruhig, konnte nicht mehr stillsitzen, kletterte herum, faßte alles an, hatte bei keiner Beschäftigung eine Ausdauer. Es wurde schwierig, sie zu Hause zu halten. Gelegentlich bekam sie sekundenlange Anfälle, bei denen sie „fortblieb". Die Pflegemutter meinte, es ginge dabei ein Zittern durch den Körper des Kindes. — Bei der körperlichen Untersuchung fand sich eine dem Alter entsprechende Körpergröße, ein guter Ernährungs- und Kräftezustand, sonst kein pathologischer Befund. Es wurde bei der Untersuchung eine enorme Unruhe festgestellt: das Kind war ständig in Bewegung, höchstens für Augenblicke zu fixieren, wenn irgendein neuer Gegenstand, etwa ein Reflexhammer, auftauchte. Zu sprachlichen Äußerungen war Ursula kaum zu bewegen. Spontan gab sie nur ein Lallen von sich, aus dem heraus Einzelheiten nicht verständlich waren.

Fall 3. Ursula W. Sie wurde mit $4\frac{1}{2}$ Jahren zum ersten Male poliklinisch untersucht. Nach den Angaben der Angehörigen hatte sie mit $1\frac{1}{2}$ Jahren laufen gelernt. Mit drei Jahren hatte sie Grippe, mit vier Jahren Masern. Sie fing erst mit etwa zwei Jahren an zu sprechen. Mit $2\frac{3}{4}$ Jahren habe sie schon verhältnismäßig gut gesprochen, bald danach sogar kleine Kinderverschen aufsagen können. Nach der Grippeerkrankung habe sie dann einige Wochen lang gar nichts gesagt. Während des vierten Lebensjahres sei sie in zunehmendem Maße recht unruhig geworden, gegenwärtig sei sie den ganzen Tag in Bewegung, nehme ihre Puppe eigentlich nur für Augenblicke an sich, drehe sich und tanze ständig, singe, könne sogar Schlagermelodien ganz richtig wiedergeben, fasse allerlei an, behalte nichts lange, was sie an sich nehme. Dieser Zustand habe sich schon wieder etwas gebessert, vor einem halben Jahre habe sie nur herumgeturnt oder Papier zerrissen, jetzt könne man ihr schon für kurze Zeit etwas vorlesen, mit ihr spielen. Sie sei jetzt auch nicht mehr so bockig wie früher. Sie schlafe stets gut, wenn sie auch kurz vor dem Einschlafen noch recht unruhig sei. Beim Essen sei sie ganz „hemmungslos". Es sei auffallend, daß sie sich überall gut zurechtfinde. Sie habe der Mutter schon am zweiten Tag den Weg zum Kindergarten richtig gezeigt, führe Aufträge richtig und rasch aus: hole beispielsweise die Zeitung. In ihrem Benehmen sei sie recht manierlich, wenn auch nicht sehr peinlich in ihrer Sauberkeit. Im Kindergarten sei sie durch ihre außerordentliche Unruhe aufgefallen, man wollte sie dort nicht behalten. — Es handelte sich um ein kräftig gebautes, in körperlicher Hinsicht seinem Alter entsprechend entwickeltes Kind. Eine eingehende körperliche Untersuchung war nicht durchzuführen: Ursula war in ständiger Bewegung und bereitete allen Bemühungen, sie vorübergehend zur Ruhe zu bringen, heftigen Widerstand. Dabei wurden die Extremitäten recht kräftig gebraucht. — In der Innervation des Gesichts

im Kindesalter.   21

zwischen rechts und links keine Differenz. Gang o. B. In ihren sprachlichen Äußerungen artikuliert sie sehr undeutlich, spricht überwiegend
Kindersprache. Man kann nur verstehen, daß sie gelegentlich Kaffee
verlangt. Eine Intelligenzprüfung ist nicht durchzuführen, da Ursula
nicht zu fixieren ist. Sie läuft dauernd im Raume herum, verweilt
nirgends länger als wenige Sekunden. Faßt allerlei Gegenstände an,
benutzt sie verhältnismäßig sinngemäß. Für die Uhr des Untersuchers
zeigt sie einiges Interesse, ist unzufrieden, als sie ihr fortgenommen wird,
und sucht sie wieder aus der Tasche zu ziehen.

Schließlich fügen wir noch die Krankengeschichte eines
Kindes an, das neben der Hyperkinese auch deutlich hyper-
thymische Züge zeigt und das in intellektueller Hinsicht keine
nennenswerte Beeinträchtigung erfuhr:

Fall 4. Hans-Jürgen B. Wurde im Alter von $4\frac{1}{4}$ Jahren auf die
Kinderbeobachtungsstation der Charité-Nervenklinik aufgenommen. Familienanamnese o. B. Die Geburt des Kindes war normal. Der Junge
lernte rechtzeitig laufen und sprechen. Er sprach mit zwei Jahren gut.
Er zeigte von klein auf eine außergewöhnliche Unruhe. Er klettert viel,
beispielsweise auf Leitern, Fenster und Schränke. Er pflegt ständig
in Bewegung zu sein, klagte nie, wenn er fiel oder stürzte, ist auch durch
Verletzungen, die er sich zuzog, nie nachhaltig beeindruckt worden.
Mit Vorliebe rutscht er am Treppengeländer hinunter. Zu den Eltern
ist er liebevoll, hat ein starkes Zärtlichkeitsbedürfnis; er ist leicht reizbar.
Im Zusammensein mit anderen Kindern ist er schwierig; er ist eigenwillig
und fügt sich nicht in die Gemeinschaft ein. Sein Spiel wirkt oft sinnlos:
er dreht an Wasserhähnen und Lichtschaltern, hat an allem Freude,
was Krach macht, schlägt mit dem Hammer Fensterscheiben entzwei,
wirft Gegenstände aus den Fenstern. Er ist ganz furchtlos, kennt keine
Gefahren; sprang in der Badeanstalt von einem sechs Meter hohen
Sprungbrett ins Wasser, obschon er nicht schwimmen konnte. Fremden
gegenüber ist er sehr zutraulich und unbekümmert. Beim Mittagessen
macht er besondere Schwierigkeiten. Zu anderen Tageszeiten ißt er oft
sehr große Mengen. Eines Abends stand er, nachdem die Eltern ihn
zu Bett gelegt hatten und fortgegangen waren, auf, schlug das Fenster
ein und kletterte auf das Blumenbrett. Durch die herunterfallenden
Scherben wurden Passanten auf den am Fenster der vierten Etage be-
findlichen Jungen aufmerksam und alarmierten die Feuerwehr. Hans-
Jürgen sprang, obschon er durch Feuerwehrleute gewarnt wurde, zum
Fenster hinaus und wurde unverletzt vom Sprungtuch der Feuerwehr
aufgefangen. Bei der klinischen Beobachtung, die daraufhin veranlaßt
wurde, zeigte sich der Junge als ein sehr unruhiges Kind, das ständig
auf der Station hin- und herlief. ,,Wenn man ihn festhält, windet er
sich, um wieder loszukommen. Mit anderen Kindern hat er verhältnismäßig guten Kontakt. Beim Spiel ist er ohne Ausdauer. Zu einer
systematischen Intelligenzprüfung ist er nicht zu fixieren. Seinen Intelligenzleistungen nach steht er hinter der Norm seines Alters anscheinend
nicht zurück.'' Körperlich kein pathologischer Befund, abgesehen von
einer leichten Zellvermehrung im Liquor.

22   K r a m e r u. P o l l n o w , Über eine hyperkinetische Erkrankung

Unsere besondere Aufmerksamkeit bei der Untersuchung dieser Fälle haben wir dem *Verlaufe* zugewandt. Gerade darüber findet sich in der Literatur kaum etwas angegeben[1]). Schon seit längerer Zeit hatte sich bei der Verfolgung der Einzelfälle die Beobachtung aufgedrängt, daß es sich in der Regel nicht um bleibende Defekte handelt — eine Auffassung, die in der Literatur und in der ärztlichen Beurteilung vorzuherrschen pflegt und zwangsläufig zur Stellung ungünstiger Prognosen führt. Vielmehr schien es sich um einen Krankheitsprozeß von charakteristischem, zeitlich begrenztem Verlauf zu handeln, der prognostisch wesentlich bessere Aussichten bot, als gemeinhin angenommen wurde und als die Schwere der Zustandsbilder erwarten ließ. Bei der großen Bedeutung, die die Voraussage des weiteren Verlaufes für ärztliche und pädagogische Maßnahmen hat, und in Anbetracht der entscheidenden Rolle, die dieser Frage für die theoretische Behandlung und klinische Einordnung des Krankheitsbildes zukommt, haben wir systematische Nachuntersuchungen vorgenommen.

Unsere Untersuchungen über den Verlauf dieser Hyperkinesen haben ergeben, daß der Beginn der Unruhe meist zwischen dem dritten und vierten Lebensjahre liegt, manchmal schon früher, selten später. Öfters wird wohl berichtet, daß in gewissem Grade schon von klein auf eine motorische Unruhe bestand; sie wird dann aber von den Angehörigen in der Regel nicht als pathologisch empfunden, bis sich um das dritte Lebensjahr herum eine rasch einsetzende Verschlimmerung zeigt, die dann die Eltern veranlaßt, den Arzt aufzusuchen: sie schöpfen Verdacht auf eine nervöse Erkrankung, weil die bis dahin als Zeichen besonderer Lebhaftigkeit gedeutete Bewegungsunruhe anfängt, bedenkliche Ausmaße anzunehmen. In anderen Fällen — und das sind anscheinend die häufigeren — werden die Kinder in den ersten Lebensjahren als auffallend still geschildert, so daß die plötzliche, durch das Einsetzen der Hyperkinese bedingte Änderung ihres Verhaltens alarmierend wirkt. Bei einer Anzahl von Fällen wird berichtet, daß die

---

[1]) *Schröder* erwähnt in seinem kürzlich erschienenen Buche (Kindliche Charaktere und ihre Abartigkeiten. Breslau 1931) derartige Bilder unter dem Sammelbegriff der Erethie (S. 64f.). Er weist darauf hin, daß die Erethie Schwachsinn vortäuschen könne oder auch ihn erheblicher erscheinen lasse, als er es wirklich ist, und daß nach Besserung der Bewegungsunruhe der Intelligenzgrad sich oft überraschend gut zeige.

im Kindesalter. 23

Unruhe im unmittelbaren Anschluß an eine fieberhafte Erkrankung entstand. In einem erheblichen Teil der Fälle trifft
der Beginn der Unruhe mit dem Auftreten von epileptischen
Anfällen oder Absencen zusammen, wie wir schon erwähnten.
In diesen Fällen dauert die Unruhe auch über Jahre hin fort,
unabhängig davon, ob die Anfälle gleichzeitig weiter bestehen
bleiben oder bald aufhören.

Die Unruhe pflegt sich ohne tageszeitliche Schwankungen
über den ganzen Tag hin zu erstrecken. Bisweilen ist eine Zunahme gegen Abend zu verzeichnen, selten bemerkt man eine
Erschwerung des Einschlafens. In keinem der Fälle wird über
ausgesprochene Schlafstörungen und über eine eigentliche nächtliche Unruhe berichtet. Vielmehr pflegt der Nachtschlaf durchaus unauffällig zu sein; allerdings sind die Kinder häufig zum
Nachmittagsschlaf nicht zu bringen. —

Die Mehrzahl der Kinder wurde zwischen dem vierten und
sechsten Lebensjahre zum ersten Male in die Klinik gebracht.
Das Maximum der Unruhe scheint um das sechste Jahr herum
zu liegen. In übereinstimmender Weise ergaben die Nachuntersuchungen, daß die Bewegungsunruhe etwa während des
siebenten Lebensjahres abzuklingen beginnt. In der Regel ver-
schwindet sie in den darauffolgenden Jahren; nur in einzelnen
Fällen bleibt eine gewisse motorische Instabilität zurück.

Erst nach dem vollständigen Abklingen des hyperkinetischen Bildes tritt klar hervor, ob die Weiterentwicklung des
Kindes durch einen geringeren oder größeren intellektuellen
Defekt beeinträchtigt wird. Die Intelligenzleistungen bessern
sich mit dem Zurückgehen der motorischen Unruhe. Es wurde
schon darauf hingewiesen, daß die unzulänglichen geistigen
Leistungen während der Hyperkinese durch die Bewegungsunruhe, die Ablenkbarkeit und die dadurch bedingte Lern-
unfähigkeit verursacht werden. Es läßt sich vorläufig noch
nicht mit Sicherheit entscheiden, in welchem Maße die Besserung der Bewegungsunruhe allein eine Besserung der Intelligenzleistungen bedingt oder in welchem Maße etwa die Intelligenz
sich auch als solche beim Abklingen des Krankheitsprozesses
günstiger entwickelt.

Die frühkindliche Intelligenzentwicklung pflegt bei diesen
Fällen — soweit sie nicht von klein auf hinter der Norm zurück-
stehen — unauffällig zu verlaufen, bis sich — etwa gleichzeitig mit dem Beginn der motorischen Unruhe — ein in-

24   K r a m e r u. P o l l n o w , Über eine hyperkinetische Erkrankung

tellektuelles Versagen bemerkbar macht, das aber meist ganz allmählich in Erscheinung tritt. Ähnlich der plötzlich einsetzenden Verschlechterung der Leistungen, deren Vorkommen wir bei der Darstellung der Sprachentwicklung erwähnten, gibt es jedoch auch plötzliche Verschlechterungen der intellektuellen Fähigkeiten. Sie sind sogar häufiger als die Rückschritte in sprachlicher Hinsicht; sie finden sich aber nur bei einer verhältnismäßig geringen Zahl der Fälle und wohl nur im Beginn der Erkrankung. Es handelt sich dabei immer um das Symptom eines Defektzustandes, so daß man generell diese Fälle als die prognostisch ungünstigen bezeichnen kann.

Der Grad der Besserung, der sich nach dem Abklingen der Unruhe konstatieren läßt, ist in einzelnen Fällen verschieden: wir finden sowohl Kinder, die eine annähernd normale Intelligenz erreichen, wie auch solche, bei denen erhebliche Defekte zurückbleiben. Unter den von uns beobachteten Verläufen der Erkrankung sind in drei Fällen gröbere Defekte zurückgeblieben, bei fünf Fällen zeigte sich eine Besserung der intellektuellen Leistungen, wenn auch eine deutliche Dürftigkeit fortbestand; bei sieben Fällen war die Besserung so erheblich, daß sie in intellektueller Hinsicht nur noch wenig oder gar nicht hinter der Norm zurückstanden und dann sogar in der Normalschule mitkommen konnten. Unter den Krankengeschichten, die wir im folgenden als Belege für diese Verlaufsweisen mitteilen, ist die erste besonders instruktiv als Bericht über die Entwicklung eines Jungen, der seit dem Alter von zwei Jahren über neun Jahre hin beobachtet wurde und der trotz des Fortbestehens der epileptischen Anfälle in der Schule das normale Pensum bewältigen konnte. In den übrigen Fällen ist wohl eine Besserung zu verzeichnen; um aber ein endgültiges Urteil über den Ausgang der intellektuellen Reifung zu fällen, ist die Zeit noch zu kurz.

Fall 5. Kurt Heb. Er wurde im Alter von $2^1/_2$ Jahren zum erstenmal von der Mutter in die Poliklinik gebracht: er schlafe unruhig, schreie auf, habe Krämpfe, seit er $^1/_4$ Jahr alt sei. Die Krämpfe fangen damit an, daß er ängstlich zur Mutter laufe, weh, weh! rufe und nach dem Magen zeige. Dann falle er um, werde steif, verdrehe die Augen, krampfe die Arme zusammen, schlage mit den Beinen um sich, sei dabei bewußtlos. Das dauere 2—3 Minuten, hinterher sei er sehr müde. Er nässe sich während des Anfalls öfters ein. Bei den Krämpfen zeige sich keine Bevorzugung einer Körperseite. Anfangs traten die Anfälle alle vier Wochen auf, dann bis zu 20 mal an einem Tage, im letzten Jahre alle 8—14 Tage,

im Kindesalter.   25

und zwar etwa 4—5 Anfälle täglich. Einige Stunden, manchmal schon einen Tag vor dem Einsetzen der Krämpfe sei er sehr still, mißgestimmt, quenglich. Er sei ein sehr lebhaftes Kind, das dauernd beaufsichtigt werden müsse, überall herumklettere, nicht einen Moment stillsitze, immer etwas anderes vorhaben müsse. —

Im Untersuchungszimmer ist der Junge sofort heimisch, geht gleich an den Papierkorb, schüttet ihn aus, stülpt ihn sich über den Kopf, nimmt den Löscher vom Tisch, läuft zu anderen Pat., zeigt nicht die geringste Scheu oder Befangenheit. Als man ihm etwas fortnimmt, was er nicht haben soll, heult er, quengelt, ist kaum zu beruhigen, beschäftigt sich dann lange mit dem Auswickeln von Bonbons. Eine körperliche Untersuchung ist nicht möglich, da der Junge sehr störrisch ist. Geistig ist er nach den Angaben der Mutter geweckt, findet sich im Zimmer zurecht, weiß wo die Gegenstände im Haushalt zu finden sind, ist sauber, kann Lieder singen, kann Körperteile richtig zeigen. Bei der Intelligenzprüfung kaum zu fixieren.

Kurt wurde ein Vierteljahr später auf die Kinderbeobachtungsstation der Nervenklinik aufgenommen: Die Anfälle sind inzwischen nach Luminal-Natrium fortgeblieben, sofort aber wieder aufgetreten, sobald das Medikament abgesetzt wurde. Die Mutter gibt an, daß der Junge in den ersten fünf Lebensmonaten nichts Auffälliges geboten habe. Er habe gut durchgeschlafen, nicht viel geschrien. Erst nach den ersten großen Anfällen, als er $1/_2$ Jahr alt war, sei er auffällig geworden. Kleine Anfälle treten seit einem Jahre auf. Er sei reizbar geworden, schrecke leicht zusammen, sei bockig und sehr eigensinnig. Er sei sehr wild, nehme anderen Kindern allerlei fort, er könne noch keine Sätze bilden. Ball und Uhr bezeichne er richtig. Bei der Intelligenzprüfung zeigt er sich dem Alter nicht ganz entsprechend. Sprachlich ist er meist nur zu kurzen Äußerungen zu bringen. Er zeigt sich eigensinnig und weinerlich, wenn man ihm den Willen nicht läßt. Körperlich o. B. Nach vier Wochen Entlassung. Während des stationären Aufenthaltes traten nie große Anfälle auf, ab und zu ein kleiner Anfall. Die kleinen Anfälle blieben auf Luminal hin fort. Einen Monat nach der Entlassung ist der Junge noch lebhafter als früher, hopst, kriecht, springt überall umher, faßt alles an, die Mutter wird zu Hause kaum mit ihm fertig; er muß dauernd aufs schärfste beobachtet werden; häufig kleine Anfälle, auch vereinzelte große.

Nach einem Jahre wird Kurt für neun Monate erneut aufgenommen. Die Mutter gibt an: Inzwischen sei es dem Jungen zunächst sechs Wochen ganz gut gegangen, er habe keine Anfälle gehabt und sei verhältnismäßig ruhig gewesen. Dann seien wieder häufige Anfälle aufgetreten, mit denen zugleich die frühere Unruhe losgegangen sei. Der Junge sei das ,,reine Quecksilber", renne dauernd in der Wohnung umher, laufe auf der Straße fort, kenne keine Scheu, gehe an wildfremde Menschen heran, sei laut, ungehorsam. Intellektuell zeige er keine Verschlechterung, er begreife leicht. Nur mit dem Sprechen wolle es nicht so recht gehen. Darin sei er hinter gleichaltrigen Kindern zurück. —

Die motorische Unruhe besteht während des ganzen Aufenthaltes mit wechselnder Intensität fort. Häufig werden Anfälle beobachtet.

26   K r a m e r u. P o l l n o w , Über eine hyperkinetische Erkrankung

Kurt wurde nachuntersucht, als er 10 Jahre alt war. Seine Mutter gab uns an: Nach der Entlassung sei Kurt zunächst zu Hause gewesen. Er machte einen ruhigeren Eindruck. Der klinische Aufenthalt schien ihm geholfen zu haben. Er war allerdings immer noch sehr unruhig, er konnte nicht stillsitzen, war in ständiger Bewegung. Es schien damals, als fasse er schwer auf. An manchen Tagen war er „heller", an manchen konnte er vom Kaufmann nur holen, was man ihm aufgeschrieben hatte. Das wechselte. Besonders an den Tagen nach den Anfällen, die alle vier, sechs oder acht Wochen auftraten und dann 3—4 Tage hintereinander etwa dreimal täglich kamen, faßte er schwer auf. Jetzt scheint er in seiner Auffassung heller zu sein. Während seiner ersten Schulzeit hatte man den Eindruck, als sei er gegenüber den Klassenkameraden zurück. Jetzt scheine er ihnen gleich zu sein. Mit sieben Jahren sei er im Heilerziehungsheim Ketschendorf gewesen. Damals habe die Unruhe noch bestanden; er sei unverändert nach Hause gekommen. Dann sei er eingeschult worden. Er sei rechtzeitig zur Schule gekommen und sei bisher nicht sitzen geblieben. Er besuche jetzt die 4. Klasse der Gemeindeschule. Er sei von Anfang an ein guter Schüler gewesen, seine Leistungen seien im Durchschnitt 2—3. Im Rechnen mache er keine besonderen Schwierigkeiten. Nur Religion falle ihm schwer. Er kann die Geschichten schlecht wiedererzählen. Turnen falle ihm auch schwer: er soll zu steif sein.

Seine Unruhe habe sich fast ganz gelegt. Sie fing mit sieben Jahren an nachzulassen. In seinem Wesen habe er sich eigentlich nicht geändert: er wolle auch heute noch alles haben, was ihm gefalle. Er sei aber erzieherisch nicht mehr schwierig. Er sei sehr selbständig geworden. Die Anfälle bestehen in der gleichen Form: er habe in Abständen von 4 bis 8 Wochen mehrere Tage hintereinander täglich etwa drei Anfälle, die jeder etwa zwei Minuten dauern. Er wisse hinterher, daß er einen Anfall hatte, sei aber während der Anfälle bewußtlos.

Bei der Untersuchung macht Kurt einen recht ruhigen Eindruck. Es machte sich keine motorische Unruhe bemerkbar. Er ist sehr gut zu fixieren, wirkt etwas verlegen, bemüht sich aber, auf Fragen prompt Antwort zu geben. Intelligenzfragen beantwortet er im allgemeinen gut. Er versagt nur gelegentlich bei Unterschiedsfragen. Binet-Bilder sieht er sich etwas flüchtig an und beschreibt sie daher unzulänglich; Additionen und Subtraktionen führt er bei zweistelligen Zahlen prompt und richtig aus. Bei Rechnungen, die die 100-Grenze überschreiten, findet er die richtigen Lösungen etwas langsamer.

Ein Jahr später wurde Kurt wieder nachuntersucht. Seine Mutter gab an: Inzwischen sei er noch ruhiger geworden. Sein Bewegungsbedürfnis sei jetzt so gering, daß man sein Verhalten als unauffällig und normal empfinden würde, wenn man nicht von der früheren Unruhe wüßte. Er sitzt jetzt oft stundenlang ruhig bei einer Beschäftigung: er schreibt und zeichnet. Im Hofe haut er gern Holz, spielt gern mit Hund und Katze, quält sie nicht. Gelegentlich klettert er auf Bäume. Er schaukelt gern. Alles geschieht ohne die frühere Unruhe und ganz ohne Hast. Er ist jetzt leicht zu erziehen, gibt kaum Anlaß zu Klagen: er ist gehorsam. Er ist etwas vergeßlich und noch ziemlich ablenkbar. Im ganzen ist er gegen früher sehr verändert, er geht gern zur Schule,

im Kindesalter. **27**

ist ein guter Schüler, hat die meisten Fächer 2 und 3. Er stört in der
Schule nicht durch Unruhe. Seine Zensur in Aufmerksamkeit ist gut.
Die Anfälle bestehen in derselben Form weiter. Er hat etwa monatlich
über mehrere Tage hin einige Anfälle. An manchen Tagen, meist an Tagen
nach den Anfällen, ist er von früh auf über mehrere Stunden hin mürrisch-
gereizt. Er spiele jetzt gern mit anderen Kindern, verträgt sich gut
mit ihnen.

Während eines zweitägigen Beobachtungsaufenthaltes auf der Station lebt sich Kurt rasch ein. Er verhält sich im ganzen durchaus unauffällig. Züge einer motorischen Unruhe sind an ihm nicht mehr zu
bemerken. Höchstens durch eine gewisse Redseligkeit fällt er auf, besonders zu Zeiten, in denen Ruhe geboten wird ; so bei den Mahlzeiten
und während der Mittagsruhe. Mit den anderen Kindern auf der Station
verträgt er sich gut. Nur mit einem gleichaltrigen taubstummen Jungen
zankt er sich leicht: es ärgere ihn, äußert er, daß der Junge nicht sprechen
könne. Er macht im allgemeinen den Eindruck eines aufgeweckten,
etwas verschmitzten Jungen, der eine normale Lebhaftigkeit zeigt.

Fall 6. Otto K. Er wurde mit 4½ Jahren das erstemal untersucht.
Die Krankengeschichte ergibt: Familienanamnese o. B. Zangengeburt.
Er habe mit 1½ Jahren angefangen zu sprechen, spreche jetzt noch undeutlich, habe spät laufen gelernt, nässe sich noch jede Nacht ein, schlafe
trotz der tagsüber bestehenden Unruhe nachts sehr gut und fest. Er
falle im Kindergarten auf, weil er sehr unruhig sei, überall herumlaufe,
an alles herangehe. Er sei nie schüchtern. Auf der Straße müsse man
sehr aufpassen, sonst laufe er fort. Anfangs habe er im Kindergarten
andere Kinder geschlagen, jetzt habe er sich aber an sie gewöhnt. Im
Kindergarten und zu Hause sei er sehr ungehorsam. Im Spielen sei er
sehr unstet. Er geht von einem Spielzeug zum anderen, ohne irgendwelche Ausdauer. — Körperlich: Kleiner kräftiger Junge, etwas un-
deutliche kindliche Sprache, sonst o. B. —

Der Junge ist bei der Untersuchung außerordentlich unruhig; er
läuft im Zimmer umher, faßt alles an, geht an alle Apparate und Schränke.
Auf dem Untersuchungsbett turnt er herum, macht die Untersuchung
nach, klopft auf sein Bein, auf sein Gesicht. Bei der Intelligenzprüfung
zählt er bis 5, kennt die Wochentage, kennt Gegenstände auf Bildern.
Kein Konzentrationsvermögen: Bauklötze, die man ihm gibt, wirft er
sehr rasch fort.

Bei der Nachuntersuchung war er sieben Jahre alt: Er habe sich
in seinem Verhalten gebessert. Er sei von klein auf, und zwar in zunehmendem Maße, unruhig gewesen. Als er das erstemal in der Charité war,
,,war es geradezu furchtbar''. Damals sei die Unruhe kaum zu bändigen
gewesen. Er sei auf Tische und Stühle geklettert, habe alles kaputt
gemacht, was ihm in die Hände kam, habe nicht gehorcht. Er habe
andauernd geredet, habe auf der Straße laut aufgeschrien, habe alle Leute
angesprochen. Wenn er einen Kinderwagen sah, sei er so heftig darauf
losgestürmt, daß er ihn in Gefahr brachte, umzukippen. In Geschäften
habe er alles angefaßt, habe nach den Schwänzen aller Hunde und Katzen
gegriffen, die in seine Nähe kamen. Er sei durch nichts zu fesseln gewesen.
Die schönsten Spielsachen konnten ihn nicht zur Ausdauer bringen.

28   K r a m e r u. P o l l n o w , Über eine hyperkinetische Erkrankung

„Er hatte für nichts Sinn als für Bewegung." Laufen sei sein Liebstes
gewesen und andere Kinder „schubsen". Er habe kleine Kinder auch
geschlagen. Er schien damals schwer aufzufassen, er vergaß leicht,
interessierte sich für nichts. Er konnte nicht die kleinste Besorgung
machen. Auf die Straße konnte man ihn kaum lassen, er war sogar
an der Hand nicht zu regieren. Bis zum fünften Lebensjahr habe er
schlecht gesprochen, gelispelt, habe nur einzelne Worte, abgerissen,
hervorgebracht. Seit dem sechsten Lebensjahr, also im letzten Jahre,
sei eine wesentliche Besserung eingetreten. Er schien allmählich ver-
ständiger zu werden, seine Bewegungen wurden wesentlich ruhiger, er
hörte auf, jedem geringsten Anreiz nachzugeben. Er habe auch jetzt
noch tageweise Rückfälle, die durchaus nicht mehr so schlimm seien
wie die frühere Unruhe. Auch die Sprache habe sich wesentlich gebessert,
er spreche jetzt eigentlich ganz unauffällig. In der Schule gehorche er
gut, er sei artig. Über Unruhe werde nicht geklagt. Er lerne gut, habe
im Rechnen und im Lesen eine 1, im Turnen habe er 3, im Schreiben sei
er von 4 auf 3 gekommen. — Bei der Intelligenzprüfung löst er Rechen-
aufgaben mit zweistelligen Zahlen fehlerfrei und beschreibt auf Bildern
dargestellte Szenen dem Alter entsprechend.

Fall 7. Werner F., war bei der ersten Untersuchung 6½ Jahre alt.
Er fing mit 1½ Jahren an zu sprechen, sprach zur Zeit der ersten Untersuchung noch schlecht. In der zweiten Hälfte des dritten Lebensjahres
machte sich eine ausgesprochene Unruhe bemerkbar, die mit der Voll-
endung des sechsten Jahres ihren Höhepunkt erreichte. Er konnte
nicht stillsitzen, war ständig in Bewegung, schlug mit seinem Spielzeug
auf den Fußboden. Die Angehörigen hatten den Eindruck, er sei geistig
zurückgeblieben. Bei der Untersuchung wurde sein Verhalten in der
Hauptsache durch eine starke motorische Unruhe bestimmt. Zu einer
Intelligenzprüfung war er nicht zu fixieren. —
    Bei der Nachuntersuchung war er neun Jahre alt. Die Unruhe
bestand kaum noch, er fügte sich gut in die Schuldisziplin ein. Nur während des ersten Schuljahres hatte der Lehrer vermerkt, daß er durch
die Unruhe den Unterricht störte. Die Mutter findet, er stehe geistig
nicht mehr so deutlich wie früher hinter seinen Altersgenossen zurück.
Er spricht inzwischen gut. Intellektuell zeigte er bei der Untersuchung
wohl eine gewisse Dürftigkeit, keine ausgesprochene Debilität.

Fall 8. Kurt H., war bei der ersten Untersuchung 6½ Jahre alt.
Erst mit drei Jahren fing er an zu sprechen. Mit fünf Jahren sprach
er einigermaßen gut. Mit drei Jahren soll er eine Gehirnentzündung
gehabt haben. Damals ist anscheinend auch ein epileptischer Anfall
aufgetreten. Mit fünf Jahren trat plötzlich eine starke motorische Unruhe auf, die bei der ersten Untersuchung deutlich zur Beobachtung
kam. Wegen dieser Unruhe wurde er nicht in die Schule aufgenommen.
In intellektueller Hinsicht wurde er bei der poliklinischen Untersuchung
als debil beurteilt. —
    Aus einem drei Jahre später abgefaßten Bericht des Moritzburger
Erziehungsheimes, in dem Kurt sich befindet, ergibt sich, daß er bis
zum achten Lebensjahre keine Schulfortschritte machte und noch sehr

im Kindesalter.   29

unruhig war. Im neunten Jahre ging die Unruhe zurück, schwand aber
noch nicht ganz. Intellektuell entsprach er mit neun Jahren ungefähr
der Altersnorm. Anfälle wurden nicht beobachtet.

Fall 9. Otto H., sprach, als er mit zwei Jahren in die Poliklinik
gebracht wurde, nur vereinzelte Worte. Er fiel seinen Pflegeeltern dadurch auf, daß er gar nicht sinnvoll spielte, sondern nur ruhelos im
Zimmer umherlief, nie still saß, keine Ausdauer hatte, Papier zerriß, am
Wasserhahn drehte. Bei späteren Untersuchungen stellte sich heraus,
daß die Unruhe um das vierte Lebensjahr herum in besonderem Maße
zunahm, „er war immer in Bewegung, und wirkte dadurch lebendiger".
Obschon Otto in seiner Sprachentwicklung nur langsame Fortschritte
machte, konnte er schon frühzeitig Melodien leicht auffassen und gut
wiedergeben. Mit sieben Jahren kam er in die Gemeindeschule, ein halbes
Jahr später in die Hilfsschule, weil ihm das Rechnen schwer fiel und er
durch seine Unruhe störte. Zwischen dem achten und neunten Jahre
ging die Unruhe allmählich zurück, mit zehn Jahren war der Junge
ganz ruhig geworden. Er besuchte die Hilfsschule bis zur zweiten Klasse.—
Bei der Nachuntersuchung im 14. Lebensjahr des Jungen zeigt er
sich motorisch unauffällig, die körperliche Untersuchung ergab keinen
pathologischen Befund, bei der Intelligenzprüfung produzierte Otto sehr
unzulängliche Leistungen, es ergab sich ein deutlicher Intelligenzdefekt.

Fall 10. Friedrich K., war bei der ersten Untersuchung drei Jahre
alt. Damals bestanden seit einem halben Jahre Anfälle, die im Anschluß
an fieberhafte Erkrankungen auftraten. Mit $2\frac{1}{4}$ Jahren habe er erst
angefangen zu sprechen. Von klein auf sei er sehr unruhig gewesen,
seit dem Auftreten der Anfälle habe die Unruhe erheblich zugenommen.
Da der Junge nicht zu fixieren war, konnte ein sicheres Urteil über die
Intelligenz nicht gefällt werden. —
Bei der Nachuntersuchung war er $5\frac{1}{2}$ Jahre alt. Inzwischen hat
er nur noch einen Krampfanfall gehabt. Die starke motorische Unruhe
habe nur etwa ein halbes Jahr angehalten. Dann habe sie allmählich
wieder abgenommen. Er sei leicht zu fixieren, seit er ruhiger wurde,
und mache in der Spielschule keine nennenswerten Schwierigkeiten.
Bei der Untersuchung in der Poliklinik fiel er jedoch durch eine gewisse
Unruhe auf. In seinen Intelligenzleistungen entsprach er der Norm
seines Alters.

Fall 11. Karl N., war bei der ersten Untersuchung sieben Jahre alt,
sprach aber noch nicht gut. Mit vier Jahren hatte er erst angefangen,
laufen und sprechen zu lernen. Seitdem machte sich eine ausgesprochene
Unruhe bemerkbar. Wegen der starken motorischen Unruhe konnte seine
Intelligenz nicht systematisch geprüft werden. Der Junge war durch
nichts zu fesseln. —
Bei der Nachuntersuchung war Karl 13 Jahre alt. Seine Unruhe
soll bis gegen das 12. Lebensjahr angehalten haben. Seit einem halben
Jahre sei sein Verhalten ruhiger und gleichmäßiger. Seine Sprache ist
noch undeutlich. Er steht vor der Versetzung in die sechste Hilfsschul-

30   K r a m e r u. P o l l n o w , Über eine hyperkinetische Erkrankung

klasse. Die Intelligenzprüfung ergibt einen Schwachsinn stärkeren
Grades. Anfälle wurden nie beobachtet.

Fall 12. Heinz R., wurde mit vier Jahren in die Poliklinik gebracht.
Er sprach damals noch Kindersprache. Sein Verhalten wurde durch eine
enorme motorische Unruhe beherrscht. Über seine frühkindliche Entwicklung ist nichts Näheres bekannt.

Bei Erhebung der Katamnese ist er 6¾ Jahre alt. Die Unruhe
habe sich inzwischen gebessert, wenn auch noch nicht ganz gelegt. Auch
die Sprache habe sich recht gut entwickelt, wie aus dem Bericht des
Heimes, in dem er untergebracht ist, hervorgeht. Er habe in der letzten
Zeit gute Schulfortschritte gemacht, so daß er wohl Anschluß an die
Normalschule finden kann.

Fall 13. Heinz Sch., war bei der ersten Untersuchung sechs Jahre alt.
Mit 1½ Jahren fing er an zu sprechen, mit fünf Jahren sprach er erst gut.
Er zeigt bei der Untersuchung eine ausgesprochene Bewegungsunruhe,
die schon seit längerer Zeit besteht. Intellektuell ist er unzulänglich
in seinen Leistungen, da er sich nicht konzentrieren kann. —

Bei der Nachuntersuchung ist er neun Jahre alt. Die Unruhe habe
im siebenten Lebensjahr ihren Höhepunkt gehabt, seitdem aber deutlich
nachgelassen. In gewissem Maße bestehe sie noch. In der Schule kommt
er schwer mit, er ist außerordentlich ablenkbar. Die Intelligenzprüfung
ergibt eine leichte Debilität.

Fall 14. Martin Z., war bei der ersten Untersuchung vier Jahre alt.
Die Sprachentwicklung hatte rechtzeitig begonnen, er hatte aber sehr
langsam sprechen gelernt. Mit 1¾ Jahren traten Petit-mal-Anfälle auf.
Im vierten Lebensjahre entwickelte sich eine erhebliche motorische Unruhe. Er wirkt bei der Untersuchung debil, die Intelligenz ist wegen
einer stark gesteigerten Ablenkbarkeit kaum zu prüfen. —

Bei Erhebung der Katamnese ist Martin sechs Jahre alt. Nach
einer vorübergehenden Besserung hatte sich die Unruhe in der Zwischen-
zeit zunächst verschlimmert. In den letzten Monaten sei sie deutlich
besser geworden. Anfälle wurden nicht mehr beobachtet. Martin kann
sich noch nicht konzentrieren, er ist nicht zu fixieren. Er steht intellektuell deutlich hinter der Norm zurück.

Fall 15. Wolfgang E. Bei der ersten Untersuchung war er 2¼ Jahre
alt. Kurz vorher hatte eine auffallende Bewegungsunruhe eingesetzt,
während er in den ersten beiden Lebensjahren besonders still gewesen war.
Er lernte erst im dritten Jahre sprechen. Sein Sprachverständnis hatte
sich anscheinend rechtzeitig entwickelt. Bei der Untersuchung stand
das hyperkinetische Zustandsbild im Vordergrunde. Intellektuell war
er schwer zu beurteilen, er war nicht zu fixieren, wirkte schwachsinnig. —

Er wurde nachuntersucht, als er 4½ Jahre alt war. Die Unruhe
schien seit einem halben Jahre, wenn auch nur in geringem Maße im
Abklingen zu sein. Er sei sehr leicht reizbar. — Die Sprache war noch
unzulänglich entwickelt. Intellektuell stand er wohl hinter der Norm
zurück, zeigte sich aber nicht so schwachsinnig, als er dem ersten Eindruck

im Kindesalter. 31

nach wirkte. Er war bei einer Intelligenzprüfung jetzt ganz gut zu fixieren und zeigte sich recht interessiert.

Im Zusammenhang mit diesen Verlaufsdarstellungen sei erwähnt, daß auch die beiden unter den Zustandsbildern mitgeteilten Fälle 2 und 3 (Ursula L. und Ursula W.) bei Nachuntersuchungen, die etwa 1½ Jahre nach Erhebung des ersten poliklinischen Befundes angestellt wurden, deutliche Besserungen in motorischer, sprachlicher und intellektueller Hinsicht zeigten.

Das *Gesamtmaterial*, das unseren Untersuchungen zugrunde liegt, stammt fast ausschließlich aus den Jahren 1921—1931, ohne doch nur annähernd die Gesamtheit der in diesem Zeitraum zur Beobachtung gekommenen Fälle solcher Hyperkinesen zu erfassen. Es enthält 45 Fälle, die teils poliklinisch, teils stationär beobachtet wurden. Von diesen zeigten sämtliche das typische Bild der motorischen Unruhe. In 42 Krankengeschichten wurde ausdrücklich eine Störung der sprachlichen Entwicklung vermerkt. Dabei handelte es sich 18mal um einen verspäteten Beginn, 24mal um eine verlangsamte Entwicklung der motorischen Sprache. Bei 43 Fällen wurde während der hyperkinetischen Phase eine Beeinträchtigung der intellektuellen Leistungsfähigkeit festgestellt. Bei 19 Fällen fanden sich epileptische Symptome.

Über eine Reihe von Jahren hin beobachtet bzw. nachuntersucht wurden 15 Fälle, die alle bei der ersten Untersuchung eine ausgesprochene Bewegungsunruhe zeigten. Bei zwölf Fällen klang die Unruhe deutlich ab; in drei Fällen besserte sie sich; vier Fälle stehen noch in Beobachtung, haben aber noch nicht das Alter von sieben Jahren erreicht, in dem meist erst das endgültige Abklingen der hyperkinetischen Phase einzutreten pflegt.

Von den 15 beobachteten Verläufen kam ein Kind ad exitum durch Unfall; bei drei Fällen blieben deutliche Defekte bestehen, bei drei Fällen zeigte sich nach dem Abklingen der Bewegungsunruhe eine Besserung der intellektuellen Leistungen, wenn auch die Norm nicht annähernd erreicht wurde; bei vier Fällen war die Besserung so erheblich, daß sie in intellektueller Hinsicht nur noch wenig (in zwei Fällen) oder gar nicht (in zwei Fällen) hinter der Norm zurückstanden und meist später auf der Normal-Schule mitkamen. Dabei blieben in einem Falle die Anfälle bestehen. Bei vier Fällen ist die Beobachtung noch nicht abgeschlossen, die Kinder befinden sich noch in

32   K r a m e r u. P o l l n o w , Über eine hyperkinetische Erkrankung

der hyperkinetischen Phase, zeigen aber bereits eine geringere
Beeinträchtigung ihres Gesamtverhaltens, seit die Unruhe nach-
ließ.

Unter 15 beobachteten Verläufen zeigten nur zwei von den
vier Fällen, die eine Hemmung der Sprachentwicklung aufwiesen, auch späterhin eine schlechte Sprache. Es handelte sich
um zwei grobe Defektzustände.

Epileptische Symptome zeigten sich unter den ihrem Verlauf nach beobachteten Fällen siebenmal. —

Wenn wir uns nun der Frage zuwenden, ob wir uns auf
Grund unseres Materials zu einer Stellungnahme hinsichtlich der
klinischen Einordnung der Erkrankung entschließen können, so
möchten wir zusammenfassend hervorheben: Es handelt sich
um eine Störung, deren Beginn, mindestens in einem Teil der
Fälle, dadurch annähernd bestimmbar ist, daß die Kinder
zunächst eine unauffällige und gesunde Entwicklung durch-
machen; sie steigert sich bis zu einem gewissen Ausmaße; sie
klingt schließlich ab und heilt mit oder ohne Hinterlassung
von Defekten aus. Diese Ergebnisse lassen sich eher mit der
Annahme vereinen, daß wir es mit einem *exogenen* Krankheitsprozeß zu tun haben; sie sprechen nicht dafür, daß es sich um
eine endogene Entwicklungshemmung handelt. Die exogene
Natur des Syndroms wird uns auch dadurch wahrscheinlich
gemacht, daß bei einem eineiigen Zwillingspaar, wie wir feststellen konnten, nur einer der Zwillinge von der Erkrankung
betroffen wurde.

Fall 16. Hans-Joachim und Peter G., wurden mit 7½ Jahren zum
erstenmal untersucht: Die Mutter gab an: Die Zwillinge seien unehelich
geboren. Der Vater sei gesund, habe allerdings früher viel getrunken.
Ein Bruder der Mutter soll als Kind Krämpfe gehabt haben. *Peter* ist
der erstgeborene Zwilling. *Hans* lernte mit zwei Jahren laufen, *Peter*
ein Vierteljahr früher. *Hans* fing mit zwei Jahren an zu sprechen, *Peter*
anderthalb Jahre früher. *Hans* sprach mit sechs Jahren gut, *Peter* schon
nach fünf Jahren. Wenn *Hans* sehr schwer krank ist, ist er jetzt noch
Bettnässer, *Peter* war es nie. *Hans* war viel krank: Keuchhusten, Wind-
pocken, Masern, Diphtherie. *Peter* bedeutend weniger. Beide neigen
zu fieberhaften Erkrankungen mit starken Temperaturerhöhungen.
Hans hatte vor ¾ Jahren zwei Krampfanfälle: er verdrehte dabei die
Augen, wurde steif und bewußtlos, hörte nicht auf Anruf. Das dauerte
das erstemal etwa eine halbe Stunde, das zweitemal einige Minuten;
hinterher Erschlaffung, Müdigkeit, Schlaf. An den zweiten Anfall schloß
sich bei ihm eine Lungen- und Rippenfellentzündung an. *Peter* hatte
nie Anfälle. Im Sommer hatten beide Magen- und Darmkatarrh. Beide

im Kindesalter.   33

haben guten Appetit, beide guten Stuhlgang, beide schlafen gut. Beide
hatten früher viel Nachtschweiß. *Hans* ist ausgesprochener Linkshänder,
ebenso seine Mutter, *Peter* ist Rechtshänder. *Peter* ist körperlich im
ganzen kräftiger, sowohl gesundheitlich wie in der Leistungsfähigkeit.
Hans hat öfters Ohrenlaufen auf beiden Ohren, *Peter* nicht. *Hans* hat
jetzt auch vom Augenarzt ein Glas bekommen, *Peter* sieht gut.

    Nach der Geburt waren beide Kinder in einem Privatkinderheim.
Der Mutter fiel bei Besuchen zunächst nie ein Wesensunterschied bei
den Kindern auf. Erst als sie die Kinder mit 1¾ Jahren abholte, fand
sie, daß *Hans* noch nicht einmal sitzen konnte und einen stillen, apathi-
schen Eindruck machte, während *Peter* schon fest auf den Beinen stand
und sehr lebendig wirkte. Von da an wuchsen die Kinder bei der Mutter
und den Großeltern auf. Mit drei Jahren etwa trat bei *Hans* eine deutliche Unruhe auf: er lief planlos umher, er machte mit den Händen sinnlose Bewegungen „wie ein flatterndes Huhn'' oder „wie eine ausgehängte
Gans, bei der die Flügel so weit vom Körper abstehen''. Er fing an,
mit Vorliebe Papier zu zerreißen, sein Spielzeug zu vernichten, Lärm
zu machen. Er kletterte nicht, wohl aus Ängstlichkeit, da er immer sehr
ungeschickt war. Er hatte von da ab keine Ausdauer, konnte nicht
stillsitzen, spielte nur mit dem *Bruder*, der dabei der aktive Teil war;
mit anderen Kindern spielte er nicht, da er sich mit ihnen nicht ver-
ständigen konnte. Auch heute noch spielt kein Kind mit ihm. Er weiß
nichts mit anderen, andere nichts mit ihm anzufangen. Gleichaltrige
nehmen ihn nie für voll, Kleinere sind ihm zu klein. Infolge seiner Unruhe erschien er immer unkonzentriert: er konnte nichts recht im Kopf
behalten, weil er immer etwas anderes wollte. Diese Unruhe, die zeit-
weilig sehr stark war, blieb bis heute, ließ aber in ihrer Heftigkeit bereits
nach. Auch in der Schule klagt die Lehrerin über die Unruhe: er spiele
mit dem Federhalter, mit Heften; statt zu schreiben, verliere er sich in
Kritzeleien, alle Hefte und Umschläge seien bekritzelt. Er macht auch
jetzt noch viel kaputt. Bis vor einem Jahr konnte er mit seinem Spielzeug nicht sinnvoll spielen. Das geht jetzt besser, mit Bauklötzen könne
er nicht nach Vorlagen bauen, immerhin baue er jetzt schon öfters Häuser,
während er früher nur Klotzhaufen fertigbrachte, die er nur durchein-
anderwarf. Wenn er auf einem Stuhl sitzen soll, wackelt er. Er ist ein
guter Läufer, doch zu geordnetem Turnen zu ungeschickt. *Peter* dagegen hat sich unauffällig entwickelt. Er hat immer sinnvoll gespielt,
ist bei anderen Kindern beliebt, spielt gern mit ihnen. Er kümmert sich
sehr um *Hans*, an dem er sehr hängt, und umgekehrt; wenn *Peter* mit
Hans auf der Straße spielt, verzichtet er auf das Spiel mit anderen Kindern,
da diese ja mit *Hans* nicht spielen wollen. *Peter* war nie auffällig unruhig,
ist aber lebhaft, geweckt. *Peter* ist ein guter Turner, schwärmt für Sport,
kennt Boxgriffe, sagt, er werde Boxer Schmeling. Er beschützt *Hans*
sehr. Er hält sein Spielzeug ordentlich und legt großen Wert darauf,
daß niemand herangeht. *Hans* respektiert diesen Wunsch. Sie haben
kein gemeinsames Spielzeug, nehmen sich aber auch gegenseitig nichts
weg. *Hans* spielt lieber im Freien, besonders im Sande. Das macht auch
Peter gern, der aber auch Roller fährt, was *Hans* wegen seiner Ungeschicklichkeit nicht kann. *Peter* will beim Spiel mit anderen Kindern

34   K r a m e r u. P o l l n o w , Über eine hyperkinetische Erkrankung

immer das große Wort haben, er ist immer der Anführer, und dabei einer
der Schwächsten seiner Klasse. *Hans* ist liebevoller, anhänglicher,
schmeichlerischer, *Peter* ist zurückhaltender. *Hans* ist nicht so gefügig
wie *Peter*, der wieder vernünftiger und einsichtsvoller ist. *Peter* ist
erregbarer, neigt zu Jähzorn. *Hans* ist empfindlicher bei Tadel, *Peter*
hilft spontan im Haushalt mit. *Hans* will das auch, kann es aber nicht,
weil er zuviel entzwei macht; er läßt viel fallen, da er unvorsichtig
umherläuft. *Peter* schwindelt aus Angst vor Strafe, *Hans* ist
sehr aufrichtig. *Peter* ist schlau: er läßt sich von niemandem aus-
fragen, erzählt nichts von selbst. *Hans* ist geschwätzig. *Hans* hat
einmal ein Kotelett und einmal ein Pfund Weintrauben fortgenommen.
Hinter Fleisch und Wurst ist er besonders her. Beide sind in Gelddingen
korrekt. *Peter* schwärmt oft für viel Geld, er ist sehr sparsam. Von
Süßigkeiten gibt *Hans* allen Leuten ab, *Peter* aber nur dem *Hans*. *Hans*
wirkt eigentlich nur als *Peter*s Mitläufer. Besorgungen macht *Peter* gut,
früher auch gern, jetzt machen sie ihm keinen Spaß mehr. *Hans* erledigt
alles genau, aber nur, wenn man es ihm aufschreibt. *Peter* behält es
auch im Kopf. *Hans* ist bei Besorgungen unsicher und ängstlich, er erledigt daher Gänge hastig und schnell. *Peter* hält sich im Gegenteil
lange auf, weil er überall etwas zu sehen hat. Eigentliche Erziehungsschwierigkeiten machen beide nicht. *Peter* geht gern zur Schule, *Hans*
nur, weil er muß. *Hans* wurde im ersten Jahre zurückgestellt, weil er
durch die Unruhe in der Klasse störte. Er ist jetzt auf der 8., *Peter*
auf der 6. Klasse. *Peter* zerrt seine Mitschüler viel, schlägt auch oft,
macht aber sonst keine Schulschwierigkeiten. Er lernt ganz gut, schreibt gut,
rechnet gut. *Peter* fängt jetzt an, Lust am Gesang zu bekommen. Früher
hatte er kein musikalisches Interesse. *Hans* liebt Musik von klein auf.
Er singt gern. Seit Ostern geht *Hans* zur Schule, stört aber immer noch.
Er schreibt ohne Zusammenhang, kritzelnd, bisweilen nicht einmal
richtige Buchstaben. Er rechnet gar nicht, kann Zahlen nur wie Buchstaben lesen, aber nicht kombinieren. Er ist sehr ablenkbar, spielerisch,
muß immer etwas in der Hand haben. Das Lesen geht verhältnismäßig
gut. Er steht abseits von den Mitschülern, kann sich nicht anfreunden,
seine Versetzung zu Ostern ist fraglich. *Peter* ist ein Durchschnitts-
schüler. Er macht seine Schulaufgaben teils spontan, teils auf Mahnung.
   Bei der körperlichen Untersuchung ergab sich folgender, für die
Eineiigkeit der Zwillinge sprechender Befund: Haarwirbel kongruent,
Haarfarbe gleich, Augenbrauen beiderseits völlig übereinstimmend.
Zähne different: bei *Peter* stehen die Incisivi nach innen, bei *Hans* sind
die Canini vorstehend; die Ohren sind bei beiden übereinstimmend.
Hans zeigt eine deutliche Abflachung des Hinterhauptes und Turm-
schädelansatz. Hinterer Haaransatz gleich: übereinstimmende Wirbel.
Hinsichtlich der Papillarlinien scheinen *Peter*s rechte und *Hans*' linke
Hand vertauschbar.
   Eine bei den Zwillingen angestellte Intelligenzprüfung hatte folgen-
des Ergebnis: Den Unterschied von rechts und links kennen *beide*.
Tageszeit? *Hans*: ,,Nachmittag.'' *Peter*: ,,Vormittag . . . es ist ja noch
12''. *Hans* zählt: ,,5, 2, 7.'' *Peter* zählt bis 100. Beim sogenannten
ästhethischen Vergleich zeigt *Hans* mit dem Finger richtig, *Peter* sagt

im Kindesalter. 35

richtig „die Rechte". Vier Farben bezeichnen *beide* richtig. Ebenso die Zahl der Finger. Lücken im Bild fallen *Hans* nicht immer, *Peter* stets auf. *Hans* kann gar nicht rechnen, *Peter* rechnet richtig: $12—3 = 9$, $16—5 = 11$.— Binet-*Fensterbild: Hans:* „Mann, kleines Mädchen, Junge und noch ein Teddybär. Da ist eine Mutter. Der Mann faßt den Jungen an die Haare, da ist noch ein Hut." *Peter:* „Der eine versteckt sich, und da kommt der Mann heraus und faßt den Jungen an. Die haben die Scheibe zerbrochen und der eine versteckt sich." Binet-*Blindekuh-Bild: Hans:* „Da ist ein Mann, da kriegt er das kleine Mädchen, da sind drei Stück und hier ist das ganz Kleine und da ist noch eine." *Peter:* „Hier spielen sie Blindekuh, das Mädchen und der Mann, der hinterherrennt, will das Mädchen greifen und sie schmeißen alles um." Binet-*Gruß-Bild: Hans:* „Da ist ne Frau und noch zwei Mädchen, da ist ein Mann und da liegt er. Da ist ein Hut." *Peter:* Hier kucken zwei Mädchen aus dem Fenster, und der Junge ist hingefallen, weil der Mann, der kommt, nicht hingekuckt hat. Dabei ist der Junge ausgerutscht."

Die jetzt allgemein vertretene Annahme, daß eineiige Zwillinge im wesentlichen eine identische Anlage aufweisen, veranlaßt uns, diese Beobachtung dahin zu deuten, daß es sich um einen exogenen Krankheitsprozeß handelt, der bei dem betroffenen Zwilling nicht mit einer völligen Restitution, sondern mit einer Defektheilung geendet hat, wie die Differenzen der Zwillinge im intellektuellen Status ergeben.

Für eine nähere Bestimmung des pathophysiologischen Substrats dieses exogenen Prozesses fehlen uns noch gesicherte Anhaltspunkte in einem Ausmaße, das erlaubt, endgültige Schlüsse zu ziehen. Die häufige Kombination der Erkrankung mit epileptischen Anfällen läßt am ehesten an einen im engeren Sinne *organischen Prozeß* denken. Wenn auch die Art der Anfälle eine sichere Abgrenzung gegenüber der genuinen Epilepsie nicht gestattet, so läßt doch das Fehlen der charakteristischen epileptischen Wesensveränderung — insbesondere auch in den Fällen, bei denen von frühem Alter an mit Häufigkeit große epileptische Anfälle oder häufige Petit-mal-Zustände auftraten — eher an eine Epilepsie denken, die durch eine organische Herderkrankung bedingt wird. Dafür spricht auch, daß sich niemals der typische epileptische Defektzustand zeigte, daß trotz Fortbestehens der Anfälle eine intellektuelle Besserung eintreten kann, und daß die epileptischen Anfälle sowohl wie die motorische Unruhe nicht selten im Anschluß an eine fieberhafte Erkrankung aufgetreten sind. Die körperliche Untersuchung hat allerdings, wie wir schon erwähnten, niemals sichere organische Befunde ergeben. Unsere Vermutung, es handele sich um einen

3*

36   K r a m e r u. P o l l n o w , Über eine hyperkinetische Erkrankung

organischen Prozeß, wurde aber durch den einzigen anatomischen
Befund, den wir bisher erheben konnten, in hohem Maße gestützt. Er fand sich bei einem tödlich verunglückten Kinde, das
das geschilderte Syndrom in ganz typischer Weise zeigte:

Fall 17. Ingeborg K. Sie wurde mit sechs Jahren auf die Kinderbeobachtungsstation der Charité-Nervenklinik aufgenommen. Seit ihrem
zweiten Lebensjahre wuchs sie bei ihren Großeltern auf, denen die Mutter
des Kindes geschrieben hatte: sie wolle sich das Leben nehmen, wenn
man das außerordentlich unruhige Kind nicht von ihr abhole. Der
Großvater berichtete: Als Inge anfing zu laufen, ging es hinauf und hinunter in der Stube, sie mußte immer Bewegung haben. Sie fing mit
$2^1/_2$ Jahren an zu laufen, sprach in diesem Alter die ersten Worte. Zu
Hause sei sie sehr schwierig: sie springe und laufe den ganzen Tag im
Zimmer herum; was sie sehe, müsse sie haben; sie fasse alles an, behalte
es einen Moment, werfe es wieder weg. Sie könne sich auch allein beschäftigen, im Sandhaufen buddeln, ihre Puppen versorgen. Andere
Kinder suche sie zu kommandieren, necke sie, ziehe sie an den Haaren.
Sie spiele gern mit Tieren, habe gar keine Angst dabei, füttere sie. Sie
spiele so lebhaft mit ihnen, daß sie auch manchmal zu Quälereien komme,
die Hunde am Schwanz ziehe, Ohrabschneiden spiele, mit dem Finger
in die Augen der Tiere fahre. Sie sei nicht ängstlich, nicht schüchtern,
sie spreche mit jedem ohne Scheu. Trotz der großen Unruhe, die sie
tagsüber zeige, schlafe sie die ganze Nacht ohne Störung. Nach der
Meinung der Großeltern wirke sie nicht dumm, sondern eher überschlau.
Seit einiger Zeit bestünden bei dem Kinde Absencen, über deren erstes
Auftreten nichts bekannt ist.

Untersuchungsbefund: Körperlich, serologisch, röntgenologisch o. B.
Ingeborg ist um ein Jahr in ihrem Lebensalter zurück, aber nicht durch
einen Intelligenzmangel, sondern durch einen Mangel an Aufmerksamkeit und durch große Ablenkbarkeit. Die intellektuelle Begabung ist
nicht schlecht, die Phantasietätigkeit des Kindes ist auffallend rege,
die abnorme Sprunghaftigkeit hat die Aneignung des Wissensstoffes ver-
hindert, der der Altersstufe entsprechen würde. Während des klinischen
Aufenthaltes bietet das Kind das Bild einer übererregbaren Psychopathie mit motorischer Unruhe, Sprunghaftigkeit der Neigungen, trieb-
hafter Hemmungslosigkeit, Neigung zu Aggressionen, Beschmutzungen,
Gebrauch von Schimpfworten. Die Unstetigkeit der erzieherischen Verhältnisse hat wohl auch ungünstig auf die psychische Entwicklung des
Kindes eingewirkt. Eine Behandlung mit Serien von Röntgenbestrah-
lungen erzielte keine Besserung in bezug auf die motorische Unruhe des
Kindes. Absencen, die vor der Behandlung zu beobachten waren, traten
viel seltener auf. Inge konnte sehr böse werden, biß und kratzte
dann. Sie war „fenstersüchtig": rannte zu allen Fenstern hin, wollte
fliegen wie ein Spatz, ist auch einmal bei einem solchen Versuch, aus
dem Fenster hinauszufliegen, tüchtig heruntergefallen. Sie übersieht
anscheinend noch gar nicht die Folgen dessen, was sie tut. Man bekommt
keinen rechten Kontakt mit ihr, obwohl sie ganz zutraulich ist.

im Kindesalter. 37

Nach vier Monaten wurde Inge in ein Heilerziehungsheim entlassen. Weitere vier Monate danach stürzte sie aus dem Fenster des vierten Stockwerks hinaus, als sie in einem unbewachten Augenblick ihrem Drange zu klettern und ihrem Wunsche ,,zu fliegen'' nachgab. Sie verunglückte tödlich, fast sieben Jahre alt. In einem nach dem Tode des Kindes abgefaßten Berichte des Kinderheims, in dem Ingeborg untergebracht war, heißt es: ,,Im Vordergrunde stand bei dem Kinde rein eindrucksmäßig ' die außerordentliche motorische Unruhe. Sie konnte keinen Augenblick allein gelassen werden, war ständig in Bewegung, trat, kratzte, spuckte, hatte große Freude an allem Beweglichen und war ,fenstersüchtig', ,wollte fliegen wie ein Spatz'. Auf der Station (in der Charité) hatte man sie einmal in dem Zimmer des Arztes isoliert und alles aus ihrer Reichweite hinweggeräumt, was nur möglich war. Sie erreichte aber auch das Entlegenste, riß das Zentimetermaß von der Wand, pfefferte das Telephon auf die Erde, stieg auf alle Stühle, so daß man sie um des Zimmers willen herauslassen mußte Inge zeigte auf der Kinderstation unseres Heims dasselbe Verhalten. Sie kletterte auf alle Möbel, war keinen Moment in Ruhe zu halten, konnte keinen Augenblick allein gelassen werden, mußte mehrfach Packungen bekommen, bekam auf ärztliche Anordnung Brom. — Durch den Kreis, in dem sie sich heimisch fühlte, durch die ärztliche, medikamentöse und hydrotherapeutische Behandlung, sowie durch die heilpädagogische Beeinflussung war es gelungen, diese Bewegungsunruhe des Kindes bis zu einem gewissen Grade zu beeinflussen. Das Kind war ruhiger, konnte sich längere Zeit mit seiner Puppe beschäftigen, pflegte die Puppe (während sie bis dahin jedes Spielzeug kaputt gemacht hatte), saß bei den Mahlzeiten manierlich dabei, zeigte bei der Gymnastik auffällig viel rhythmisches Gefühl, sah sich die Übungen der anderen Kinder an und übte sie später selbständig mit ihrer Puppe und mit Erwachsenen.''

Die histologische Untersuchung des Gehirns wurde im Laboratorium der Charité-Nervenkl. von Prof. *Creutzfeldt* vorgenommen, der uns in dankenswerter Weise seinen Befund zur Verfügung stellte. Es ergab sich das Vorliegen chronisch-entzündlicher Veränderungen im Hirnstamm. Insbesondere sah man Infiltrate um die Gefäße des Zwischenhirns und der Mittelhirnbasis. Außerdem bestand um die 3. Hirnkammer, um die *Sylvius*sche Wasserleitung und weniger stark um die 4. Hirnkammer eine sehr dichte subependymäre Gliafaserwucherung. An den Gefäßen der Substantia nigra sah man außer den Rundzellen Fettkörnchenzellen. Hier war die Gliafaserwucherung auch am stärksten ausgeprägt, die Nervenzellen zeigten hier degenerative Veränderungen und Untergangserscheinungen bis zum Zerfall. Das histopathologische Bild erinnerte also weitgehend an Veränderungen, die man bei der chronischen epidemischen Enzephalitis (*Economo*sche Krankheit) findet.

38   K r a m e r u. P o l l n o w , Über eine hyperkinetische Erkrankung

Der *anatomische Befund* zeigt demnach, daß es sich um einen chronischen enzephalitischen Prozeß handelt, mindestens in diesem Falle. Daß auch in anderen Fällen diesen hyperkinetischen Bildern ein gleichartiger Prozeß zugrunde liegt, könnte nach dem Verlauf der Erkrankung und besonders auch im Hinblick auf ihren oft akuten fieberhaften Beginn angenommen werden.

Bei der Ähnlichkeit des Befundes mit dem, der bei der chronischen Encephalitis epidemica durch die histopathologische Untersuchung erhoben zu werden pflegt, war die Frage zu erörtern, ob es sich nicht um eine besondere, im frühkindlichen Alter auftretende Erscheinungsform der *Economo*schen Krankheit handelt. Diese Erwägung lag um so näher, als das hyperkinetische Symptomenbild eine gewisse Ähnlichkeit mit den bekannten, zuerst von *Bonhoeffer* [1]) beschriebenen postenzephalitischen Zustandsbildern bei Kindern zeigt. Wir verweisen besonders auf die eingehende Darstellung und die psychologische Analyse, die *Thiele* [2]) von der dranghaften Bewegungsunruhe der postenzephalitischen Fälle gegeben hat:

„Dieser Begriff des ‚Dranges‘ . . . ist, genauer definiert, recht wohl geeignet, das Besondere und Wesentliche dieser hyperkinetischen Phänomene zu charakterisieren. Wir verstehen also unter ‚Drang‘ eine primär gänzlich amorphe ziel- und richtungslose Entladungstendenz, die sich ihrer psychischen Repräsentanz nach als eine unlustvolle Unruhe und Spannung darstellt und die erst in ihrer Auswirkung, in ihrer Betätigung am Objekt oder infolge Interferenz mit gerichteten intentionalen Akten sich zu einer inhaltlich bestimmten Handlung gestaltet . . . Der von Haus aus ziel- und richtungslose ‚blinde‘ Drang *findet* sein Objekt, d. h. er wirkt sich an dem jeweils sich ihm darbietenden Gegenstande aus . . . Betrachten wir solch ein Kind in seiner dranghaften Unruhe, so ist es gerade das Ungeordnete und Ungerichtete, aus innerer Zielstrebigkeit heraus nicht Verständliche, was uns daran als das Eigentümliche imponiert. . . . Ein Sinnesreiz in seiner zufälligen Gegebenheit, jede beliebige Veränderung der äußeren Konstellation, die in den Gesichtskreis des Pat. fällt, bestimmt die Richtung, in der der Drang sich auswirkt.‘‘

Auch für die an unseren Fällen beobachtete Bewegungsunruhe trifft diese Deutung zu, die als erster *Thiele* für die im Anschluß an die epidemische Enzephalitis auftretenden Hyperkinesen gab. Die Unterschiede, die wir im hyperkinetischen Zustandsbild zwischen unseren Fällen und dem post-

---

[1]) Berliner Gesellsch. f. Psychiatrie u. Nervenkrankh., März 1921.
[2]) Zur Kenntnis der psychischen Residuärzustände nach Encephalitis epidemica bei Kindern und Jugendlichen. Berlin 1926. S. 55 ff.

im Kindesalter. **39**

enzephalitischen Bewegungsdrängen sehen, sind mehr gradueller als prinzipieller Natur. Die Beziehungen zur Objektwelt und die Ausgestaltung der dranghaften Impulse zu Handlungen treten bei unserem Krankheitsbilde in viel größerem Maße hinter der chaotischen Bewegungsunruhe zurück, als es bei der Mehrzahl der Postenzephalitiker der Fall ist.

Trotz dieser Unterschiede ist aber die Übereinstimmung noch so groß, daß sie fast für eine gemeinsame Pathogenese zu sprechen scheint. Es liegen jedoch wichtigere Momente vor, die gegen diese Subsumierung der von uns beschriebenen Erkrankung unter die Gruppe der postenzephalitischen Residuärzustände sprechen: Wir haben bei keinem unserer Fälle andere körperliche Krankheitssymptome feststellen können, wie sie sich bei der Encephalitis epidemica finden; so keine Pupillenstörungen, keine Augenmuskellähmungen, keine Blickkrämpfe, keine choreatischen oder athetotischen Bewegungen u. ä. Es hat sich auch in keinem unserer Fälle nach dem Abklingen der Hyperkinese ein parkinsonistisches Zustandsbild entwickelt, wie es so oft bei den postenzephalitischen Zuständen der Fall ist. Mit besonderem Nachdruck möchten wir noch auf einen Unterschied unserer Fälle gegenüber den Hyperkinesen hinweisen, die durch die epidemische Enzephalitis bedingt werden: er liegt darin, daß die motorische Unruhe bei unseren Fällen nur am Tage auftritt und daß wir niemals eine auffallende Zunahme der Unruhe in den Abendstunden, insbesondere niemals die typischen Schlafstörungen und nächtlichen Erregungszustände beobachten konnten. Am wichtigsten aber scheint uns für die Abgrenzung die Tatsache zu sein, daß die von uns beschriebenen Fälle schon lange — und in gar nicht geringer Zahl — zu beobachten waren, bevor die Encephalitis epidemica bei uns auftrat[1]). Eine Häufung dieser Fälle während des Auftretens der Encephalitis epidemica und im Anschluß an sie haben wir nicht feststellen können. Auch nach dem Abklingen der Epidemie in den letzten Jahren haben wir keine Abnahme der Häufigkeit frischer Fälle bemerkt.

Nach allen diesen Erwägungen ist es uns wahrscheinlich, daß es sich um einen von der epidemischen Enzephalitis ab-

---

[1]) Der erste charakteristische Fall dieser Art fiel mir im Jahre 1901 an der Breslauer Nervenklinik auf; er wurde damals von *Wernicke* in der Vorlesung als „hyperkinetische Motilitätspsychose bei einem Kinde" vorgestellt. *Kramer.*

40   Marcuse †, Schizophrene Hemmungszustände.

zutrennenden, chronisch-entzündlichen Krankheitsprozeß handelt. Da wir nur über *einen* anatomischen Befund verfügen,
können wir noch nicht sagen, ob dieser für unser Krankheitsbild typisch ist. Es wäre immerhin auch daran zu denken,
daß die anatomischen Befunde in einzelnen Fällen variieren
und daß das Krankheitsbild sich als eine frühkindliche Reaktionsweise auf organische Hirnprozesse verschiedener Art
darstellt. Hierüber können erst weitere histopathologische Untersuchungen Aufschluß geben. Die Einheitlichkeit der Symptomatologie und die zahlreichen gemeinsamen Züge der Verläufe drängen aber eher zu der Annahme, daß es sich um eine
auch pathogenetisch einheitliche Krankheit handelt.

Kommentar und Interpretation zur Arbeit von F. Kramer und H. Pollnow

K.-J. NEUMÄRKER, A. ROTHENBERGER

Um diese 1932 erschienene Publikation fachlich und wissenschaftsgeschichtlich richtig einordnen zu können und um deren aktuellen Stellenwert zu begreifen, bedarf es mehrerer Hinweise und detaillierter Analysen.

Vorarbeiten

Bereits vor dem Erscheinen der Arbeit berichteten Kramer und Pollnow auf der Sitzung der Berliner Gesellschaft für Psychiatrie und Nervenkrankheiten am 16.06.1930 im Hörsaal der Psychiatrischen- und Nervenklinik der Charité vorerst über „Hyperkinetische Zustandsbilder im Kindesalter". In der präzisen Darstellung dieser Zustandsbilder, die als „Protokoll" abgedruckt nachzulesen sind [13], findet sich bereits die Grundkonzeption der späteren Publikation. Die Autoren führen aus: „Ein Krankheitsbild, das vor allem durch Bewegungsunruhe gekennzeichnet ist, wird als ein in Symptomatologie und Verlauf abgrenzbares Syndrom beschrieben. Neben einer elementaren Unruhe, die durch dauerndes Umherlaufen, Herumklettern, planloses Anfassen von Gegenständen charakterisiert ist, besteht eine Verzögerung der Sprachentwicklung. In wechselndem Maße kommen intellektuelle Defekte vor, die infolge der Bewegungsunruhe und infolge der mangelnden Konzentrationsfähigkeit oft viel erheblicher erscheinen, als sie es wirklich sind. In einem beträchtlichen Prozentsatz der Fälle treten epileptische Anfälle auf, aber meist nur im Beginn der Erkrankung. Diese setzt überwiegend zwischen dem 3. und 4. Lebensjahr ein und fängt zwischen dem 6. und 7. Lebensjahr an allmählich abzuklingen [1]. Gleichzeitig mit dem Schwinden der Unruhe bessern sich die sprachlichen Fähigkeiten und die intellektuellen Leistungen, die sich manchmal noch bis zur Norm entwickeln können. Es wird ein 3-jähriger Junge mit vollentwickeltem Krankheitsbild gezeigt, dann ein 11-jähriger, bei dem eine defektfreie Hei-

---

[1] Der frühe Beginn zeigt, dass schon damals der fachliche Blick auf das Vorschulalter gerichtet war, dem wir heute wieder mehr folgen müssen (siehe Kapitel 3 dieses Buches). Allerdings erscheint es ungewöhnlich, dass die motorische Unruhe schon um das 7. Lebensjahr so deutlich nachlassen soll. Heutzutage wird dies eher ab dem Jugendalter angenommen.

lung eingetreten ist, obschon die epileptischen Anfälle fortbestehen. Die Art des Verlaufes der Erkrankung spricht für ihre exogene Natur. Durch die Beobachtung, dass bei einem eineiigen Zwillingspaar nur ein Kind erkrankte, wird diese Auffassung unterstützt (Demonstration). Durch den anatomischen Befund, der allerdings bisher nur in einem Fall erhoben werden konnte, wird diese Vermutung bestätigt, dass es sich um eine organische Gehirnerkrankung handelt (vgl. die Diskussionsbemerkung von Creutzfeldt). Es fand sich eine chronische Encephalitis. (Der Vortrag wird an anderer Stelle in ausführlicher Form veröffentlicht werden.) – Aussprache, Creutzfeldt: Die histologische Untersuchung des Gehirns und der infolge ihrer Bewegungsunruhe aus dem Fenster gestürzten Patientin K. ergab das Vorliegen chronisch-entzündlicher Veränderungen im Hirnstamm (Mikrophotogramm). Insbesondere sah man Infiltrate um die Gefäße des Zwischenhirns und der Mittelhirnbasis. Außerdem bestand um die 3. Hirnkammer, um die Sylviussche-Wasserleitung und weniger stark um die 4. Hirnkammer eine sehr dichte subependymäre Gliafaserwucherung. An den Gefäßen der Substantia nigra sah man außer den Rundzellen Fettkörnchenzellen. Hier war die Gliafaserwucherung auch am stärksten ausgeprägt, die Nervenzellen zeigten hier degenerative Veränderungen und Untergangserscheinungen bis zum Zerfall. Das histopathologische Bild erinnerte also weitgehend an Veränderungen, die man bei der chronischen epidemischen Encephalitis (Economosche Krankheit) findet. Man wird aber zweckmäßig noch andere autoptische Befunde abwarten müssen, ehe man zu einer Einordnung der gefundenen Veränderungen schreitet. Jedenfalls erscheint durch den hier erhobenen Befund die organische Natur des Falles K. erwiesen."

In der Diskussion zu dieser Vorstellung machte u. a. Friedrich Heinrich Lewy (1885–1950), der 1912 erstmals die intrazellulären Einschlusskörper bei der Parkinsonkrankheit beschrieben hatte [10], vor dem Hintergrund des Creutzfeldt'schen Befundes auf die „Differenz..., die zwischen dem in den vorliegenden Fällen gefundenem histologischen Bild und dem klinischen Verlauf gegenüber der Lethargica besteht" aufmerksam. Kramer erwidert, dass „eine Beziehung zur Encephalitis epidemica nicht wahrscheinlich ist, da das Krankheitsbild schon lange vor dem Auftreten der epidemischen Encephalitis beobachtet werden konnte, wenn es auch nicht als einheitliches Syndrom beschrieben worden ist".

Anlässlich der Jahresversammlung des Deutschen Vereins für Psychiatrie am 9. und 10. April 1931 in Breslau findet sich auf dem Programm erneut „Kramer und Pollnow – Berlin: Symptombild und Verlauf einer hyperkinetischen Erkrankung im Kindesalter", referiert hatte Kramer. Es werden die bereits bekannten Merkmale aufgelistet und stringent zum Ausdruck gebracht „Man wird aber diesem Symptomenkomplex nur gerecht, wenn man ihn als ein Krankheitsbild eigener Prägung auffasst, zumal auch in den letzten Jahren durchgeführte Nachuntersuchungen zeigten, dass die Fälle durch bestimmte gemeinsame Charakteristika des Verlaufs gekennzeichnet sind". Der Verlauf – von 40 Fällen konnten inzwischen 19 nachuntersucht werden – wird nunmehr hervorgehoben und im Sinne einer „phasenhaften Störung" deklariert. Die Beziehung zur chronischen epidemischen Enzephalitis wird als ebenso „unwahrscheinlich" bezeichnet wie „eine Entwicklung zum Parkinsonismus" [14]. Dieser ausdrückliche Hinweis von Kramer und Pollnow, dass nach der Verlaufsbeobachtung dieser Fälle keine Zeichen der „Entwicklung zum Parkinsonismus" existieren, hat nicht nur in Bezug auf die Diskussionsbemerkung von Lewy aus dem Jahr 1930 [10, 13] Bedeutung. Auch in der aktuell geführten Diskussion um einen vermeintlichen Zusammenhang zwischen medikamentöser Therapie bei der ADHS und den Langzeitfolgen, die in die Nähe eines „frühen Parkinsonismus" gerückt werden, sind die von Kramer und Pollnow gemachten Aussagen von einem hohen Stellenwert.[2]

Encephalitis epidemica

Wie man an den Ausführungen von Kramer und Pollnow und den Diskussionen erkennen kann, spielte die differenzialdiagnostische Auseinandersetzung mit der Encephalitis epidemica und deren Folgezustände in den damaligen Jahren noch eine bedeutsame Rolle [41]. Seit der ersten Veröffentlichung zu diesem Thema im Maiheft der Wiener Klinischen Wochenschrift von 1917 [6] durch den damaligen Privatdozenten Constantin von Economo (1876–1931), der an der von Julius Wagner von Jauregg (1857–1940) geleiteten psychiatrischen Klinik tätig war, standen Ätiologie, Klinik und Verlauf der Encephalitis epidemica und der postenzephalitischen Zustandsbilder im Mittelpunkt des neuropsychiatrischen Interesses. Auch Bonhoeffer hatte sich mit Vortrag und Publikation 1921 zu Wort gemeldet [4] und auf die Typologie „lethargisch, Paralysis agitans, choreiform" hingewiesen. Weiterhin machte er auf die Tatsache aufmerksam, „dass man die beiden extrapyramidalen Motilitätsstörungen sich ablösen und nebeneinander bestehen sieht. Wir hatten Fälle, in denen zunächst eine choreiforme Unruhe bestand, während sich späterhin eine Muskelrigidität entwickelte". Vor diesem Hintergrund beauftragte Bonhoeffer seinen Stationsarzt auf der Kinderstation Thiele mit der Aufgabe, entsprechende Patienten zu erfassen, zu untersuchen und im Rahmen einer Katamnese die weitere Entwicklung zu dokumentieren. Thieles Untersuchungen über „psychische Residuärzustände nach Encephalitis epidemica" wurden als Habilitationsschrift eingereicht und 1926 unter der Leitung von Bonhoeffer erfolgreich vor der Medizinischen Fakultät der Charité verteidigt sowie als Monographie publiziert [39]. Es zeigte sich, dass die von Thiele beobachtete „dranghafte Bewe-

---

[2] Sowohl das Editorial von Rothenberger und Resch (Zeitschrift Kinder- und Jugendpsychiatrie und Psychotherapie 2002) als auch die Studie von Walitza et al. (Vortrag anlässlich der Tagung Biologische Kinder- und Jugendpsychiatrie, Göttingen 2004) belegen, dass derartige Zusammenhänge keinesfalls bestehen.

gungsunruhe der enzephalitischen Fälle" gegenüber dem von Kramer und Pollnow beschriebenen „hyperkinetischen Zustandsbild" zwar „mehr gradueller als prinzipieller Natur" waren, dass es aber klinisch bedeutsame Unterschiede gab. Kramer und Pollnow sahen keine Pupillenstörungen, keine Augenmuskellähmungen, keine Blickkrämpfe, keine choreatischen oder athetotischen Bewegungen und die motorische Unruhe trat bei ihren Fällen „nur am Tage auf". Sie berichteten weiterhin, „es hat sich auch in keinem unserer Fälle nach dem Abklingen der Hyperkinese ein parkinsonistisches Zustandsbild entwickelt, wie es so oft bei den postenzephalitischen Zuständen der Fall ist". In einer Fußnote auf Seite 39 macht Kramer im Übrigen auf eine wichtige ätiologische und differenzialdiagnostische Beobachtung aufmerksam: „Der erste charakteristische Fall dieser Art fiel mir im Jahre 1901 an der Breslauer Nervenklinik auf; er wurde damals von Wernicke in der Vorlesung als hyperkinetische Motilitätspsychose bei einem Kinde vorgestellt". In Anlehnung an die Auffassungen von Karl Leonhard (1904–1988) zu den zykloiden Psychosen konnten wir 1987 ausführlich über das Auftreten der von Wernicke beschriebenen Motilitätspsychosen im Kindesalter berichten [19].

Nosologie

Neben Thiele setzten sich auch weitere Mitarbeiter an der Bonhoefferschen Klinik mit den Themenkomplexen Bewegungsstörungen sowie Motilitätsstörungen vom hyperkinetischen und akinetischen Typus und deren unterschiedliche ätiologische Zuordnungen in Erweiterung zu den Fragestellungen, die aus der Encephalitis epidemica und deren Folgen abgeleitet wurden, auseinander. Kurt Pohlisch (1893–1955), Assistent bei Bonhoeffer seit 1920, legte bereits 1925 hierzu eine umfassende Studie zum „hyperkinetischen Symptomenkomplex und seine nosologische Stellung" vor [26]. Ausgehend von somatischen Prämissen und auf der Bonhoefferschen Konzeption der exogenen Reaktionstypen basierend, wurde von Pohlisch erfolgreich der Versuch unternommen, psychotische Syndrome und nicht nur ausschließlich hyperkinetische nosologisch ein- und zuzuordnen. Im gleichen Jahr, 1925, veröffentlichte der seit Januar 1924 bei Bonhoeffer angestellte junge Assistent Hanns Schwarz (1898–1977) seine Promotionsschrift [32]. Schwarz beschreibt 1967 [33] in Würdigung der Bedeutung Bonhoeffers für die Psychiatrie der Gegenwart diesen Vorgang in einem breiteren Zusammenhang wie folgt: „Im Gegensatz zu der Schulpsychiatrie der damaligen Zeit war Bonhoeffer durchaus kein strikter oder gar spöttelnder Gegner der Psychoanalyse, sondern hält es für ein Verdienst von Freud, dass sich auch außerhalb der orthodoxen Psychoanalyse in der Psychiatrie therapeutische Ansätze zu zeigen begannen. Allerdings blieb er ein Vertreter der betont diagnostischen Forschung, da die klinische Analyse jeder späteren differenzierten Therapie vorarbeite. Recht bezeichnend mag sein, dass Bonhoeffer sicher nicht ohne Bedenken mich 1924 eine Doktorarbeit mit dem Thema „Ein Versuch psychischer Beeinflussung katatoner Zustände" machen ließ. Tatsächlich war es gelungen, durch systematische psychische Einflussnahme die geordneten Intervalle zwischen den katatonen Schüben erheblich zu verlängern, sodass der junge Doktorand ganz stolz auf seinen Erfolg sein zu dürfen glaubte. Als dann ein Jahr später Bonhoeffer sein Einverständnis zu der Veröffentlichung der Arbeit in seiner Monatsschrift gab, tat er dies mit dem Vorschlag, die Überschrift etwas zu ändern: statt „psychischer Beeinflussung" hieß es nun „Studie über den ungewöhnlichen Verlauf einer Katatonie" [s. a. 23].

1927 war es ein weiterer Assistent Bonhoeffers, Erwin Walter Alexander Straus (1891–1975), der die Ergebnisse seiner Untersuchungen über die „postchoreatischen Motilitätsstörungen, insbesondere die Beziehungen der Chorea minor zum Tic" [36] vorlegte.[3] Mit dem Namen Straus, der ebenfalls bei Bonhoeffer 1919 promovierte, verbindet sich später eine andere wissenschaftliche und publizistische Entwicklung, die in seinen Büchern „Geschehnis und Erlebnis" (1930) oder „Vom Sinn der Sinne" (1935) zum Ausdruck kommt. Als Privatdozent 1927 und als außerordentlicher Professor 1932 ereilte ihn das Schicksaal vieler anderer, er verließ „als Jude" Deutschland und emigrierte 1938 in die USA [5, 17]. Es ist bemerkenswert, wie in den 20er und 30er Jahren des vorigen Jahrhunderts in der Bonhoefferschen Klinik ebenso umfangreich wie differenziert der Komplex der Pathologie von Bewegungsstörungen des Menschen und der Psychomotorik, nicht zuletzt in Fortführung und Erweiterung der Auffassungen von Wernicke, klinisch neurologisch und psychiatrisch, kinder- und jugendpsychiatrisch, entwicklungspsychopathologisch, verlaufsdynamisch, klassifikatorisch und neuropathologisch bearbeitet wurde. Insofern reiht sich die Kramer-Pollnow-Arbeit von 1932 über eine hyperkinetische Erkrankung im Kindesalter nahtlos in dieses Spektrum ein.

Von den Autoren wurde diese „Störung" als separates Krankheitsbild deklariert.[4] Die Symptomatik, so die klinische Erfahrung, entwickelte sich zwischen dem 3. und 4. Lebensjahr. Sie erreichte ihren Höhepunkt um das 6. Lebensjahr. Die Einheitlichkeit der Symptomatologie und die zahlreichen gemeinsamen Züge der Verläufe führten zu der Annahme, so Kramer und Pollnow, dass es sich um eine auch pathogenetisch einheitliche Krankheit handelt. An immer wieder zu verzeichnenden Symptomen bei den Kindern

---

[3] Möglicherweise verbirgt sich dahinter eine Autoimmunstörung, die wir heute als „Pediatric Autoimmune Neuropsychiatric Disorder Associated with Streptococcal Infection" (PANDAS) bezeichnen. Dabei soll es klinisch vor allem zu choreatischen Bewegungen, Tics und Zwangsmerkmalen – aber auch zu ADHS-Symptomen – kommen.

[4] Auch wenn die „Kernsymptomatik" bei Kramer und Pollnow sehr nahe an die heutigen „Kernsymptome" von ADHS heranreicht, so fehlt ihr doch zum einen die systematische Überprüfung und zum zweiten eine kritische Betrachtung hinsichtlich der vielfältigen assoziierten Störungen und deren Bedeutung im Gesamtgeschehen – ein Thema, das noch heute bei ADHS viele Fragen aufwirft.

werden aufgelistet: andauernde dranghafte, elementare, ungeformte motorische Bewegungsunruhe mit „chaotischem Charakter", mangelnde Konzentrationsfähigkeit und Zielgerichtetheit, gesteigerte Ablenkbarkeit, planloses Herumlaufen, Anfassen von Stühlen, Schränken, überhaupt alles, „was ihnen in den Weg kommt", keine Ausdauer, „immer nur vom momentanen Umweltreizen bestimmt", zeitweise gesteigerte Reizbarkeit, Stimmungslabilität, Neigung zu Wutanfällen und Aggressionen. In der Schule machen „die von der hyperkinetischen Erkrankung betroffenen Kinder erzieherisch enorme Schwierigkeiten". Bemerkenswert ist der von Kramer und Pollnow registrierte frühe Beginn der Symptomatik „zwischen dem 3. und 4. Lebensjahr". Werden die angeführten klinischen Beispiele in der Publikation aufgelistet, so ergibt sich folgendes Bild:

Fall 1: Heinz H.: Aufnahme auf der Kinderbeobachtungsstation der Charité-Nervenklinik mit 2¾ Jahren.

- *Fall 2:* Ursula L.: „wurde im Alter von 2½ Jahren poliklinisch untersucht".

- *Fall 3:* Ursula W. „...mit 4½ Jahren zum ersten Mal poliklinisch untersucht....".

- *Fall 4:* Hans-Jürgen B. „...im Alter von 4¼ Jahren auf die Kinderbeobachtungsstation der Charité-Nervenklinik aufgenommen...".

- *Fall 5:* Kurt H. „...wurde im Alter von 2½ Jahren zum ersten Mal von der Mutter in die Poliklinik gebracht...".

- *Fall 6:* Otto K. „Er wurde mit 4½ Jahren das erste Mal untersucht".

- *Fall 7:* Werner F. „war bei der ersten Untersuchung 6½ Jahre alt".

- *Fall 8:* Kurt H. „war bei der ersten Untersuchung 6½ Jahre alt".

- *Fall 9:* Otto H. „sprach, als er mit 2 Jahren in die Poliklinik gebracht wurde, nur vereinzelte Worte, ...war ruhelos, saß nie still, hatte keine Ausdauer".

- *Fall 10:* Friedrich K. „war bei der ersten Untersuchung 3 Jahre alt".

- *Fall 11:* Karl N. „war bei der ersten Untersuchung 7 Jahre alt".

- *Fall 12:* Heinz R. „wurde mit 4 Jahren in die Poliklinik gebracht".

- *Fall 13:* Heinz Sch. „war bei der ersten Untersuchung 6 Jahre alt".

- *Fall 14:* Martin Z. „war bei der ersten Untersuchung 4 Jahre alt".

- *Fall 15:* Wolfgang E. „...bei der ersten Untersuchung war er 2¼ Jahre alt".

- *Fall 16:* Hans-Joachim und Peter G. „wurden mit 7½ Jahren zum ersten Mal untersucht" (Zwillinge).

- *Fall 17:* Ingeborg K. „sie wurde mit 6 Jahren auf die Kinderbeobachtungsstation der Charité-Nervenklinik aufgenommen", nach 4 Monaten in ein Heilerziehungsheim entlassen. „Weitere 4 Monate danach stürzte sie aus dem Fenster des 4. Stockwerkes hinaus, als sie in einem unbewachten Augenblick ihrem Drange zu klettern und ihrem Wunsche „zu fliegen" nachgab. Sie verunglückte tödlich. Die histologische Untersuchung des Gehirns erfolgte in der Nervenklinik der Charité durch Prof. Creutzfeldt".

Von den insgesamt 45 Fällen wurden von den Autoren bei 17 Fällen, die auch „über eine Reihe von Jahren beobachtet bzw. nachuntersucht" wurden, ausführlicher berichtet. Es handelt sich überwiegend um Knaben (nur 3 Mädchen) im Vorschulalter. In allen Fällen fand sich das „typische Bild der motorischen Unruhe", bei 42 zusätzlich „Störungen der sprachlichen Entwicklung", bei 24 wurde generell eine „verlangsamte Entwicklung" diagnostiziert. In 19 Fällen wird über „epileptische Symptome", weiterhin über „Beeinträchtigungen der intellektuellen Leistungsfähigkeit" berichtet.

Auf den Altersbeginn der Symptomatik bezogen, könnte es sich bei den Kramer-Pollnow-Fällen um eine Subgruppe „Vorschulalter" handeln, bei denen nach unseren gegenwärtigen Vorstellungen die Hyperaktivität (ziellose Aktivität), geringe Spielintensität und -ausdauer, die Entwicklungsdefizite, das oppositionelle Verhalten und das Risiko für eine ungünstige Entwicklung als Verlaufskriterien hyperkinetischer Störungen klassifiziert werden. Dass diese Symptomatologie Auswirkungen „bis ins spätere Lebensalter", d.h. Persistenz hyperkinetischer Symptome im Erwachsenenalter haben kann, wurde von Kramer und Pollnow erkannt und beschrieben.

Anlage und Umwelt

Trotz der politischen Ereignisse und den daraus resultierenden erschwerten persönlichen und Arbeitsbedingungen, Pollnow war bereits 1933 emigriert, setzte sich Kramer weiterhin mit dem „hyperkinetischen Symptomenbild" auseinander. Er stellte es in einen erweiterten Zusammenhang: Milieu oder Anlage. Diese Sichtweise war für Kramer keineswegs neu. Bereits in den Auseinandersetzungen und Darstellungen um den Psychopathiebegriff, um die psychopathischen Konstitutionen wurden die kontroversen Positionen in dieser Hinsicht deutlich. Einigen Fachvertretern war dies durchaus bewusst. Selbst Schröder setzte sich im Titel seines Buches „Kindliche Charaktere und ihre Abartigkeiten" ab von Autoren wie Theodor Ziehen (1862–1950), Direktor der Nervenklinik der Charité von 1904–1912, d.h. Vorgänger von Bonhoeffer, der 1917 im Titel seines Buches über die Geisteskrankheiten des Kindesalters noch von Schwachsinn und von psychopathischen Konstitutionen sprach. Nach Ziehen konnten diese sowohl als angeborene aber auch als erworbene „Anomalien" vor allem auf dem Gebiet der Affekte, des Willens und des Trieblebens in Erscheinung treten [42]. Autoren wie Erich Benjamin (1880–1943), Lehrstuhlinhaber für Heilpädagogik, der als Jude 1937 ebenfalls emigrieren musste, lehnten unter dem Einfluss der „individualpsychologischen Lehre" den Begriff der Psychopathie überhaupt ab und sprachen „ganz allgemein und unvoreingenommen vom schwierigen Kinde" [2, 3]. Homburger publizierte 1929 im Nervenarzt den „Versuch einer Typologie der psychopathischen Konstitutionen" [11]. Er gelangte aber zu der Auffassung, „dass der Kern der seelischen Abartung... auf dem Gebiet der Anlagen, der Ich-Umweltbeziehungen gesucht werden muss und umgekehrt".

Im Enzyklopädischen Handbuch des Kindesalters und der Jugendfürsorge hatte Kramer 1930 im Kapitel Psychopathenfürsorge zum Thema psychopathische Konstitutionen nach verschiedenen Richtungen analysierend, den Zeitgeist beschreibend, Stellung bezogen [12]. Bereits in dieser Publikation setzt er sich ausführlich mit dem „Typus des überlebhaften Kindes", das durch gesteigerte Lebhaftigkeit, starken Betätigungsdrang, Sprachgewandtheit, impulsives Handeln, starken Wechsel der Aufmerksamkeit und in der Schule durch Stören des Unterrichts auffällt, auseinander. Als eine Steigerungsform des eben genannten Typus beschreibt Kramer dann das „Symptomenbild der motorischen Unruhe", dass „in seiner psychologischen Genese durchaus verschieden ist". Die auch für Kramer anscheinend nicht immer unproblematische Abgrenzung der einzelnen Formen begegnet er mit einer präzisen Darstellung des Symptomenbildes der „motorischen Unruhe". Er schreibt: „Von dem Bewegungsdrang der lebhaften Psychopathen unterscheidet sich diese Steigerung der Motilität dadurch, dass es sich nicht um Zielbewegungen, auch nicht um affektiv bedingte Ausdrucksbewegungen handelt, sondern um eine ziellose motorische Unruhe, die wir gewöhnlich als Zappligkeit bezeichnen. Diese Kinder können nicht stillsitzen, rutschen auf dem Stuhl hin und her, spielen mit den Händen, hantieren mit Gegenständen, die zufällig in ihren Bereich geraten. Der Bewegungsdrang ist nicht auf eine Handlung, auf die Ausführung einer Leistung gerichtet, sondern dient nur der Befriedigung eines elementaren Bewegungsbedürfnisses. Die Art der Bewegung trägt in der Regel einen unharmonischen Charakter, es sieht oft so aus, als ob jedes Glied seinen eigenen Weg gehe und sich nicht dem Bewegungsmechanismus des gesamten Körpers unterordne. Auch sind diese Kinder oft, wenn auch nicht immer, ungeschickt, turnen, schreiben und zeichnen schlecht. Ebenso kann sich der Bewegungsdrang auf sprachlichem Gebiet äußern, seltener im Sinne einer Mitteilsamkeit als in der Form des Drauflosredens, manchmal auch des sinnlosen Quatschens, Selbstgespräche sind nicht selten zu beobachten. Man gewinnt den Eindruck, die Ruhelage verursache ihnen Unbehagen, dem sie durch motorische Äußerungen zu entgehen suchen. Besonders unangenehm ist ihnen das ruhige Sitzen, sie kippeln mit dem Stuhl hin und her, sitzen in den absonderlichsten Stellungen. Als Ruhestellung bevorzugen sie das Liegen, räkeln sich dabei herum. Am liebsten laufen sie umher, gehen auf der Straße nicht langsam, sondern bewegen sich meist im Trab. Auch sie beteiligen sich gern an wilden Spielen, aber mehr aus motorischer Unruhe als aus dem Wunsche einer zielgerichteten Betätigung. Der Bewegungsdrang kann auch an Objekten betätigt werden, die mehr oder minder zufällig in ihren Bereich geraten, so stoßen und knuffen sie ihre Kameraden, ziehen die Mädchen an den Zöpfen u. ä., wobei wohl auch der erzielte Effekt ihnen eine gewisse Befriedigung bereitet. Diese Bewegungsäußerungen lassen sie fälschlich als boshaft und heimtückisch erscheinen. Mitunter bilden sich bei den Kindern dieser Gruppe stereotypische Bewegungen aus. Abwehrbewegungen auf sensible Reize können automatisiert werden, und es kommt dann zu den sog. Tikbewegungen. Blinzeln mit den Augenlidern, Grimassieren mit dem Gesicht, Hochheben der Schultern sind die häufigsten Bewegungen dieser Art".

Diese phänomenologisch-deskriptiv umfassende Beschreibung der „motorischen Unruhe" bei Kindern ist zeitlos. Diese Beschreibung könnte oder kann in jede der aktuellen Klassifikationssysteme, mit denen wir Patienten mit ADHS beschreiben, eingehen. Die Diskussion um eine psychopathische Konstitution ist letztlich nur den Zeitumständen zuzuschreiben.

Nach dem Erscheinen der „Kramer-Pollnow-Arbeit" 1932 kommt Kramer allerdings erneut auf das „hyperkinetische Symptomenbild" im Zusammenhang psychopathische Konstitution – Hirnerkrankungen – Erziehungsschwierigkeiten 1933 in der Zeitschrift für Kinderforschung zurück [15]. Er formuliert: „Die Fragestellung lautet in der Regel nicht Milieu oder Anlage, sondern die wechselseitige Bedeutung beider Faktoren ist gegeneinander abzuwägen". Er geht in diesem Zusammenhang wiederum auf den „Typus des überlebhaften Kindes", dem „Symptomenbild der motorischen Unruhe"…das „wir gewöhnlich als Zappeligkeit bezeichnen" ein und beschreibt „psycho-motorische Störungen bei organischen Hirnerkrankungen im Kindesalter". Da auch bei dieser Gruppe der „Mangel an Konzentrationsfähigkeit" das klinische Bild mitbestimmt und Querverbindungen zu der Gruppe der „zappligen Kinder" von Kramer vermutetet wurden, sollten weitere Untersuchungen Klarheit bringen. In der Festschrift zu Bonhoeffers 70. Geburtstag veröffentlichte Kramer letztmalig 1938 entsprechende Ergebnisse in der Arbeit „Über ein motorisches Krankheitsbild im Kindesalter" [16]. Dabei setzte sich Kramer mit Fragen des „motorischen Antriebs" und „entgegenstehender Hemmungen" bei diesen Kindern oder den kombiniert auftretenden Symptomenkomplexen ebenso auseinander wie mit den Hinweisen auf eine Organogenese sowie dem Fortbestehen der Symptomatologie „bis ins spätere Lebensalter"[5]. Insgesamt beobachtete Kramer bei diesen Patienten eine „charakteristische Störung der Motilität mit Ungeschicklichkeit, die sich auch in der Sprache wiederfand. Konzentrationsunfähigkeit, gesteigerte Reizbarkeit, Stimmungslabilität mit episodenhaftem Auftreten ausgesprochener Verstimmungen, aber auch Neigung zu Affektausbrüchen sowie Pedanterie bestimmten das klinische Bild". Die Symptomatologie, so Kramer, weist „Auswirkungen bis ins spätere Lebensalter" auf. Nach Angaben der Eltern boten diese Kinder früher, „etwa im 4.–6. Lebensjahre, ein hyperkinetisches Symptomenbild". Auch diese Beobachtung und Einschätzung ist zeitlos und auf die gegenwärtige Diskussion um die ADHS im Erwachsenenalter übertragbar.

Weder Kramer noch Pollnow konnten aufgrund der politischen Zeitumstände die beobachteten Fälle im Rahmen von Langzeitkatamnesen verfolgen. Was aber im Detail beschrieben und interpretiert wurde, hat heute

---

[5] Leider fehlen genauere Angaben zum Alter sowie zur Symptomatik.

noch unverändert Bestand, auch wenn im methodischen Bereich Kritisches anzumerken ist. Vergleicht man die damaligen Aussagen mit den heutigen, so ist trotz moderner Diagnostik oder Methodik von der Tatsache auszugehen, dass der Diagnose Hyperkinetische Störung wohl immer noch Spektrumcharakter zuzuweisen ist.

Bedeutung in der Fachwelt

Wie verlief die Rezeption der 1932 von Kramer und Pollnow beschriebenen hyperkinetischen Erkrankung im Kindes- und Jugendalter in der deutschsprachigen Kinder- und Jugendneuropsychiatrie nach 1945?

In einer von Trott et al. 1996 vorgelegten historischen Studie [40] über das hyperkinetische Syndrom in der jugendpsychiatrischen Forschung wird darauf aufmerksam gemacht, dass bereits im 19. Jahrhundert viele europäische Ärzte dieses Syndrom beschrieben haben. Die Autoren gehen auch auf die Beschreibung von Kramer und Pollnow ein und stellen, wie bereits Häßler 1992 [8], den engen zeitlichen Rahmen zu der 1934 von Lederer und Ederer [18] aus pädiatrischer Sicht beschriebenen „Hypermotilitätsneurose" her. Übereinstimmend wird jedoch das 1947 von Strauss und Lehtinen [37] inaugurierte Konzept des Zusammenhangs zwischen perinatalen Komplikationen und daraus resultierender Beeinträchtigung der Neuro- und Psychomotorik, speziell der Wahrnehmungs-, Denk- und emotionalen Funktionen in den Mittelpunkt der Betrachtung gerückt. Dieses Konzept hat die Kinder- und Jugendneuropsychiatrie jahrelang weltweit und natürlich auch die deutschsprachigen Fachvertreter beeinflusst und zu vielfältigen Untersuchungen Anlass gegeben, deren Ergebnisse in noch vielfältigeren Publikationen niedergelegt wurden. Begriffe und Beschreibungen wie „minimal brain damage", „minimal brain dysfunction", „hirnorganisch psychisches Achsensyndrom", „frühkindliches exogenes Psychosyndrom", „frühkindliches psychoorganisches Syndrom", „minimale zerebrale Dysfunktion" (MCD) oder „Hirnfunktionsstörungen" bestimmten jahrelang die Publikationslisten. Zur Hyperaktivität bzw. zum hyperaktiven Syndrom wurde in diesen Konzepten ebenso Stellung bezogen wie zur Hyperkinesie bzw. zum hyperkinetischen Syndrom [1]. Die von Kramer und Pollnow vorgelegte Beschreibung fand allerdings in diesem Zusammenhang bis auf Ausnahmen keine Berücksichtigung. Die Namen Kramer und Pollnow finden sich vielmehr als „Kramer-Pollnow-Syndrom" in einigen Fachbüchern und Buchbeiträgen an anderer Stelle. Im Band Neurologie, Psychologie, Psychiatrie des Handbuches für Kinderheilkunde [38] nimmt Stutte im Hauptkapitel Psychosen des Kindesalter bei den exogenen (somatisch begründeten) Psychosen, den „dementiven Psychosen" nach der Dementia-infantilis-Heller unter der Überschrift „hyperkinetisches Syndrom (Kramer-Pollnow) des Kleinkindalters" zum Kramer-Pollnow-Syndrom beschreibend Stellung. Im Lehrbuch der speziellen Kinder- und Jugendpsychiatrie [9], dem damaligen „Vier-Männer-Buch" Harbauer, Lempp, Nissen, Strunk, äußert sich Harbauer im Hauptkapitel Störungen der Intelligenz bei den erblich und ätiologisch unklaren Oligophrenien auch nach der Darstellung des „Dementia-infantilis-Syndrom (Heller)" kurz zum „Kramer-Pollnow-Syndrom". Er interpretiert es als „nosologisch wahrscheinlich ebenfalls polygenetisch verursachtes Demenzsyndrom im Kleinkindalter", bei dem „hyperkinetisch-erethische Verhaltensweisen im Vordergrund" stehen. Im gleichen Lehrbuch wird dann von Strunk das Kramer-Pollnow-Syndrom auch nach der „Dementia infantilis" im Kapitel „Formenkreis der endogenen Psychosen" abgehandelt. Auch die Vertreter der österreichischen Neuropsychiatrie des Kindes- und Jugendalters W. Spiel und G. Spiel ordnen in ihrem Kompendium [34] das Kramer-Pollnow-Syndrom in der Rubrik „Andere psychoseartige Zustandsbilder" bei „Dementia infantilis, das Heller-Syndrom", „das Autismus-Syndrom" und „atypische Wahngebilde" ein. Die Autoren führen u. a. aus: „Schon die Beschreiber haben bei diesem Syndrom an eine hirnorganische Störung (Enzephalitis) gedacht, wir würden heute so ein Zustandsbild als exogene Psychose beschreiben". Göllnitz wiederum führt in seinem Lehrbuch „Neuropsychiatrie des Kindes- und Jugendalters" [7] im Kapitel „Demenz im Kindesalter" bei speziellen kindlichen Demenzsyndromen nach der „Dementia praecocissima von Sante de Sanctis", der „Dementia infantilis (Heller)", „das Hypermotilitätssyndrom von Kramer und Pollnow" an. Göllnitz interpretiert die „hypermotorischen Erscheinungsweisen als Ausdruck des hirnlokalen Kolorits", eine Eigenständigkeit spricht er diesem Bild nicht zu. v. Stockert [35] ordnet das „von Kramer und Pollnow als Erkrankung sui generis beschriebene Syndrom" den „erethischen Drangzustandsbildern" zu. Unter eben diesem Sachwort „erethisches Syndrom (F. Kramer und H. Pollnow, 1932)" kann der Leser Einzelheiten auch dem Wörterbuch der Psychiatrie und medizinischen Psychologie [24, 25] entnehmen, wobei einige Unterschiede in der Darstellung von 1990 gegenüber 1999 zu registrieren sind. Wird anfänglich von „dranghafter Hyperkinese" gesprochen, so wird später von „dranghafter Bewegungsunruhe" ausgegangen; werden 1990 die leichteren Formen in die Nähe der frühkindlichen exogenen Psychosyndrome angesiedelt, findet sich 1999 die Aussage „Die Bez. wird zugunsten von Aufmerksamkeits-/Hyperaktivitäts-Störung kaum noch verwendet". Eine lexikalische Darstellung findet sich im Roche Lexikon Medizin [30] „Kramer-Pollnow-Syndrom (Franz K.; Hans P., Psychiater, Berlin): hyperkinetisches Syndrom als Motilitätspsychose des Kleinkind- und Schulalters. Ätiol.: unklar, evtl. Z. n. frühkindl. Hirnschaden. Klinik: körperliche (motorische) Unruhe, Neigung zu epileptischen Krämpfen, ferner Wutanfälle, sog. Scheinschwachsinn oder echter Intelligenzdefekt. Progn.: Symptome teilw. abklingend, bisweilen sogar Restitutio ad integrum". Im Pschyrembel [29] liest man: „Kramer-Pollnow-Syndrom (Franz K., Hans P., Psychiater, Neurol., Berlin; Hans P. Psychiater, Neurol., Deutschland) n: syn. Erethisch-hyperkinetisches Syndrom; Syndrom aus gesteigerter Erregbarkeit, psychomotorischer Unruhe, evtl. Intelligenzdefekt u. fokalen Anfällen (s. Epilepsie); Manifestation v.a. im

Kindesalter. Ätiol.: unbekannt, evtl. besteht ein Zus. mit frühkindlichem Hirnschaden. Vgl. Antriebsstörungen, Erethismus, Psychosyndrom, organisches".

Nissen hat schon in früheren Arbeiten Kramer und Pollnow zitiert [20, 21]. In seiner soeben [22] erschienenen Kulturgeschichte seelischer Störungen bei Kindern und Jugendlichen geht er positiv und sachgerecht auf die Autoren ein. Von daher sollte man in Gegenwart und Zukunft vermeiden, das Kramer-Pollnow-Syndrom reduktionistisch als „erethisches Syndrom" zu interpretieren oder es in die Reihe der „Demenzsyndrome" oder „psychosenahe Syndrome" einzuordnen. Dies entspricht nicht den wissenschaftsgeschichtlichen Tatsachen und schon gar nicht den Inhalten der von Kramer und Pollnow vorgelegten Studie einschließlich der Verlaufsbeobachtung. Ein Beitrag von Rudolf Lemke (1906–1957) in den Jahren 1945–1957 Direktor der Klinik für Psychiatrie und Neurologie der Universität Jena, der auch zur Entwicklung der Kinderneuropsychiatrie vor Ort beigetragen hat, aus dem Jahre 1953 unterstreicht diesen Sachverhalt. In seinem Artikel „Das enthemmte Kind mit choreiformer Symptomatik" (Psychiatrie, Neurologie und medizinische Psychologie Band 5, S. 290–294) nimmt er sowohl Bezug auf Thiele als auch auf Kramer und Pollnow. In der Zusammenfassung über seine Fälle schreibt er: „Unter den lauten, leicht erregbaren, motorisch unruhigen Kindern, die wegen ihres störenden Verhaltens zur ärztlichen Vorstellung kommen, wird ein Typ herausgestellt: Neben gesteigerter affektiver Erregbarkeit, Stimmungslabilität zeigt sich eine choreiforme Hyperkinese. Mangelnde Konzentrationsfähigkeit führt oft zum Versagen in der Schule. Die Ursache der hier anzunehmenden Schädigung des corp. striatum ist wohl verschieden: Anlagestörung, Entzündung, Geburtsschädigung. Die Prognose ist nicht ungünstig, mit der Pubertät kommt oft ein Ausgleich der Persönlichkeit"!

Auch wenn Lemke die neurobiologische Erklärung (aus der Zeit heraus) auf den motorischen Aspekt und damit auf das Striatum beschränkt, so ist er damit doch relativ aktuell, vor allem, wenn man die verschiedenartigen von ihm benannten Ursachen mit einbezieht. Gleichwohl wird sichtbar, welcher Zuwachs an wissenschaftlicher Erkenntnis zur ADHS in den letzten 50 Jahren entstanden ist.

Insgesamt schufen F. Kramer und H. Pollnow im deutschsprachigen Raum einen frühen empirischen neuropsychiatrischen Bezugspunkt für das wissenschaftliche Konzept der heutzutage als Aufmerksamkeitsdefizit-Hyperaktivitätsstörung (ADHS) bezeichneten Verhaltensauffälligkeit im Kindesalter, den es gilt aufzugreifen und zeitgemäß fortzuschreiben.

Literatur

1. Bauer A (1986) Minimale cerebrale Dysfunktion und/oder Hyperaktivität im Kindesalter. Überblick und Literaturdokumentation. Springer, Berlin Heidelberg New York Tokyo
2. Benjamin E (1930) Grundlagen und Entwicklungsgeschichte der kindlichen Neurosen. Eine ärztlich-pädagogische Studie. Thieme, Leipzig
3. Benjamin E, Hanselmann H, Isserlin M, Lutz J, Ronald A (1938) Lehrbuch der Psychopathologie des Kindesalters für Ärzte und Erzieher. Rotapfel, Erlenbach-Zürich Leipzig
4. Bonhoeffer K (1921) Die Encephalitis epidemica. Deutsch Med Wochenschr 47:229–231
5. Bräutigam W (1976) Erwin Straus 1891–1975. Nervenarzt 47:1–3
6. Economo C von (1917) Encephalitis lethargica. Wien Klin Wochenschr 30:581–585
7. Göllnitz G (1992) Neuropsychiatrie des Kindes- und Jugendalters 5. Aufl. Fischer, Jena, Stuttgart
8. Häßler F (1992) The hyperkinetic child. A historical review. Acta Paedopsychiatr 55:147–149
9. Harbauer H, Lempp R, Nissen G, Strunk P (1980) Lehrbuch der speziellen Kinder- und Jugendpsychiatrie, 4. Aufl. Springer, Berlin Heidelberg New York
10. Holdorff B, Neumärker K-J (2002) Die Geschichte des von F.H. Lewy 1932 gegründeten Neurologischen Instituts in Berlin. In: Nissen G, Holdorff B (Hrsg) Schriftenr Deutsch Ges Gesch Nervenheilk 8:77–96
11. Homburger A (1929) Versuch einer Typologie der psychopathischen Konstitutionen. Nervenarzt 2:134–136
12. Kramer F (1930) Psychopathische Konstitutionen. In: Clostermann L, Heller T, Stephani P (Hrsg) Enzyklopädisches Handbuch des Kinderschutzes und der Jugendfürsorge. Akademische Verlagsanstalt, Leipzig, S 577–587
13. Kramer F, Pollnow H (1930) Hyperkinetische Zustandsbilder im Kindesalter. Berliner Gesellschaft für Psychiatrie und Nervenkrankheiten Sitzung vom 16. 6. 1930. Zentralbl Gesamte Neurol Psychiatr 57:844–845
14. Kramer F, Pollnow H (1930) Symptomenbild und Verlauf einer hyperkinetischen Erkrankung im Kindesalter. Jahresversammlung des Deutschen Vereins für Psychiatrie am 9. und 10. April 1931 in Breslau. Allg Z Psychiatr Psych Gerichtl Med 96:214–126
15. Kramer F (1933) Psychopathische Konstitutionen und organische Hirnerkrankungen als Ursache von Erziehungsschwierigkeiten. Z Kinderforsch 41:306–322
16. Kramer F (1938) Über ein motorisches Krankheitsbild im Kindesalter. Festschrift für Karl Bonhoeffer zum 70. Geburtstag. Monatsschr Psychiatr Neurol 99:294–300
17. Kuhn R (1975) Erwin Straus 1891–1975. Arch Psychiatr Nervenkr 220:275–280
18. Lederer E, Ederer S (1934) Hypermotilitätsneurose im Kindesalter. Jahrb Kinderheilk 143:257–268
19. Neumärker K-J (1987) Über das Auftreten der Motilitätspsychosen (zykloide Psychosen) im Kindesalter. Z Kinder Jugendpsychiatr 15:57–67
20. Nissen G (1986) Psychische Störungen im Kindes- und Jugendalter. Ein Grundriß der Kinder- und Jugendpsychiatrie. Springer, Berlin Heidelberg New York Tokyo
21. Nissen G (1991) Zur Geschichte der Kinder- und Jugendpsychiatrie. Nervenarzt 62:143–147
22. Nissen G (2005) Kulturgeschichte seelischer Störungen bei Kindern und Jugendlichen. Klett-Cotta, Stuttgart

23. Orlob S, Gillner M (1999) Zum 100. Geburtstag von Hanns Schwarz (1898 bis 1977) – Direktor der Universitäts-Nervenklinik Greifswald von 1946–1965. In: Nissen G, Badura F (Hrsg) Schriftenr Deutsch Ges Gesch Nervenheilk 5:193–202

24. Peters UH (1990) Wörterbuch der Psychiatrie und medizinischen Psychologie, 4. Aufl. Urban & Schwarzenberg, München Wien Baltimore, S 166

25. Peters UH (1999) Wörterbuch der Psychiatrie, Psychotherapie und medizinischen Psychologie, 5. Aufl. Urban & Schwarzenberg, München Wien, S 179

26. Pohlisch K (1925) Der hyperkinetische Symptomenkomplex und seine nosologische Stellung. Monatsschr Psychiatr Neurol Beih 29

27. Pollnow H (1930) Tagungsbericht. Allgemeiner ärztlicher Kongreß für Psychotherapie in Baden-Baden 26. bis 29. April 1930. Nervenarzt 3:353–356

28. Pollnow H (1931) Manisches Zustandsbild im Kindesalter mit Pseudologie. Zentralbl Gesamte Neurol Psychiatr 60:864–866

29. Pschyrembel Klinisches Wörterbuch (1990) 256. Aufl. De Gruyter, Berlin New York, S 898

30. Roche Lexikon Medizin (2003) 5. Aufl. Urban & Fischer, München Jena, S 1048

31. Schröder P (1931) Kindliche Charaktere und ihre Abartigkeiten. Mit erläuternden Beispielen von Dr. med. Hans Heinze. Hirt, Breslau

32. Schwarz H (1925) Studie über den ungewöhnlichen Verlauf einer Katatonie. Monatsschr Psychiatr Neurol 3:50–69

33. Schwarz H (1967) Die Bedeutung Karl Bonhoeffers für die Psychiatrie der Gegenwart. Psychiatr Neurol Med Psychol 19:81–88

34. Spiel W, Spiel G (1987) Kompendium der Kinder- und Jugendneuropsychiatrie. Reinhardt, München Basel, S 205–233

35. Stockert FG von (1967) Problemwandel in der Kinderpsychiatrie. Nervenarzt 38:137–142

36. Straus E (1927) Untersuchungen über die postchoreatischen Motilitätsstörungen, insbesondere die Beziehungen der Chorea minor zum Tic. Monatsschr Psychiatr Neurol 66:301

37. Strauss AA, Lehtinen LE (1947) Psychopathology and education of the brain-injured child. Grune & Stratton, New York

38. Stutte H (1969) Psychosen des Kindesalters. In: Opitz H, Schmid F (Hrsg) Handbuch der Kinderheilkunde, Bd 8/1. Springer, Berlin Heidelberg New York, S 908–937

39. Thiele R (1926) Zur Kenntnis der psychischen Residuärzustände nach Encephalitis epidemica bei Kindern und Jugendlichen, insbesondere der weiteren Entwicklung dieser Fälle. Monatsschr Psychiatr Neurol Beih 36

40. Trott G-E, Badura F, Wirth S (1996) Das hyperkinetische Syndrom in der jugendpsychiatrischen Forschung. In: Nissen G, Holdorff B (Hrsg) Schriftenr Deutsch Ges Gesch Nervenheilk 8:293–300

41. Ward CD (2003) Neuropsychiatric interpretations of postencephalitic movement disorders. Mov Disord 18:623–630

42. Ziehen T (1917) Die Geisteskrankheiten des Kindesalters einschließlich des Schwachsinns und der psychopathischen Konstitutionen. Reuther & Reichard, Berlin

Diese Abbildungen sollen – ohne viele Worte – bei der ADHS nochmals auf die klinische Symptomatik und die medikamentöse Behandlung mit Methylphenidat sowie auf einen besonderen neurobiologischen Befund verweisen.

Drei klinische Kerndimensionen

Dr. Heinrich Hoffmann (1846)
Arzt in Frankfurt am Main

Dr. Rainer Frenzel (2004)
Arzt in Pulsnitz bei Dresden

Hyperaktivität

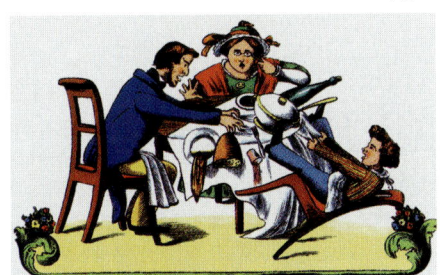

„Der Zappelphilipp"

„Interessante Schulstunde"

Aufmerksamkeitsdefizit

„Hans-Guck-in-die-Luft"

„Schulstunde – Zappelphilipp träumt"

Impulsivität

„!reizt mich nicht!"

„Der böse Friederich"

Stimulanzien damals und heute (Abbildungen aus ADHS-Report 2005)

Damals (Abb. 8.1 und 8.2)

BENZEDRINE® AND DEXEDRINE® IN THE
TREATMENT OF CHILDREN'S BEHAVIOR
DISORDERS

By CHARLES BRADLEY, M.D.
Portland, Ore.

THE PSYCHOLOGIC responses of children to benzedrine (racemic, [dl-], amphetamine) sulfate and its dextro-rotatory isomer (d-amphetamine) known commer-
cially as dexedrine sulfate have been the subject of several communications appearing in
the literature since 1937. No comprehensive summary of the comparative values of
these two preparations in child psychiatry has as yet appeared. The present report, based
on 12 years' clinical experience and involving observations on the behavior of more
than 350 individual maladjusted children who were treated with these drugs for various
periods while under psychiatric observation, has been prepared with the hope that it
may prove a useful source of reference to pediatricians, psychiatrists and others interested
in the clinical treatment of children's behavior disorders.

Abb. 8.1. Ausschnitt aus dem Artikel
Bradley C (1950) Benzedrine and dexedrine in the treatment of children's behavior disorders.
Pediatrics 5:24–37

Dr. Leando Pannizzon & Marguerite („Rita") Panizzon

Abb. 8.2

Heute (Abb. 8.3 und 8.4)

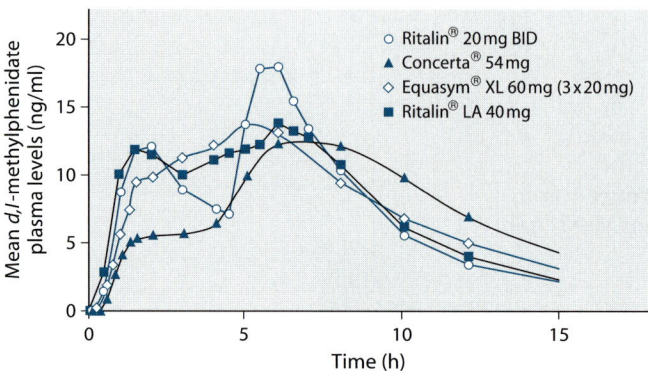

Abb. 8.3. Vergleich unterschiedlicher Methylphenidat-Produkte

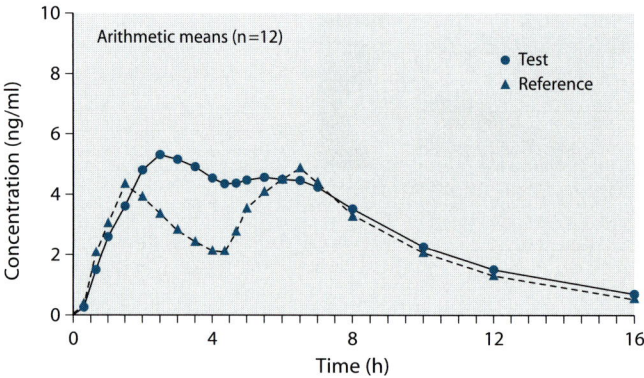

Abb. 8.4. Durchschnittliche Plasmakonzentration von Methylphenidat nach einmaliger Gabe Medikinet® retard (20 mg) und zweimaliger Gabe Ritalin® (je 10 mg) im Abstand von 4 Stunden

Pathophysiologie der ADHS

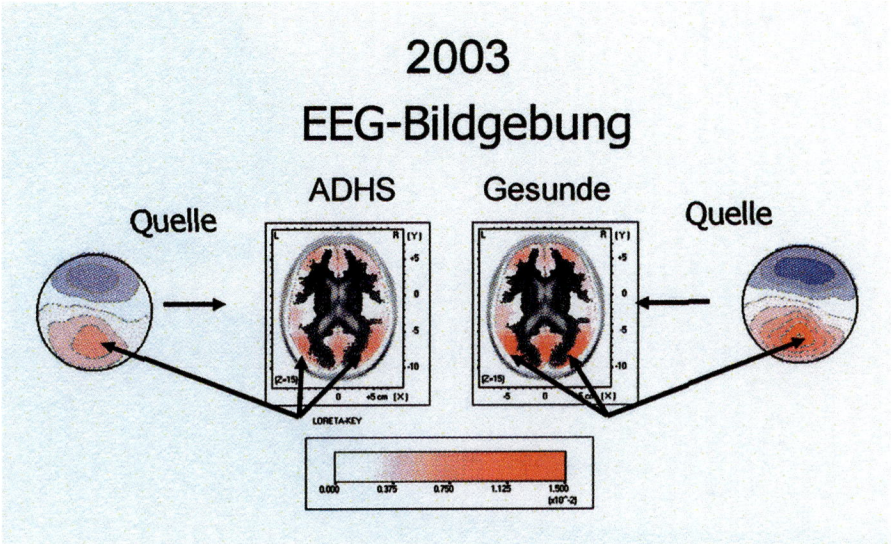

Die Abbildung stammt von D. Brandeis und H.C. Steinhausen, Zürich, 2003, aus dem Fortbildungsmodul des Interdisziplinären Netzwerkes zur ADHS-Qualitätssicherung (INAQ, Rothenberger et al. (2004) EINAQ – A European educational initiative on Attention-Deficit Hyperactivity Disorder and associated problems. Eur Child Adolesc Psychiatry 13 (Suppl 1):31–35). Es stellt die Neurophysiologie visuell ereignisbezogener Potenziale dar. Die hirnelektrische Aktivierung erfolgte im Rahmen einer CPT-Aufgabe (hier auf A bei A-X-Folge). Dargestellt ist die Quellenlokalisation der P300-Welle mit dem Programm LORETA. Es zeigt sich eine Abschwächung des posterioren Aufmerksamkeitssystems bei ADHS im Vergleich zu Gesunden. Dieser Befund betont, dass nicht nur das frontale, sondern auch das posteriore Aufmerksamkeitssystem bei ADHS zu beachten ist.

Sachverzeichnis